树桩盆景
实用技艺手册
（第2版）

曹明君▣著　龚　曦▣绘图

U0199164

中国林业出版社

封面作品：天涯劲风（博兰）　　刘传刚作

图书在版编目（CIP）数据

树桩盆景实用技艺手册 / 曹明君著；龚曦绘. —— 2 版.
—— 北京：中国林业出版社，2014.1（2019.6重印）
ISBN 978—7—5038—7372—0

Ⅰ．①树… Ⅱ．①曹… ②龚… Ⅲ．①盆景—观
赏园艺—图解 Ⅳ．① S688.1—64

中国版本图书馆 CIP 数据核字（2014）第 017230 号

责任编辑：张华　何增明

出　版：中国林业出版社（100009　北京西城区德内大街刘海胡同 7 号）
E—mail：shula5@163.com
电　话：(010) 83143566
发　行：中国林业出版社
印　刷：固安县京平诚乾印刷有限公司
版　次：2015 年 6 月第 2 版
印　次：2019 年 6 月第 3 次
开　本：710mm×1000mm　1/16
印　张：22
彩　插：16 面
字　数：450 千
定　价：39.90 元

待春

制作：高云　树种：罗汉松

形式：一本多干式　规格：高80cm

树不在大，有形有韵就灵。现代概念的树桩盆景求韵胜过求大，韵不在单纯的苍古，也不在单纯的雄奇。只要把握好树的精神在它的首位，即使小树细干、直干也能产生强烈的韵律。让人体味到玩桩人的内含，玩桩的乐趣更建立在成功制作的过程之中。

罗汉松用摘叶的方法塑造小叶和枝条的形状，在树桩盆景制作者中是不多的。摘叶后新发的叶会小于原生的大叶，更加利于罗汉松叶的控制，春季的新叶也会减小。在这一点上它的控叶效果优于金弹子。

凤舞

制作：杨吉章　树种：小叶榕

形式：象形式

外形以根代替了大部分树干，树根丰满完整，紧凑美观，充当了树的基础隆起部分。形似凤凰美观、飘逸、舒展的尾部。头部作了简单的人工雕凿处理，着笔不多，更有利于表现凤凰的外部形似。这是不守成规以求象形的点睛。具象的形似逼真，凤凰的姿态经典洒脱，让人感受得到凤的高贵与美丽。

巴山渝岭

制作：曹明君　树种：金弹子
形式：树山式　规格：高58cm

　　桩形山意，树摇绝壁，变化在形内，力求虚实中的洒脱利落和峭健飞宕。高山远树，小中见大，盆中移山缩树的原理彰显。

狂放

制作：高云　树种：金弹子
形式：悬崖式　规格：长120cm

　　基部翻卷转折，运笔在狭窄的空间收敛紧缩。曲尽则一泻千里，放笔纵横，狂放与收缩集于一身，节奏变化大。

　　浅盆的应用使树姿看起来更加飘悬，对比中体现出构图的精细。用盆的变化使树的悬崖姿态和韵味得以大大改善，彰显了用盆的技术作用和艺术的表现力。

龙眺嘉陵

制作：曹明君　树种：金弹子
形式：象形式　规格：高80cm

　　此桩龙首具象至极，龙角、龙鼻、龙嘴、龙眼直至腮帮子，似活的雕塑，形成有偶然性。以龙首的外形加上拟人化的手法进行命名，寓意巨龙被改革开放所唤起，展望长江上游西部开发的中心城市的新姿，贯以时代精神，讴歌改革开放的伟大实践和变革。

扭悬

制作：谭守成　　树种：金弹子
形式：悬崖式

树桩的形式直悬侧走，顿挫弯曲，回荡流畅，收头有节。节奏跳跃明显，旋律收放张弛自由变化。

树干弯曲跌宕，粗壮有力使悬挂的树势稳定。枝片斜三角布势，双梢一飘一立各显特色。挺立的有稳定的树相，飘逸的有动感姿态，为悬崖式的异形树桩，有独特的个性。

它的制作注重技术含量，取式与做枝上有明显的体现。取式不走常规，利用了桩坯的天然姿势，塑造出树桩的个性。枝片造型结构紧凑，写意性强，原生态的树姿韵味浓烈。

曲倔铁

制作：高云　　树种：铁树
形式：悬崖式　　规格：盆高40cm

铁树制作的悬崖式盆景，苍崖高挂，临岩挺生，制作在造型上不能多着笔墨，只是在养护上要下功夫。抬头的姿态必须在养护中产生，小叶的塑造也要靠养护中的控叶来实现。取材和取势的构思在成形上起决定作用，而韵味的提炼就在技术之上了。

苍岩

制作：高云　树种：胡颓子
形式：挂壁式　规格：盆高80cm

　　高云先生钟情于挂壁式盆景。这盆作品创作经过是：他先有了一块石头，就意在笔先地想要做出一盆挂壁式的树桩盆景，备作以后的盆景展览。主意定了以后就到处寻找合适的小桩。最后找到这棵胡颓子。材料具备，组合就是他的强项。

　　悬崖之上，云山当中，凌空之下一树曲蜒飘挂。树势下探，根悬迎风，树摇绝壁。将树的生命顽强、姿态幽游的形韵意表达得淋漓尽致。作品形景意结合，重树又重景，重景又重意蕴，技艺结合完美。从立意到完成，进行得顺利又自然，可谓得来全不费工夫。观之能给人生命美好顽强的启迪，人的作用凸显。

正直坦荡

制作：曹明君　树种：金弹子
形式：一本三干式　规格：高72cm

三干一体竖直向上，拿到这样的坯子后不能就只是把它种活、造型做枝片，进而就是怎样做得好看丰满，从技术上追求精美就到此为止了。

因形赋意、意在笔先是树桩盆景创作的基本原理中的重要原理。以竖直给予正直的内涵，以开敞寓意坦荡，命名为"正直坦荡"，就有了充分的文化内含，形与神结合起来，给人性以树性，以树性喻人性，由此走上形出意随的技艺结合之路。可惜制作功力不到，还不够成熟，只能说明技与艺结合的创作路子更宽阔。

盘踞

制作：高云　树种：金弹子
形式：临水式　规格：横长90cm

根壮砥柱，主干苍劲变化，凌空逶迤天际，枝干各有中心，结构完整。桩古、姿难、韵深。

生命的摇篮

制作：左宏发　　树种：水柞
形式：斜干式

　　鸟妈妈不识大小，误把盆景当大树，尽心筑起小鸟的摇篮，合奏出生命的协奏曲。树木植物不止孕育小鸟，而且孕育所有生命。作品命名的意涵超越小鸟，超越树木，给人更大的思维空间。

　　盆景的表达有鸟妈妈和鸟孩子来帮忙，虽偶然，也必然。赋予了盆景的新意，增添了它的乐趣，带来更多的话题，值得赏玩。可惜只能用摄影记录，而无法带入室内或长期保存欣赏。

东风荡河山

制作：曹明君　树种：金弹子
形式：复合式　规格：树高 60cm

桩似山峦，双干回斜与枝的风动配合，全树动势强烈。以水为江河，以石为岸，以桩为山，以枝示风进行写实写意，技艺高超。命名与时代相结合，饱含积极向上的社会责任感，焕发出爱国主义精神。

作品选材因形赋意，剪留合理，用透视比例处理景深，以小石矮桩表现高山大树，水石增加江景山河效果，构景造型写实写意典型性强，以形传意，提升树格，功夫既在盆内又在盆外，以名和形导意，盆景的技术与艺术作用结合，引导人们积极思索。

垂范

制作：曹明君　树种：火棘
形式：曲干式　规格：高 78cm

枝片造型方位取势高逸，左右出枝为主，上部增加纵深方向位置出枝，主枝突出下跌的动势韵律，次枝稳定重峦叠嶂。全树枝干和二级枝嫩枝蟠扎，用培育表现出造型技术与功力，经4年形成现在技术状态。

大跌枝似藏锋涩行，铺豪加重沉稳勃发，凝炼而富于变化，蕴藏着无限的生力。上枝骨力俊达，豪气凌空。连续弯转曲折，扭旋翻卷重打，趁势迅速，边上跃边劲提，气韵联动，有强劲的配合呼应。体现了造型的狂放、手法的娴熟细腻。

生命的旋律

制作：高云　材料：金弹子

形式：悬崖式　规格：高58cm

　　桩形旋曲紧凑，取势虬曲悬挂，自然形成难，天生造化的形质气韵射人，枝叶疏密得当，耐看不需重笔，给人意志顽强的启迪。骨力似乎还嫌不足，但是给以时日，枝骨力度的俊达是指日可待的。

野韵

制作：高云　树种：金弹子

形式：附石式

狂野之桩，不守成规，矩形锐角，不平不直，桩野人更狂。其桩夸张力强，个性张扬，作品有独到的视角。

故乡的山林

制作：朱顺全　树种：金弹子

形式：树山丛林式　规格：盆长60cm

山林是重庆的代表地物。歌颂家乡以其为创意，因意索形于材料中，得到根头塑为山岭树林，家乡山林之形油然而生，引起人的怀念与热爱故乡的情思。

繁荣昌盛

制作：杨彪　树种：杜鹃

形式：一本多干式　规格：高78cm

　　一本三干的大树型杜鹃，树根坚实有力，苍干劲节倚势挺立古朴粗壮，枝叶葱翠繁茂封满全身。古老大树的形意墨足韵饱，透体奏出生命的颂歌，赏之心旷神怡。

飘

制作：杨彪　树种：杜鹃
形式：悬崖式　规格：飘长 100cm

　　稀叶有密枝，透叶能观骨，放养的功夫、培育的功夫是基础和手段。

　　透叶能观骨是树桩盆景的高级观赏形式，无需摘叶就可观骨，叶骨共观。这种技法需骨重于叶，有骨可观。既是制作的技术方法，也是观赏方法。

林间藏幽

制作：高云　树种：金弹子
形式：根连丛林式　规格：盆长 100cm

林疏枝稀，采用散点透视，各干自成一树，每一树为一体，各有自己的空间，互相配合，共同形成密林景象。有一桩林野茫茫、苍雄妩媚共存的景象。

空谷佳人

兰草幽艳吐芳，姿韵高雅"不为无人而不芳，不因清寒而萎琐"。"寸心本不大，容得许多香"故有"空谷佳人"的美誉。

爱兰之人用兰草配石，空谷佳人的形景意韵由名升华于其中。

飘逸跌宕

制作：高云　树种：金弹子

形式：小悬崖式　规格：飘长85cm

　　树身下泻飘垂，树干老道扭曲，树梢斜飘，树冠茂密。苍劲扭曲怪异的姿态中有节奏和流畅的动感。树干的扭曲苍劲中表达出稳定和力量。上下弯显现，充分展现出最佳的观赏角度，飘逸中有笃定，笃定中有飘逸。树韵生动活泼，透出万千的灵气。朝气勃发与古朴老态集合于一桩，红果与绿叶搭配焕发出生命的活力来。

　　此品种为原生健性结果植株，性状是结果多、结果大、每年硕果，且有少量秋果能结。就是叶片稍大，可惜不能两全其美。

林野苍茫

制作：高云　树种：金弹子

形式：根连丛林式　规格：盆长160cm

　　大型密林，树根铰链，层峦叠嶂并排而生于狭窄的石缝之中。作者通过拨、隔、牵引，拉开了根与根的间距，形成纵向的景深排列，有了生动的丛林形象。

　　其林优雅茂密清翠，树根错综穿插连接。树林主客疏密得当，既能悦目又能赏心，怡人心脾。

树桩盆景
实用技艺手册
（第2版）

曹明君 ▣著　　龚　曦 ▣绘图

中国林业出版社

前 言

FOREWORDS

树桩盆景是中国独创的国粹，历经战乱饥荒和无奈，不但没有泯灭，反而在中国的人文环境中自由成长。改革开放新时期，树桩盆景加速发展，成为喜爱者们自发的群众文化实践活动，焕发出无限的生命力，创造了历史以来树桩盆景作品、资材、理论、人才、市场的最好局面。

本书第一版在树桩盆景蓬勃发展的关键时期问世后，经多次印刷发行，受到广大读者实践和应用的检验，也经历了销售和品评的考验，得到树桩盆景行业同仁的普遍赞许，认为《树桩盆景实用技艺手册》一书，既可用于普及，更可用于提高。对树桩盆景的发展、对盆景爱好者技艺的提高，起到了推波助澜的作用。实践证明，它是一本有用的、受欢迎的树桩盆景创作工具书。很多盆友告诉我说："出差都把它带在身边"、"书都翻烂了"……网友雅槭庭更是称其为"全国领先"；还有网友认为，"唯它具有很强的可读性"。

理论方面，我得到的读者的反馈信息是：树桩盆景的定义准确，有了树桩盆景属性的专门论述，完善了树桩盆景创作原则，明确了树桩盆景制作的材料来源，总结了树桩盆景的使用形式，栽种、造型、特殊技术翔实，内容涉及树桩盆景的各个大的层面和细小角度。技术方面，引起读者重视的是极化造型、嫩枝造型、立体弯曲、放长技术、树种选择标准、树桩盆景作品评比标准、造型基本功、透叶观骨、多面观赏、形景意结合、小苗育桩等内容，本书既建立了树桩盆景的理论体系，也讲解了树桩盆景的造型技艺。

鉴于本书出版12年的良好反响，决定再版修订。

再版修订的宗旨在于：升级完善本书理论体系和造型技艺，用图文结合的方式，做到理论和实践相结合，文字表达不到的由图片说话，加深对理论的诠释力度，巩固树桩盆景理论体系的广泛性、深入性、实用性、先进性。使其成为关于树桩盆景造型方面可读和必读的优秀著作，并且继续保持领先的优势。

　　技术工具书籍指导实践，长期有用，期盼本书能够成为树桩盆景技术的长效书籍，学习和深造树桩盆景常读常新，久读得提高。借此再版的机会希望能够与全国的盆友交流互动，以结识更多的朋友。

　　此书再版请重庆知名画家龚曦主笔绘图，感谢他的慷慨帮助。同事也感谢对再版给予帮助的谭守成、高云、邱政、朱顺全等诸位同仁。感谢亲人龚娅丽、曹斯达的支持。也谢谢读者您的阅读和喜爱。

　　由于水平所限，书中难免有不足和疏漏之处，敬请广大读者斧正！

曹明君

2015 年 2 月 1 日

目 录
CONTENTS

三、树桩盆景的形式及分类

四、盆景流派与地方风格

五、树桩的来源及选择

六、树桩种植条件

七、生桩种植技术

八、树桩的栽培管理

九、树桩造型蟠扎

十、树桩创作原理和构图立意出景

十一、树桩盆景的特殊技巧

十二、树桩与盆和几架

十三、树桩盆景的命名、陈设和应用

十四、盆景交流和展览

十五、树桩盆景的生产

十六、盆景与制作者

什么是树桩盆景

盆景从诞生发展至今，它的参与性、实践性强，是专业与业余结合较好的艺术活动。许多爱好者对什么是树桩盆景没有明确的概念，只是重复制作过程，注重实践。一些书籍也没有定义，还有的观念过时，承认其艺术加工，但未肯定为艺术品。既然有艺术加工，就应该是艺术品。陈毅元帅曾书赠四川盆景为"高等艺术"，可见树桩盆景作为一种艺术和艺术品，已经得到认可。弄清树桩盆景是什么，应用好它的属性，对于它的发展意义重大。

树桩盆景是用有生命的树木为主，与养植配景材料结合，在盆中造型成景，是有生命、能移动、可应用的具有中国传统文化的艺术品。树桩盆景艺用树木，独创于中国，以有生命的植物为艺术的主要对象，有它自己不同于其他艺术品的特点。

艺术品必须要有人的作用赋予其上，也就是将对象进行艺术处理，通过作品反映生活与自然，表现出作者的思想感情，且富有感染力，才能称为艺术或艺术品。中国金鱼是人们喜爱的有生命的观赏动物，但因为人不能直接对其进行艺术性的改变，也就不能成为艺术品，只能成为观赏动物。自然中的优美大树和山水景点，有很高的观赏价值，如黄山的双龙松、迎客松名闻天下，但因其无人的作用于其上，也就是没有艺术加工，所以不能算是艺术品。

树桩盆景作品，是由人的美学意识及技能，施加于树桩之上，展现了人对

■ "东风荡河山"该作品用树、石、水构图造型立意成景，用命名注入文化内涵，让形、景、意给人艺术的熏陶

材料的加工利用，形成了多姿多彩的形与意境优美的神韵相结合的作品，也就成为了艺术品。树桩有难、老、大、姿、韵、意，盆景形象生动，主题鲜明，意境含蓄，树桩味浓，技艺突出，有它自己的表现对象、语言、节奏、韵律、格式、方法、材料、关系。似诗、似画、似歌，具有一般艺术品的功能作用外还有不同于其他艺术的特性。

树桩盆景的艺术特性

树桩盆景作为一种艺术品存在，除了具有一般艺术品的性能外，还有它自己的特性而受到人们的喜爱。其特性如下。

1. **生命性**。在所有艺术品中，有生命的只有树桩盆景。生命性在艺术品中存在有它的特殊意义，一是有活力，二是有变化，能带给人们蓬勃向上、顽强不屈的奋进精神。生命活力之美，是美的最佳表现方式，也是最难的表现方式，这是树桩盆景最吸引人的根本特性，并决定其他特性。

2. **独一性**。好的树桩盆景，存世仅有 1 盆，相同相像的没有，物以稀为贵。其个性突出，形态自由，符合求变异的个性化发展的观念，收藏性能好。

3. **不可仿制性**。好的树桩，品相奇妙，且不能仿制和再生。即使能仿制，也不是急功近利的仿制者所能如愿办到的，因而具有收藏价值。这也是树桩盆景艺术有别于其他艺术的独特性。其他的艺术品可仿制，而且可以大批仿制出来，唯树桩盆景不能仿制出作品，只能模仿制作方式。

4. **四维性**。造型艺术都占有空间，不能占有四维上的时间。字画占有二维空间，雕塑占有三维空间。它们的时间是固定了的时间，是过去的时间，不能延续时间。而树桩艺术不单具有三维空间，而且讲究四维时间，既有过去了的时间凝固在上面，由古老苍劲、难度、姿态、意韵体现出来，又有现时时间在艺术品上的延续，年复一年的发芽、开花、结果、落叶，生命不息，运动不止，时间使其形其神放出光辉。人的艺术处理也依赖于时间延伸展现出更佳效果，时间在其上成为了重要的审美技术指标。它的四维性，也是其他艺术品所没有的，具有独特性。时间性在树桩上作用很大，人们不能赋予，非几十年的时光是造就不出来，非任何高档工业产品所能比，因而其价值必然昂贵。

5. **变化性**。树桩在生长中，能随时间、自身生长规律、管理方式、人的技术处理发生形态变化，只要方法得当，有自身向好的趋势。只有方法失当、人的失误，才会向坏的方向变化。除树的自身变化大以外，还有互相之间呈现的变化，直斜曲俯、悬崖丛林，姿态各异，别具特色。树桩自身的变化性，也是其他艺术所不具有的。

6. **功能应用性**。树桩盆景虽不似园林艺术，不能满足可居可游的需要，但能供人

■ 树桩盆景以有生命的树木为对象，进行造型成景，赋以形韵意，是它最独特的属性

■ 树桩产于自然，老天造化而成，具有独一性，难有相同的姿态形成，不可复制

■ "我们走在大路上"作品反映了新中国成立初期翻身做主的劳动人民意气风发建设社会主义祖国的时代风貌

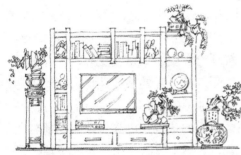

■ "室有树石雅"树桩盆景有明显的应用性，为各种室内环境增辉

■ 树桩盆景具有生长连续性，拥有人就必须经常进行养护修剪，保持作品的比例和形态

观赏，出室入房改善环境，增强形象，增加绿色，调节空气，舒畅心情，有益身心健康等实用功能。应用性强，具备实用功能，也是其一大特性，有别于其他艺术品。

7. **参与性**。参与性即实践性，无论是制作者，还是拥有者，都需要养护管理，维持其生命的延续、形状的保持、功能的实现。这一特性不言而喻，也与其他艺术品不同。因这一特性人能对其产生更深的感情，而备加爱护。

8. **直观性**。作为一种有收藏意义、有生命的艺术品，它的收藏不是如书画，藏之箱柜，密不示人。它不具有保密性，相反，它必须示于人，每日可见，与拥有人的关系更直接，更亲切。这也是它区别于其他艺术品的特点。

9. **真实性**。树桩盆景以有生命的树木做对象，是立体空间与时间的艺术，具有绝对的真实性。

树桩盆景的这些特性强化了它的作用与功能，成为有中国特色的艺术品。

盆景是中国的国粹

世界各国的民族在文化与文明的发展中，共同的东西极多，也极其相似，如绘画、雕刻、陶瓷、园艺等。盆景是中华民族独创独有的，具有浓厚的中国文化特色。盆景主要是树桩盆景，在四大发明传到世界各国数百年后，才由日本传向欧美各国。真正流行和发展起来，是近几十年的事。所以说，盆景是中国的国粹，是中国对世界文化的贡献，中国人应为此感到荣耀。

好的盆景作品，存世独一盆，造型有姿，立意有境，可养可赏，足不出户可观自然景色，调节生活情趣，培养美感和情操，休闲娱乐，有益身心健康，延年益寿。作为发祥地，中国的盆景经过了原始初创，丰富发展，几度兴废，进入现代的繁荣创新的历史。盆景与中国灿烂的文化互相渗透，经过生产者、欣赏者的不断总结、丰富与完善，特别是历代文人墨客的参与，形成了盆景文化，成为中国的一项独创。

现代社会国际交流增多，盆景这一中国的国粹通过各种渠道，终于传到了各大洲，但盆景的根源在中国，盆景的文化、风格、流派、基础还在中国。盆景的精华如意境、诗意、命名，对根、干、枝、叶审美认识的系统理论深度、风格变化等，国外一时还不能比。日本盆景出了不少优秀作品，但在根、干、枝、叶的系统认识上，还少见根的表达，哪怕是"登龙之舞"这类的松柏盆景，盆龄时间在十年以上，有的长达几十年，应有杰出的根的表达而未表达出来，不能不说是对根的认识还没深化等。在题名上不命名，以植物品种命名，极易重复而弄不清对象，名称上反映不出一定的意境，影响主题表达，妨碍欣赏的深化。盆景创作的方式风格相近，少流派产生。这是后来的模

■ 树桩盆景是以生命为对象的艺术，有中国文化特色，历史上仅有中国发明和应用，是中国真正独创的国粹

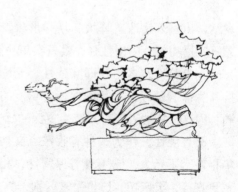

■ 树桩的结构由根、干、枝、叶形成，无根就差了一个基础的结构部分

仿者局限性的方面，而且是重要的方面。这也从一个侧面证明了盆景是中国的国粹。

盆景是中国的国粹，只是中国盆景的过去，它不代表将来。国外盆景的飞速发展，起点高，条件优越，有雄心，有毅力，有条件，有实力，有作品，也形成了理论体系，绝不可等闲视之。中国盆景界之个人当用自己的特长、力量而努力。中国盆景协会及各地盆景协会，应该领头加强工作，中国盆景才能执世界盆景之牛耳。

诗情画意与意境是盆景的生命

盆景是无声的诗，立体的画，盆景贵在有意境，诗情画意是盆景的生命，是它流传到现在并兴旺发展传到世界的根本原因。诗情画意比较直观，直接体现在外形上，容易让人理解接受。意境则比较含蓄，是由树、石、地貌、水域、摆件等结合形成的外形，与作者、观者的思想感情融合后，产生的艺术感染力形成的境界。优秀的树桩盆景作品，能使人通过想象，如身临其境，在思想上受到一定程度的感染，产生烙印。如贺淦荪大师的水旱树石结合的盆景"心潮"、"海风吹拂五千年"，通过对材料的处理利用，与现实生活相结合，产生意境。"心潮"反映了祖国改革开放决策者的伟大气概，心潮如浪高的意境跃然盆面。"海风吹拂五千年"用人们耳熟能详的歌词作题，摆件作引导，水域作地方，引导人们与沿海改革开放城市取得的深刻变化相联系，反映出决策者与建设者的历史作用。纵观两盆景作品，诗情画意跃然盆中，含蓄而清楚的意境直入思绪，令人震撼，具有强烈的感染力。

意境由诗情画意般的外形产生，用作者的题名来引导，起画龙点睛的作用，靠观赏者的领会而进入。作品"丰收在望"，画面是一位正在古老苍劲的怪柳树下休息的劳作老者，端着水碗，望着眼前辛勤劳动后丰收在望的田野，陶醉在田地里。这是河南开封张瑞堂的作品，靠命名的画龙点睛，形成了丰富朴实的文化意境，征服了不少观众，获得了全国盆景展览二等奖。这说明了盆景贵在有诗情画意，意境是盆景的生命。

没有诗情画意与意境相结合，盆中栽培造型极好的古老大树，如日本的古柏，不能引起人们的联想与思索，只能算盆栽，其生命形态极美，思想意义却不大。

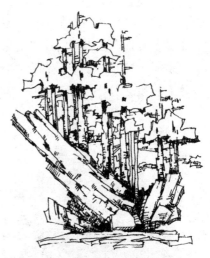

■ 生命凝铸的画面，诗情画意浓烈地表现在时空和形态中

树桩盆景是回归自然的媒介

人们居住在大城市，身体被禁锢在水泥房，紧张的工作，拥挤的生活，回归大自然是人们的向往，也是各种艺术表现的对象。回归自然可以是回到江边山峦，更可以是树下，也可以是回到乡村田野。树桩盆景能使人的目光和思绪到达山河树林间，树桩盆景回归自然的功能成为人们回归自然的最快捷的媒介。

■ 树桩盆景能使人顿生回归自然的感觉

盆景树桩各味

树桩盆景作为艺术品，要能经得起欣赏品味，也就是要有味。它的味在哪里呢？树桩结构中，根产生的美感，是为根味；枝美有枝味，着重体现枝的格式韵律，表达出节奏；有的树形成了硕大的桩体，富有姿态和变化，是为桩味；有的树体态不大，但树的形体特征极典型，桩味不浓树味却浓；盆景制作出来，树石、山水、摆件、命名，浑然一体，产生诗情般的画意，是为诗画之味；还有文化意韵的内涵反映出来的意味；人工技艺有别产生不同的风格之味。

盆景各味，有的可单独存在，有的互相结合，综合交叉，味道更加浓烈。尽管其味道有程度之分，互相对比中，可以产生出来，人们根据经验也可品赏出来。能达有

■ 用写意手法表现山和树林，有远景天际线的自然山林景象和雄奇的韵味

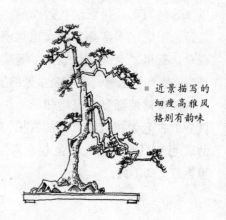

■ 近景描写的细瘦高雅风格别有韵味

味，也就有了内容，是人们对树桩盆景的一种追求。

艺用树木

人类对树木有建筑家具工业方面的应用，有绿化环境的应用，有医药化工方面的应用，还有食品应用。艺术应用是它的又一个应用范畴，它是人对树桩进行加工造型，做出形景意上佳的作品，应用在生活环境里面，对人起到良好的文化感悟作用。树桩盆景是作者主观意识与客观形象融合，提升树格，咏出人的情怀的物质对象。功夫在盆内与盆外，不只是形体美的视觉享受，更是精神文明的潜移默化与导向。

树桩盆景的艺术作用可以是抒情壮怀，也可以是形态景物的描述，可以是表达价值取向，也可以是歌颂批评，超越工艺品达到艺术品的功能作用。

有动于心者的树桩盆景也能反映时代和生活。形式与内涵相结合，不是停留在形态的技术层面，更多的内涵会让树桩盆景的艺术作用发挥得更加完美。

■ 富有生活情趣的盆景，画面内容大于形式

■ "西风烈"借树桩盆景表现工农红军在长征中的艰苦卓绝、浴血奋战的历程，为长征精神而歌而泣

树桩盆景是四维艺术

树桩盆景的作品不单在长、宽、高三维空间的配合中造型成景，还将四维的时间必然地表现在作品上，着意用树桩的根干苍劲、枝叶繁盛、叶花果以及摆件来表达时间和空间的联系，三维空间的形象需四维时间来达到。

■ 树桩的根干花果、姿态形韵凝结的时间是漫长难于估计的

树桩的生命性决定它在时间的延续中的生长性，随着生长要向三维方向发展，干粗、枝壮、叶茂，苍劲美观的形态景象体现四维时间，而且技术的形态和艺术的意蕴是必然的要在四维时间上发展。树桩年复一年，月复一月的修剪整形，依赖时间将技术浓缩在作品上，没有漫长的时间，就不能形成作品。

树桩盆景要耐看

树桩盆景，有人说百看不厌。事实上平庸的作品，久看也会厌，越看问题越多，遗憾越多。哪怕有的作品在 10 年前、20 年前，是轰动一时的作品，现在看来也有遗憾。只能作为有历史意义的作品，或创作方法上的借鉴指导作品。"八骏图"是赵庆泉大师的作品，当年曾经轰动一时，在盆景界引起较大的反响。久读之，由于树桩略小，差点老气，总觉有点遗憾。当然现在看来，其命名、命名与摆件结合有古意，景和地貌的处理，树的组合成景配置，小桩的利用等，都有示人的范例作用，且有诗情画意，但树的体态略小，差点树的古老苍劲的大气。如其系列作品，当年采用更苍老、体态略大的桩配置，现在来看，也不过时，耐看性更强。

树桩耐看要有变化，要有技艺功力，要有形景意结合，才能耐看。自然类树桩，桩形变化大，天生老态，选好了桩，配合造型成景与内涵的发掘，才能耐看。如果仅凭天生老相，处理无章，没有意境产生，也不会耐看。规律类及小苗蟠扎的树桩，如果没有造诣，差功力、缺培育的时间、少技术处理变化，也不会达到耐看的程度。反之，有许多小苗制作的规律类传统古桩，做工讲究，技艺复杂，经过了长时间的培育，达到了耐看、耐人寻味的程度。

耐看性是检验盆景制作的标准，要经得起耐看的检验，能经受此检验者，必是好桩好景。耐看性也要经得起时间的检验，在盆景的技艺平淡时期，在技艺的进步时期，在技艺的蓬勃发展时期，群众专家仍说好，才是好，就叫耐看。

树桩的耐看，也有技艺处理的耐看。蟠扎，修剪，布势，塑造，树形、枝条、树干老态处理，树根处理，再经过良好的培育，也会产生耐看性。体现的是功力与技艺，达到人工胜天然，也就耐看了。

■ 树桩悬曲怪异处在最佳观赏位置，树枝长飘下走和上抬，看桩又见气势，具有较强的耐看性

盆景与文化

盆景发展中，与文化结下了缘分，一方面是文化造就了盆景，另一方面盆景也丰富了文化。盆景中有文化，这是毋庸置疑的。盆景是文化造就的，它起源于人们精神需求，历代的文人墨客对其推动较大。没有狭义的文化即人们的智慧和能力，就不能形成广义文化即物质精神财富的一部分的盆景作品和盆景理论。也就是说，盆景是文化的产儿，盆景形成了自己的文化，有理论、有实物、有广泛的认同。盆景文化在盆景中起决定性的作用，应发挥好文化在盆景中的作用，进一步丰富发展盆景。

盆景是与文化结合发展起来的，文化是人认识事物、改造事物的基础素质，个人有什么样的文化素质，就能产生什么样的作品。这是盆景与文化关系的一方面。文化是融合在盆景之中的，并借助于文化进行技术学习。另外技术交流、技艺的传播。技术的进步也需要文化作支撑。

盆景通过长期的实物发展与文化发展相结合，形成了自己的理论雏形，盆景学、盆景美学、盆景技艺等有了较快的发展，盆艺的书籍、专业杂志百花齐放，正在形成体系。理论指导实践，实践又丰富盆景理论。目前，盆艺理论已走到实作前面，有较好的理论指导，才能产生较好的实际制作成果。理论不能只是一种头脑中的知识，如前辈老艺人的传统技艺，没有形成文字，尽管技艺内容十分丰富，但许多没有流传下来，造成了损失，是文化不足使然。

盆景讲究诗情画意，讲究触景能生情，是文化的一种反映形式和作用，也是一种超越形状而进入由其引导的一种高层次的精神世界。盆景的艺术属性也要求其有文化指导，要反映文化，有各种文化上的特征，而且人们必须认同它。盆景的题名与文学、诗词、美学、画论、哲学、语言等直接相关，用文化形式进行。对有文化基础者，容易得多；而无文化者，难度大，不易命出有蕴含的名称。

盆景的欣赏过程是一种文化还原过程，将制作者的意图反映给欣赏者，由欣赏者领会品味出来。这也需文化的沟通，借助文化使人们产生共鸣。

陈设也讲究文化，一桩二盆三几架是盆景文化，讲究环境陪衬，有的陈设成双成组，也是盆景的文化。

盆景文化有广义的文化，盆景包容于它；

■ 树桩盆景理论书籍是盆景文化的结晶。学习盆景理论是盆景进步和发展的基础

有狭义的文化，盆景依赖于它；有自己的盆景文化，盆景丰富了它。文化贯穿于盆景的各个方面，贯穿于主体与客体之间，贯穿于制作和欣赏的各个方面，决定着盆景的技艺水平。

造型也有文化作指导、作灵魂，如文人树、悬崖式、附石式，都是人将文化思想赋之于树的结果。

盆景的语言

树桩盆景是有生命的造型艺术，用自己独特的语言形式，即树的外表形状：根、干、枝、叶、花及果，树的内在形式老、难、大、姿、韵、意，它们的有机结合形成语言，与人进行对话与交流。还可通过配盆、配石、应用摆件、布置水域、地貌变化等增加对话的语言因素。命名也可加强与人的交流和对话。

盆景是有语言的，它的语言是无声的，但能与人进行精神上的交流对话，沟通人的思想情趣，以它自己的存在形式，起到语言的作用。盆景的语言，是要表现自然的优美和谐，生命的顽强久远美好，姿态的生动丰富变化，树木美的多样性，即树种、树叶、花、果、根、干、枝的各种美妙，景的丰富与变化，意境的清淡与含蓄，有诗情画意，人的创造力在其上的作用。命名与景和立意的结合，有利于盆景语言的表达，有利于内涵的突出。

■"曲与直"告诉人们一个哲理，盆景的语言是与人们的思想意识相关，可以是歌颂，也可以是批判，也可以是自然物语的单纯客观表达，都能做到意识的潜移默化

盆景制作中，要加强盆景语言的表达力及与人沟通的力度，善于利用好盆景的语言，在栽培与造型造景、立意命名，多方面强化盆景的语言。盆景的语言与语言因素有关系，增加盆景的语素，可增强其表现力。一棵姿态很好的树，配石与否，大不一样，再与水结合，产生的语言因素就更多更好。摆件用好后，语言又不一样，可告诉观赏者时间、地点、人物、内容等需通过文字描述才能表达的东西，并且丰富盆景形式，走出形与意结合的艺术路子。

树桩盆景在盆景中的地位

盆景包括树桩盆景、山水盆景和草木盆景。树桩盆景是其中的一个主要部分，单独形成一个类别。它们有共同的特征，都是在盆中进行艺术造型，达到美的境界。各自使用的具体材料有不同，表现的对象也不同。树桩盆景以树为主要材料；山水盆景以石为主要材料；草木盆景以基干不大、木质缺乏的草木为主要材料。山水盆景表现的是山的雄奇大势，其景宏大，主要材料无生命。而树桩盆景表现的是树的苍劲古老，生命的坚强，突出生命在景中与他物的关系，其景小于山水盆景，表现的是幽秀，可作远、中、近

■ 山石盆景以石为主，树木植物体态小只是点缀，材料的性质不同，加工的方法不同，与树桩盆景有一定的区别

景的处理。草木盆景与树桩盆景的区别在于材料的性质不同，加工的方法不同。

树桩盆景与山水盆景共同发展起来，延续至今，但树桩盆景的爱好者、从业者，多于山水盆景的爱好者与从业者，数量也多于山水盆景，其影响也大于山水盆景。这就奠定了树桩盆景在盆景中占有主流的地位。

树桩盆景的限制性

树桩盆景有艺术品的独特性能，以诗情画意的形象、韵味深厚的意境，赢得了历代不少人的喜爱。但许多人仅只是喜爱，爱在口头上，却不敢参与拥有。究其原委，树桩盆景的限制性是根源。树桩盆景的限制性是它不能大众化普及发展的原因所在。具体的有以下几类。

1. **生命性**。树桩的生命性是它美的根本，也是限制它普及进入寻常百姓家庭的根本。有生命就有可能死亡，养护措施失当、忘了浇水、肥药太多太浓、病虫危害等，都有可能导致死亡。许多人对此望而却步，担心死了太可惜。须知，死是极个别偶然原因，不是普遍现象，个别不能代替一般。树木的寿命长，适应性极强，轻易不会死亡，技术措施可以得到保障，病虫害可以预防控制，只是未养好的树桩技术失当，判断不出来，才有可能死亡。

2. **技术性**。树桩盆景造型需一定的技术和审美取势，许多人唯恐胜任不了或不能保持原作的风貌，不相信自己而不敢涉足。造型无非蟠扎、修剪、取势，动起手来就不难。

3. **养护性**。养护有一定技术含量，许多人自己感觉陌生，视作门外汉，担心养不好，无信心进入。实则养护不难，松土、浇水、施肥、换盆，仅此而已。

4. **时间性**。有了树桩盆景，需经常养护，冬季时间用得最少，十天半月管理一次。春秋则 2 ~ 3 天需浇水 1 次，夏季户外每天必须浇水。如需离开，则需托人，也可采用特别办法，定时浇水的器材可在指定的时间自动浇水。

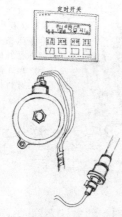

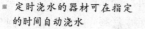

■ 定时浇水的器材可在指定
的时间自动浇水

■ 批量生产树桩得到较多的资源，提高它的质量，降低价格，
是未来树桩盆景的必由之路

■ 小苗育桩得到的
树桩盆景作品，
有很高的性价
比，是树桩盆景
普及延续发展的
方向

5. **昂贵性**。树桩盆景因品种、姿态、数量、生长周期、价格等原因，限制其发展。只有批量生产，才能使价格降低。

6. **场地性**。盆景养护陈设，都需场地。场地宜向阳通风。室内则要临窗或宽敞，住房狭小，无法陈设盆景。

7. **资源的利用性**。自然产生少，形成难，得到难，成活难，可采尽。

针对它的限制性其对策是：

①选择长寿、易养、少病虫害的树种，如耐旱、耐阴、耐水、耐肥、耐贫瘠的金弹子、罗汉松、黄葛树、小叶榕、银杏、黄荆、中华蚊母、杜鹃、对节白蜡、铁树、棕竹、兰花等品种。此类品种，即使长不好也不易死亡。

②适当学习相应技术知识，管理与造型都不难，初中文化水平的人或肯看书学习的人，完全能胜任。

③培养爱好，有了爱好，其他困难可以迎刃而解。

④采用简单实效的定时或延时养护办法（参见本书有关题目），可节约时间、少花精力，出门十天半月也对树无伤害。

⑤批量生产小苗树桩或育落山桩，降低成本而降低价格，增强其商品性和竞争性。

树桩盆景的限制性是客观存在的，但采用一定的对策，是可以克服的，关键在于人的作用。

✑ 盆栽还是盆景 ✑

盆中经人的技术与艺术加工处理的古老大树，叫盆栽还是盆景，这是有区别的不同概念，长期以来在国内或国外，都有争论，盆栽说与盆景说各执己见。

盆栽与盆景的区别在于，一是有景无景上；二是人的艺术和技术处理上；三是观赏内容上；四是诗情画意与意境上。这四点关键的是有景无景。景有大有小，有多有少，有好有坏。只要有景，盆中古老有诗意的大树，就不能仅用盆栽对其称呼了。盆中的古树，容在盆盎栽在泥土中，与地貌发生了较大关系，是大自然一隅的写照，客观真实地包容了景在其中。就其有无景而论，它是有景的。实际尺寸上看只是一小景，取景框只取了树的精华，将树作为主体来反映其形与神韵的，地貌只选取了与树接触，生存关系最紧密的一个部位，是一个小景。如果将实际尺寸延长，树周围的大范围的景，包括景深距离远近，景的多少，景的好坏，景的内容，是山是水，是田野是城市，都出现了。树是其中的一个有机的组成部分，是一个小景依附而存在的。它可以独立，也可以与他景结合，反映更宽广的题材和内容。盆中古树不单有景，人的加工技艺也充分地赋予其形上，产生了自然物与人力相结合有技术有生命的艺术品。人们对它的观赏发生了变化，不只是像一般盆栽那样只观其花叶或果，而是更看干、根、枝的形态变化，看其时间的久暂，能看到它的过去，又看到它的现在和将来。看技艺、看难度、看变化、看它的内含，有没有诗情画意，能否引导人们的欣赏，至少是将人们带到画面的诗情画意中。其命名，还可以深入更深的层次。

中国人用盆景对其加以称谓，也有人对日本约定俗成的盆栽称呼持否定态度。本质来说，它们并没有太大的区别，都在以上四原则中进行制作与创意，成为有生命、能移动、有形有神的盆中造型艺术品。盆栽也好，盆景也罢，都是以艺术品的方式进行。只是将有树、山石、水、摆件、地貌处理多少区别为盆栽或盆景。如是区别，其更细罢了，还需用旱盆栽、水石树盆栽、草本盆栽、藤本盆栽再作具体详细的区分，甚而要有盆栽学会、盆景学会等组织进行区别，岂不将其复杂化了？

日本将其称为盆栽，是与引进时中国的盆栽称呼相同步的。盆栽发展到盆景，技艺上进步了，日本在文化意蕴上发掘不足，仍沿用约定俗成的盆栽限制了盆景艺术的表现方法和文化的发展，使其风格变化小，意境开发不够，有好的作品甚至超过中国，无好的景、形、意结合的文化表达，是盆栽之悲也，非盆栽之功也。

现代世界，地球成了村子，国际交流频繁，有必要统一其称谓。用什么进行统一，必须客观、科学、以能反映其全貌的特点进行，而不能以一国的偏于狭隘保守落后的称呼进行。盆景更能反映其客观现实，反映其特性，既有形又有韵，符合它的艺术要

■盆中取自然小景

■你说叫做盆栽还是盆景更好呢

求，符合盆景的进步、发展，更符合艺术要创新，要百花齐放，多种风格形式并存的要求。盆景应以世界正在兴起的用树木植物为主要材料，有形有神，有生命能移动的盆中造型艺术品的唯一称谓。

改革开放时期的盆景

中华人民共和国成立之后，盆景事业在初期有较大的发展。出现了以周瘦鹃、朱子安、朱宝祥、殷子敏、陆学明、陈思甫、孔泰初、王寿山、李忠玉等人为代表的创作群体。各地有一批技术带头人，为盆景艺术承上启下做了较大的贡献。但受社会、经济、文化条件及观念的制约，制作者爱好者少，作品不多，盆景发展的深度、广度不够。后来又受20世纪六七十年代"左"的思潮影响，受无政府主义、个人利己主义的摧残，许多作品夭折逸亡，出现了断代。仅部分个人及少数苗圃公园锲而不舍，保留了部分作品，迎来了改革开放盆景发展的好时机。

随着改革开放经济文化的迅速发展，盆景事业注入了生机与活力，进入了一个蓬勃发展的时期。此期启动阶段，国内相关部门组织了一些盆景活动，出版了一批盆景艺术书籍，为盆景新发展奠定了广泛的基础，促进了各地盆景事业的大发展。国家经济的发展、人民生活条件的改善、文化水平的逐步提高，推动了盆景活动的广泛开展。艺术盆景走入了与商品盆景结合的路子，二者互相促进，也有利于盆景艺术发展。

改革开放期间，挖桩与养桩有了职业分工。山民了解桩源，吃苦耐劳，将山野可利用的树桩开挖出来，使养桩人有更多、更好的桩源。盆景市场的出现，以桩养桩，筛选出了一些好桩、好作品。

盆景制作者中的专业与业余佼佼者在此期间脱颖而出，潘传瑞、贺淦荪、马文其、潘仲连、赵庆泉、胡乐国、王选民、曾宪烨等一大批人是其代表者。他们或以作品取胜，或以理论见长，或理论作品双丰收。此期的代表作品有"刘松年笔意"、"八骏图"、"黄河之春"、"海风吹拂五千年"等。理论书籍代表作有潘传瑞著《成都盆景》，耐翁先生的《盆栽技艺》，马文其编著的《盆景制作与欣赏》、《中国盆景——佳作赏析与技艺》，赵庆泉、王志英的《中外盆景造型艺术大全》，彭春生教授著

■ 改革开放时期，盆景书刊理论、盆景展览、盆景市场、盆景作品、盆景人才是树桩盆景进步发展的五大要素

的《中国盆景流派大全》等。盆景相关刊物有《大众花卉》、《中国花卉盆景》、《花木盆景》及各地创办的花木盆景杂志等，为盆景理论及技艺交流和发展做了普及和提高工作。创新风格流派的形成和稳定，大多在此时期。民间与专业团体中，涌现了一批基础素质好的制作者及基础作品，尤其是民间盆景蓬勃发展。随着时间的推移，还将完善前期作品的造型成果，诞生好作品、好人才、好理论。

盆景展览为树桩盆景的发展可起到实物交流的推广作用，定期举行的全国和各个地区盆景展览为树桩盆景在这一时期的发展奠定了技术基础。

改革开放到现在，盆景得到了广泛普及和质的提高，达到中国树桩盆景最好的巅峰，是中国盆景崛起的一个重要时期。

树桩盆景的功能作用

许多人都喜欢栽花种草、制作盆景，那盆景的功能作用在哪里？仔细究来，作用不少，尤其是树桩盆景。

人们追求树木的外形美、生命美，观花赏木，其叶、其花、其果都洋溢着美。树桩则更有根、干、枝的古老姿态与叶的旺盛生机相结合的美。有的品种花香果美能食，更增添花繁叶茂、硕果累累的景象，其与古朴的树桩相结合，又有诗情画意的美。

树桩盆景选用多姿变化的树，与石、地貌、配草、摆件、水域相结合，按照制作规律进行造型构图置景，成为无声的诗、立体的画。并与人们的感情相结合，赋予意韵，能将人们带入山野林海的美景中去。住惯了水泥建筑，长期不能见到花草树木的城市人，既盼望回归大自然，又不能离开工作居住的城市，他们回归大自然最经常、最直接的媒介之一，就是能以小见大的盆景。人们都向往与生命与自然交流，追求生命的天趣，盆景就成为他们的生活伴侣之一。也是人与自然的对话，人与绿色生命的交流，盆景能带他们进入山野河边村落。

生活中，盆景不只是休闲娱乐、消磨时光的玩物，它除了自身的美与人们赋予它的意义外，还能影响人们的情绪，消除烦恼与疲劳，使人轻松愉快。将盆景放于室内工作

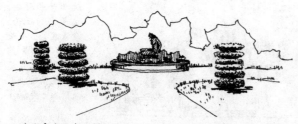

■ 重庆市多处有这样的地栽树桩，美化环境的作用明显

和生活的环境中，休息之时，欣赏一会盆中之景，紧张与疲劳、人情与世故，都可淹没其中，有益身心健康，提高工作效率和生活质量。

盆景美化环境的作用已在生活中广泛体现，室外的街头盆景、大楼商场陈设的盆景、公园盆景等已经崭露头角，不再是往昔高级宾馆才有的景象。会议室、大厅、办公室、家庭中摆放的盆景都能起到美化环境的作用。它的高雅与生机，能改善环境，提升形象，极具风格，不是一些铜臭的摆设可相提并论的。它也有净化功能，植物净化空气是有效的，尤其是白天，可减少空气中的二氧化碳及有害气体，吸附空气中的灰尘、吸附与阻隔噪音等功能。

树木有益于人体健康，这是不争的共识，也是自然发展的规律和进程。没有树木，地球就没有充足的氧气，人类就没有今天的生存环境，也就无法以现在的方式生存，或根本无人类生命的诞生。

人与大自然的关系十分密切，人类生于斯长于斯，生存与发展于大自然中，因而人类与大自然结下了不解之缘。随着人民生活水平的提高，环境恶化，使人们更加认识大自然，由此产生了真爱和精神向往。树桩盆景、山石盆景能使人足不出户，就可满足人的部分需求，它是人们回归大自然最便捷的媒介。

盆景的家庭作用日益明显。个别人的休闲时间，用于一些无意义甚至有害家庭的活动，而盆景爱好者的业余时间，大部分都消耗在盆景的学习、养护、制作和欣赏的过程中。盆景美化了家庭，也使家庭产生亲和力，还有利于家庭成员提高植物学、栽培学、土壤、美学、文学艺术等方面的知识。是从另一个方面普及科学知识，有利提高国民的文化。物质与精神文明相结合，促进家庭的稳定与发展。

而盆景某些方面的作用人们还不清楚，如收藏升值的作用、与别人交流谈话的内容增加而起的交流作用。还有生产出来用于经营的作用、用作礼品的作用等。

综上所述，盆景能美化环境，美化人们的心灵，陶冶人的情操，休闲益智，增进健康，提升企业和家庭形象，作为一种商品和艺术品，于社会精神和物质文明都有利，这就是它的功用。

树桩盆景的普及

树桩盆景制作应用是在小范围内进行的，涉及植物学、栽培学、文学、美学、国画理论知识，是技术与艺术相结合的活动。随着时代的前进，人们的物质生活条件极大丰富，盆景的数量与质量也有很大的发展。但它的范围仍然很小，还有待普及，尤其是应用方面的普及。

树桩盆景能不能普及？从过去的历史看，树桩盆景不能走入寻常百姓家，原因是多方面的。数量少，很难见到，市面上没有出售，价格贵；人们的经济条件差，不愿意花钱买与生活无直接关系的商品；对盆景爱好不起来，认为其美，但可有可无，不愿参与；畏难，认为树桩的长期管理养护麻烦费事；住房较小受场地限制，既无阳台，又无室内较宽的空间，没有盆景安身的地方；文化教育程度低，兴趣不易培养起来。因此，树桩盆景不能进入寻常百姓家里。

普及树桩盆景，现在已经开始有了物质文化条件，人们的住房面积增加，功能齐全，阳台、窗台、室内、楼顶、小院范围都能摆放一些盆景。人们有更多的时间休闲娱乐，文化素质不断提高，会有一部分人将眼光移向盆景。经济条件也允许购买适宜的盆景，只是愿不愿意买的问题。人们追求高质量的生活，向往回归自然，盆景正好又是媒介。普通的花木爱好者，也会由低向高发展，转而喜欢盆景。过去是富贵人家玩赏的盆景，现在在盆景商业化的进程中，有普及的趋势。盆景有益健康、有益环境、有益家庭、有益智力，其作用不可小视，是高尚的物质与精神结合的产物。

另外，还需多宣传，培育好市场，增加有效供应量，降低其价格，做好技术咨询，搞好售后服务，才能促进盆景的普及。

盆景的普及是一个长期的过程，普及的方式各不相同。有的人直接进入熟桩购买，有的人进入生桩栽培，有的还可由半成品入手。但都需有一个熟悉、具体的认识过程，对它产生了浓厚的兴趣，就会达到爱不释手的地步，盆景技艺就会进步，由生到熟，到成为行家能手，本人就走了这么一条道路。

盆景普及，自然资源不足，山采树桩破坏环境，必须走小苗大量培育的道路，走树、石、水、摆件结合，组合成景的方式，从景上补充桩，使诗画效果与树结合。或改进造型，加快成型方式，将小苗在较短的时间做大做老。只有小苗培育，才能产生较大的数量和批量，用较低的价格，优秀的质量，满足盆景市场，且不破坏而有益于环境。现代盆景不求桩大，但求姿奇有创意的观念，有利于小苗生产培育树桩普及盆景。

公园里、企事业单位里、街头上，盆景也在多起

■ 人工制作的丛林可以增加数量、提高质量、降低成本，促进树桩盆景的普及和发展

来，是盆景普及的一个方面。它既能普及盆景，又能宣传盆景，对树桩盆景的发展有一定的推动。

盆景的普及需要时间，与人们的认识关系大，与盆景的生产、数量、质量、价格有关，与人们具备的条件关系不太大了。只要树桩形态好、品种适宜、价格合理，盆景的普及是办得到的。耐阴树种、速生树种、小苗培育极化式造型树桩、生命力强的树种，是盆景发展的方向，也是普及盆景的方向。

树桩盆景的进步步伐

树桩盆景在古代，由于历史原因，经历了漫长的发展时间。在近代形成了它的雏形，现代发展加快。它来源于自然对人的影响，也无处不显示出经济文化和人的作用在里面。技术的进步形成了一条逐步发展的线条。

①先盆栽，适应了树木的天性。实质是将天生古老能以小见大的树移于盆中。②后附石水培，将树植于石上，石置于水中，是栽种方式的一次进步，也是取景方式上的一次进步。③作配草，有地貌处理。这使盆栽往盆景的发展与认识上进了一步。④进行人工弯曲、蟠扎、修剪。⑤树、石、水结合，成景方式手法创新进步。⑥古典规律类产生与发展，⑦自然类的发展成熟，占据主导地位。⑧各种创新形式丰富和发展树桩盆景，风动式、砚式，使树桩盆景面目一新。⑨因桩源和成型方式，小苗培育树桩受到人们的重视，在将来会产生一批人工胜天工，批量化高质量，时间在 10～20 年形态自由多姿的现代派树桩，将再改变树桩盆景的面貌。

树桩盆景的理论也显示了一条发展脉络线索，起始由部分文人对其的感叹歌咏，无专门理论。后出现了如《花镜》类的技术著作，对盆景有了一些专门的论述。但数量少，有些是一家之言。现代，盆景理论从盆景的概论到专门技术的研究有了发展，逐渐丰富深入起来。盆景论著多而全面，进入到实质内容。盆景理论刊物的出现，定期的发行，使盆景理论与技艺和实践相结合，对盆景的普及、提高，对技术的交流更起了推波助澜的作用。

本书的出版形成了树桩盆景的理论体系，标志着树桩盆景理论体系的发展和成熟。

■ 宋代的画里出现的松树盆景

盆景树种和观赏形式

PENJING SHUZHONG HE GUANSHANG XINGSHI

盆景树种选择

树木中有许多种类可用作树桩盆景。树桩盆景选择树种的标准，以桩形好、叶小叶好为主要条件。另外追求根好、干怪、耐修剪、萌发力强、生长缓慢、生理适应性强、耐移栽、耐旱、耐涝、耐肥、耐贫瘠、喜光耐阴、病虫害少，尤以能在室内较长时间存放的树种为好。耐寒也是一个重要条件，小叶榕、福建茶、九里香、山橘、黄葛树等树种，不耐严寒，不易在北方露地越冬。有花香、色美、果硕的更佳，另外有文化品位与生理条件相融合，更是上品。

能满足盆景树多种选择标准的树种很少。有的树种能满足此条件，不能具备彼条件；有的叶好但干不老、体态不大，如红枫、罗汉松。有的花果好，树形却不好，如火棘。有的根、干、枝较佳，但叶太大，如黄葛树、岩豆。有的树诗味重，但移栽性能不好，成活困难，如松、柏、山杜鹃。综合评定，各种条件俱佳的树种极少。

在各类条件不很好的树种中，有个别形态条件好的树桩，能产生耀眼的光辉。因而盆景应用树种非常多，好桩却少。树种的优点不能全都具备，只能加以合理利用，张扬其优点，克服其不足。

常见树种中，榆树、雀梅、罗汉松、五针松、金弹子、对节白蜡、榕树、中华蚊母等的盆景学特性和栽培学特性较好，有更多的优点符合

■ 树桩盆景选择树种的标准，以桩形好、叶小叶好为主要条件。另外追求根好、干怪、耐修剪、萌发力强、生长缓慢、生理适应性强、耐移栽、耐旱、耐涝、耐肥、耐贫瘠、喜光耐阴、病虫害少的树种

树种选择条件表

叶	叶小，有光泽，形状异，色泽稀少，颜色有自身变化，易萌发，颜色有季节变化
干	有弯曲变化，下大上小，有孔洞、水线、疙瘩、变异、老态，走势好，动感、力量强
根	能悬露、蟠曲、隆起、伏地，与干配合有力度，结构合理，走势协调，四射分布
枝	粗壮有力，分布好，萌发强，能形成造型效果，寿命长
花	形小，色好，有香味，极小者成簇生状态，色彩丰富有变化
果	形好，果叶比例佳，色泽艳丽醒目，能吃，有文化内涵
生长适应性	耐水，耐旱，耐贫瘠，耐肥，耐光，耐寒，耐阴，移栽性好，萌发力强，生长快，病虫害少，入室存放时间长

盆景树种的条件。尤以金弹子综合条件最好，其桩形好，叶小，根好枝有力，耐修剪，易萌发，耐阴能入室，耐湿，耐寒，耐旱，病虫害少，易成活，寿命长，移栽性能好，常绿，又有花香果美，能出高品位的桩，难能可贵。

常见的盆景树种

常见的盆景树种松柏类的有：五针松、黑松、锦松、马尾松、金钱松、雪松、黄山松、杜松、罗汉松、真柏、刺柏、圆柏、侧柏、翠柏、偃柏、地柏、云柏、绒柏、凤尾柏、云杉，其中以五针松、罗汉松、黑松、真柏、圆柏、地柏等常见。

花果类的有：南天竹、蜡梅、梅、橘、火棘、海棠、山楂、苹果、梨、紫叶李、紫荆、石榴、杜鹃、金弹子、丁香、女贞、枸杞、虎刺、栀子。其中常见的有金弹子、杜鹃、火棘、石榴、紫荆、梅、桃、山茶等。

杂木类的有：银杏、鹅耳枥、栎树、榔榆、雀梅、朴树、榉、黄杨、黄栌、枫、水蜡、福建茶、黄荆、水杨梅、赤楠、对节白蜡、中华蚊母、榕等。其中榆、雀梅、福建茶、赤楠、榕、福建茶、黄荆、对节白蜡、银杏等较为常见。

藤本类的有：岩豆、紫藤、金银花、凌霄、南蛇藤、悬麻藤等。常见的有：岩豆、紫藤等。

非木质的植物及草本类的有：铁树、棕竹、菊花、兰花、竹、水仙、何首乌等。

地方乡土树种

树桩盆景中的地方乡土树种，是一地或数地出产，有一定特色的盆景树种。在当地有相当数量，适合于盆中生长、造型、上盆取景，适合推向全国。全国各地很多地方都有自己的乡土树种，如重庆和四川的金弹子，湖北的对节白蜡，岭南的福建茶、九里香，河南的柽柳，湖南的后起之秀红檵木，广西的珍珠罗汉松。

这些颇具特色的地方乡土树种，尽管情况特征各有不同，在当地和全国颇受欢迎。尤其被当地作为有特色的树桩盆景产品，大力发展利用。如湖北的对节白蜡，经过多年挖掘利用形成了规模，已经走向了全国。四川、重庆的金弹子，最受当地盆景爱好者欢迎，被视为珍贵的树种，用作自然类和规律类树桩盆景。在自然类中，可做直干、曲干、斜干、树山式、象形式、根连

金弹子是重庆、四川等少数地区才产生的地方乡土树种

丛林式、悬崖式、附石式、水旱式。枝片造型可用川派、海派、岭南派的截枝蓄干方法造型。其生长适应性尤佳、耐旱、耐水、喜肥沃、耐贫瘠、喜光耐阴，室内陈设时间可达2个月。寿命极长，可成传世之作。其木质坚硬，砍伤的木质层与水、空气作用能碳化而不腐朽，叶小光亮常绿，红果似珠，比例恰当，与树叶等大。生长速度极慢，萌发力较强，成型后不易变形，不易失枝枯叶。此种优良桩材，多见于四川及贵州邻近四川一带，成为支撑成都和重庆盆景的主要树种。湖北的对节白蜡，是支撑湖北盆景的乡土树种，优点是适应性强、易栽培、生长较快、成型时间短、树桩形态变化大，有好桩形成，能做各式造型的自然类盆景，冬季可观骨。

乡土树种最为当地人所认识了解，各地乡土树种形成了较强的风格，如河南柽柳，最适宜表达岸边垂柳的山水树木竞美的景观，也能表达松树的风格。乡土树种只要善于利用，就能大放异彩。山野中还有许多适宜做盆景的此类树种，开发出来，大有可为。

树种优劣谈

各种盆景树种之间具有一些差异，这些差异表现在外部形态上，表现在栽培性能上，也表现在内涵上。

外部形态叶的大小、形状、颜色、亮度、常绿与落叶，枝条的疏密，花好坏，果硕持久力，是衡量的一个重点。叶小比例好受到人们的普遍重视。但在桩好与叶小的选择上，又以桩为重，如岩豆、黄葛树（大叶榕）、黄荆叶偏大，但桩形好，生长容易，人们也相中了它。常绿树受到很多人的重视，不单北方人喜爱，南方人同样爱好。但落叶树叶落以后进入观骨期，可以观骨，达到另一种艺术和技术相结合的境界，也不失为一种优良树种，且更需超过常绿树的制作技艺，稍有不是，便会在落叶之后露出

马脚。叶的形异是人们喜爱的因素之一，银杏即是因叶形美且异而受欢迎。叶色美观有个性，也受到欢迎。红枫的红，银杏的秋黄，黄栌由黄到红，花叶六月雪绿白相间，如大雪披身，红檵木、紫叶李等均受欢迎。另有一些珍贵的品种，如"枫"，一树有绿、黄、红、紫多种颜色同时并存；叶面浓绿光亮，也很美观，如罗汉松、金弹子、山茶、福建茶、小叶榕等。

叶只是树桩的一个部分，树干的苍劲变化是重要内容。有的树种能通过外力作用，形成各种形态的苍老古干，有较高的美学价值。有的树种，树干不易形成苍老雄劲、虬曲变化的姿态，如罗汉松、五针松、银杏。而一些杂木类的灌木，则极易形成虬曲多姿的树形，如金弹子、榆树、雀梅、榕，在这类树种中，能形成一本多干丛林式、悬崖式、象形式、树山式，受到人们的喜爱。种植中培养树根，并与树形相结合，悬根露爪极具观赏性。

好树种的栽培适应性强，易成活，盆内长势好，移栽性强，适应温度、光照、水肥、空气的范围宽，肥多能耐，肥少时也枝绿叶亮，冬季江南能室外越冬，或在北方也至少在室内能顺利越冬。福建茶各种条件好，唯在重庆室外越冬不顺利。光线强弱，室外阳光下能很好生长，室内长时间放置也可适应，能耐移栽，上盆、换盆的缓苗期短，对生长影响不大。生命力强健，萌发力强，病虫害少，寿命极长，能长久生存，成传世佳作。

造型性能好是树的枝软易弯曲蟠扎，蟠扎后生长成活好、定型快。修剪后萌发好、增粗快，能形成鸡腿枝、鸡爪枝、鹿角枝、龙蛇枝等形状。内部因素中，要求树有风格，有气质，有文化内含，并能为人们承认和接受。文化气质上松柏万古长青，已被普遍认同，而且在生活中应用，如贺寿，祝福，布置会场、景点。它有常青庄严的气氛，人们见到松柏，就有常青、长寿、挺拔、高洁的文化感受，成为人们心目中美好的象征。

各种盆景树种，由于材质的软硬程度，抗腐朽的程度，树枝有力，不易为风所吹动，如金弹子、赤楠、柏、罗汉松、杜鹃，材质坚硬不易腐朽，能抵抗一定的外力，枝条有硬度，显得很有骨气。金弹子因其质硬被称为铁干虬枝，枝似青铜根如石，给人以有骨气的感受。有的树种枝条柔弱，给人妩媚的印象，但差骨气。树种的优

█ 松树有高洁、长青、长寿的文化传统内涵

劣应是多方面的，叶小、形优、色美、花好果硕，树身苍老变化，树根能出露，易成活寿命长，有文化内涵，为优良树种。树的许多优点很难综合在一种树的身上，松有文化，却难栽种。对节白蜡叶小桩好，却差骨气。金弹子优点较多，叶小果好，栽培性好，有骨气，唯生长太慢。

速生与缓生树的利用

　　因树的生长速度，分出速生树与缓生树。黄葛树、榕树、福建茶、对节白蜡、银杏、榆树、石榴等生长速度较快。金弹子中的冷地型大叶种生长速度也比小叶种快许多。雀梅、柏树、罗汉松、金弹子、杜鹃生长较慢。在树桩盆景的合理利用上，一是树桩主干整体造型上的利用；二是树枝造型上的利用。

■ 榕树叶大生长快，比较容易成型

　　用小苗制作树桩盆景是保护资源，也是批量生产的一个有效途径。小苗制作必须在整体上对树桩主干和枝片进行造型。合理地选用生长快的速生树，是小苗生产的要求，速生树能快速成型，比缓生树早出产品。速生树的枝条增粗快、发芽多，造型可用以扎为辅、修剪为主的造型方法，能快速形成鹿角树、鸡爪树，枝的分级明显，脉络清晰，便于观骨，做枝盘也较易成型。

　　缓生树树干树枝生长速度较慢，极难增粗，用作小苗造型所需时间特别长，至少要花10年时间才能育成小型树桩。落山树桩枝条造型生长增粗也较慢，适宜做片，采用蟠扎方式造型，修剪为辅，重点在培育。根据桩形，也可采用以剪为主的造型，突出树桩。缓生树成型以后，树型保持较好，不易乱型影响原作的造型风格。适合制作经验差的购买者，较长时间欣赏原作的风格。速生树新枝叶发生太快，极易扰乱原作的造型样式和风格，保养条件差、不会修剪者宜学习修剪方法。缓生树成型慢，但成型后观赏期长，经济价值高，在条件好时，可根据这一特点，进行利用。

怎样选择室内耐阴树种

　　种养树桩盆景主要目的是为了改善小环境，用以欣赏，提高人们的生活情趣。盆景的欣赏和功用重要的一点在于室内环境的改善，欣赏也能在室内进行，足不出户便可见到名山古树，陶冶人们的情操。因此盆景经常摆放在室内，有的购买者，就是为了放于室内欣赏。

室内一般无直射光，主要是漫射光，空气流动不良，一般要选择耐阴长寿的树种，才能较长时间放于室内，给室内增加自然气氛、增加生气、增加绿色、增加情趣。盆景树种类很多，有的喜欢强阳，有的喜欢弱阴，有的喜欢半阴半阳。有的能耐室内不甚流动的空气，在室内较长时间都能生存。强阳性的有五针松、火棘、石榴、紫薇、榕树等，若放于室内弱光下时间超过一两个月，便会生长不良。生长季节尤其不能在室内长期摆放，休眠期可摆放较长时间。室内摆放一段时间的树桩盆景，必须及时换于室外，让其继续生长，长势恢复一定时间后，才能再回室内，室内室外轮流放置最好。杜鹃、南天竹、雀梅、六月雪、黄荆较为耐阴，可在室内存放2个月时间。棕竹、金弹子可摆放更长时间。

一般灌木类生长在树林的下部，处于乔木的荫蔽下，较为耐阴，在漫射光弱光下能照常生长发育。乔木生于阳光下照射条件比较好的环境，如有竞争者，它们会不断上伸，争取阳光，压制竞争者。乔木生性喜阳，灌木生性耐阴，这是植物在漫长的进化过程中形成的适应性之一。是选择耐阴室内装饰树种的显著条件。

松树盆景

松树指松科树种，常见的有五针松、黑松、山松、锦松、黄山松、赤松、金钱松等，另有雪松、白皮松、樟子松等，较为少见。

松科植物叶针形或扁平线状形，螺旋状互生或簇生。叶色四季常绿（少量落叶），树干挺拔直立，树形枝叶美观，树皮皱裂成纹。松树全国广泛分布老幼皆知，在传统中树文化含量大，人们在诗歌、散文、绘画等文艺作品中，赋之以挺拔、劲节、高大、常青、刚直的韵意。在生活中作为长寿、常青、庄严的代名应用，颇受人们的喜爱。因此松树制作的盆景有较高的品位。

松树喜阳耐弱阴，放置地宜向阳长日晒。喜肥耐瘠薄，施肥宜薄而勤。耐旱、耐水湿。生长较快，萌发力弱，老枝很少能生出不定芽。松树地栽生长好，盆中栽培不宜粗放管理。山采松树更需

■ 罗汉松耐性强，室内放置3个月以上，仍能继续生长良好

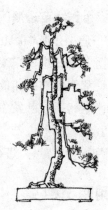

■ 松树盆景

多年培育服盆。

松柏类树木，根际萌发力不强，少有不定芽产生，野外形成异型的根头较少，树多而树桩的资源并不丰富。仅在一些风口地带，岩石阻挡下能产生弯曲的树姿。野外生长的松柏生性强健，但不耐移栽，极不服盆，因此，较好的松柏类树桩盆景较为少见，尤少一本多干丛林式等难度大的树桩。常见的是配植丛林式或小苗蟠扎或嫁接生产的五针松、赤松、锦松及罗汉松等。在日本、我国港台地区有奇古松柏老桩，树干的变化至根，甚为难得。

柏树盆景

用作盆景的柏树指柏科的真（龙）柏、桧柏（圆柏）、侧柏（扁柏）、绒柏、铺地柏（偃柏、矮柏）、杜松等。其叶小常绿，多为鳞状叶紧贴枝上。个别树种如桧柏，幼枝叶针形，三枚轮生，成熟枝上的叶鳞形交互对生。木质较硬耐腐朽，皮层较厚。

喜光耐阴，耐肥力中，钾肥多易伤老叶。耐旱喜湿，各类土壤都能良好生长。其根系不太发达，生桩栽培较难，熟桩却能服盆，在盆内长期生长良好。

柏树为优秀盆景树种，具有深厚的文化底蕴，其木质耐腐蚀可作树干表面雕饰成舍利干神枝。较少的皮层能维持树桩的生命，表现出树木生命力顽强的意蕴美。

■柏树盆景

盛行全国产于四川、重庆的金弹子

用于树桩盆景的植物金弹子，是支撑川渝树桩盆景的乡土树种，为当地盆景爱好者用作自然类树桩盆景的首选树种，极受巴蜀人士的重视。经过重庆热心人士和我自身2007年开始在网上推广，几年时间就热遍全国。它能获此地位，与其自身优点密切相关。

金弹子在重庆习称黑塔子。因其根干枝均为黑色，其叶乌黑发亮，野外生长树相下大上小呈塔形，故有其名。成都过去称瓶兰花，其花形如大肚翻口卷边的老式玻璃花瓶，其香似兰，由此得名。成渝两地的名称皆以其外形某些特点而命名，实出川人以外形取名的习惯。川外见有老鸦柿、油柿的称谓。

金弹子属柿科柿属，有不同的亚种。常绿灌木或小乔木。叶卵形互生全缘。花多单性异株，也有杂性，偶有雌雄同株，也有双性花。雄花多生于叶腋和小枝上，簇生为聚伞花序次第开放，也单生于叶腋。雌花单生于叶腋，2朵以上多生于结果小枝及刺枝上。花形瓶状，辐射对称，花萼3～7裂，宿存，结果时随果扩大，花冠3～7裂，脱落，有兰花香味清香沁人。浆果肉质，形状有圆、扁圆、长圆形，品种间变化大。有种子2～6枚。木质坚硬，生长极慢，主产于西南地区。用于盆景以四川、重庆为盛。为当地的乡土树种，较有地方特色。

金弹子为灌木，生物学性状是低矮、蘖生，成片生于林中大树下或山坡岩坎处，根蘖性强，可在根上连续发生多数体量接近的植株，而无明显的主干。枝接近地面生长。四川、重庆农村及山区多以其枝干作薪材，对其砍伐有加。生于坡岩受石树压制泥石塌压，经历大自然和人为的摧残，其不屈不挠，依然以苍骨嶙峋，虬曲凹凸，次第抽节，砍伐处木质碳化不腐来延续生命，成为人们追求树桩姿态、苍老、难度、以小映大、瘦皱透露变化、动感韵味、意境，追求自然美的一种载体。

金弹子作盆景树有如下优点：

1. **叶小常绿、光亮美观**。金弹子叶如蚕豆大小，在水分多时可偏大，在极度干旱的情况下其叶小如绿豆。金弹子树叶的大小通过控制水分、温度和摘叶，比较好塑造小叶。叶色深绿，乌黑发亮，在叶面无污染时鲜亮可人，尤有灵气。其发芽力极强，枝条各部位都可萌发，而不仅是在枝梢发芽。主干、根基、根上都可萌生不定芽，十分有利于部位培育造型枝。这种萌发力是乔木类树种极难具有的。其枝条生长增粗缓慢，成型后不易破坏原有的造型比例和风格，维持原型的工作量小。它新芽的萌发力十分强，只要水分、肥分、温度适宜，春、夏、秋三季都能不断发芽长新叶。叶形的变化较大，有披针形、卵形、倒卵形，每种叶形中还有不同的变化。有一罕见叶形宽仅5毫米，长20毫米，成柳形。熟桩一年可于春及夏末二次摘叶，摘后可生发满树新叶。

2. **枝条稠密耐修剪、耐蟠扎，蟠后不变形**。金弹子小枝多而密，耐修剪，生命力强，不易枯枝失枝。枝条较硬但好蟠扎，幼嫩枝条用金属丝蟠扎整形，3个月后即可定型，拆丝后不会回弹随着生长也不会变形。老枝生命长，成型后保形用摘心、剪枝、控水等办法较易进行，用工相对较少。

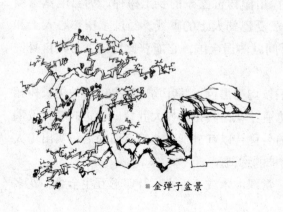

■金弹子盆景

3. **花香果美**。用于盆景的树种中，花香果美的非常少，而且花香清纯沁人、香味高雅的就孑然无几了。金弹子果的形态美观，金黄艳丽，玉润珠圆，大小适宜，十分适合树桩盆景的造型比例。其果等于或小于树叶，不会显得大得夸张和小得不够明显。盆龄长，土壤肥沃，体量较小的树桩结果可达数十，稍大树桩可上百。挂果期长，从5月果显，到9月果红，到第二年3月才落，长的可到次年5月，与新果青红相间。果的形态变化也大，有先端锐尖和钝圆的，有长圆形、有正圆也有扁圆形。四川温江一花农，收有一棵葫芦形果实的特异品种，在金弹子中极为罕见。金弹子果可食，味淡甜与柿相同，果肉少种子大。其根皮可入药，治肺热咳喘。

4. **干形多样、变化大**。其干质硬而韧，根干受伤木质部暴露后，与空气、水分作用，产生碳化现象而不腐朽变质。如其部位好，可成峡江栈道、峻岭险峰、山岩绝壁。用其碳化特点，可制作黑骨化的作品，尤有新意。干部受山岩树木的阻挡，弯曲较多，受山民的樵采再生长，变化较大。愈伤组织产生后很美观，有顽强生长、不屈不挠的天生内涵。位于下部的干皮接触土壤后能发生不定根而生长。无根的树桩，依靠干皮吸水，也能生根成活；不能生根，也能维持少量枝芽生长1～3年。干部倒栽，也能由根部出芽干部出根而成活。

5. **根形丰富、变化大，能出观根作品**。金弹子是主根系植物，侧根发达，须根好。侧根能支撑大树，须根能广泛吸收营养。侧根为观赏根，需辐射根、盘龙根、板根、绕干根、交错根、连理根等。用须根在盆内培育，需8～10年的工夫，稍加炼根提根，可出蟠根错节、悬根露爪的观根佳品。金弹子的主根变化丰富，萌发力强，能以根代干顺利成活。

6. **宜作树桩盆景，类型广**。中国树桩盆景类型样式多、变化大，任何一种类型，金弹子都有适宜的树相供制作。如自然类的根连丛林式、悬崖式、附石式、象形式、树山式、树石式、风吹式。这些类型的作品，散存于民间爱好者手中，其中不乏十分优秀的坯子和作品，未能面世。如象形式"不屈的少女"、"龙眺嘉陵"，其形具象逼真，少女三围俱佳，龙王龇牙咧嘴，具象微妙，绝无牵强附会之意。十二生肖在重庆也有产生。高品相的悬崖式、根连丛林、树山式也不少。金弹子的造型手法也可多样化，川派、苏派、海派的片子，剪扎结合，岭南派的截枝蓄干，湖北的动势盆景，都可尽情施展。

7. **能进行特殊方式的栽培**。成熟有根的树桩，我连盆带土放进浅水池中，短的三五天，长的4个月，更长的达1年仍在水中培育。生桩也进行了5个月的水培，生长势好，全日照下嫩梢不低头弯腰。无土栽培也能成功，我的朋友周德中用翠云草水培金弹子，非常成功，如来人观摩，可随时将其提出观看根部。水培能减少工作量，能小盆栽大树，能促使树桩快速成型；无土栽培有利检疫。金弹子还能进行倒栽，倒

■铜梁水培金弹子

栽成活时间稍长，成活后生长速度与正栽相同，只是成活率略低。倒栽使树桩利用前景增大，提高了出桩率。

8. 栽培适应性极强。金弹子作盆景树种不单是某方面的特点，而是全方位的优点，栽培适应性对于金弹子来说，尤其突出。它天生于树阴下岩缝中，在长期的进化过程中形成了独特的适应性，所以才能生存下来并大量发展。其表现是繁殖力强，山岩中绝壁上，根蘗互生，可长达10米相连；盆中栽植几年后也可根蘗若干小苗。种子、根插都能成活，唯生长较慢。极耐阴与耐阳，林中大树下荫翳蔽日，而生长于光秃岩石缝中的金弹子，在重庆夏天多伏旱，气温40℃左右，长达1月以上不下雨的气候下，它也照样大量存活下来，只是枝短叶黄，一副小老相罢了。室内摆放只要临近窗户，多予通风，可达半年。伏天全日晒，只要浇水及时，也无伤害，反而叶厚根好，开花结果。金弹子极耐干旱也耐水湿，根极耐低氧，大旱几天不致于死，长期偏干也能适应，水湿水淹也能照常生长，不易烂根还生长良好。喜肥也耐瘠薄，肥料充足时开花结果好，贫瘠时枝叶也能生长。金弹子无稍重的病虫害，蚜虫、食叶虫都不为害，仅少数尺蠖短时为害嫩叶，介壳虫偶有发生，对金弹子危害极大。抗空气污染的能力强，所以重庆人有"嫌都嫌不死的黑塔子"一说。

9. 寿命极长，可成传世收藏品。金弹子是硬灌木，生于乱石之中的下山树桩，其树龄极长，也许是同等直径的速生类盆景树的数倍。它生于逆境，在岩石中能生存数百年，在盆内虽然土少，但养尊处优，不经干旱风雪，寿命更长。因为其好桩在巴蜀民间有相当存量，经过历年的精心培育，必将出现不少经典佳作，成为值得收藏，又能传世的作品。

金弹子叶小常绿、枝繁、花香果硕、干奇根美，易栽培管理，寿命极长，能进行水培等的种种优点，早已引起巴蜀有关人士的极力重视，现在经过本人的网上推广全国各地掀起了金弹子盆景的热潮。

榆树盆景

榆树属榆科榆属，落叶乔木或灌木。有较多品种，榔榆叶小，桩的姿态好，最受欢迎。其叶互生椭圆形，叶面粗糙，色深绿，边缘具齿状。树皮有鳞片剥落，灰白色，枝条较多。

榆树喜光，耐旱，喜湿润，耐贫瘠条件，肥沃地生长迅速。对各种条件适应性强，原产北方，耐低温，南北方均能正常度夏越冬。移栽性好，易成活，无需特殊管理，寿命较长。萌发力较强，唯枝条增粗较慢。但管理修剪得法，也可较快增粗。适合于做枝片造型，也适合截枝蓄干。榆树皮厚，受外力作用易生愈合组织，可利用这一特性，培育苍老异样形态。榆树树桩资源比较丰富，生长快速，寿命长，较受人们的重视，已出现过不少著名的作品。

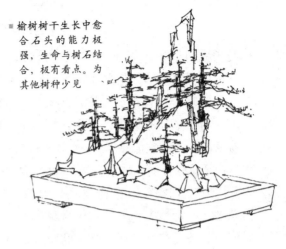

■ 榆树树干生长中愈合石头的能力极强，生命与树石结合，极有看点。为其他树种少见

雀梅盆景

雀梅属鼠李科雀梅藤属，广东因其果味酸，又名酸味。落叶小乔木或灌木。叶卵形对生，有光泽，色青绿，边缘有细锯齿。秋后开淡黄色小花，有香味。果圆形，紫黑色，挂果期可达 4 个月。果小色深比例好，对比度强，较美观。

雀梅有大叶、小叶、中叶之分，以小叶为优良盆景树种，与另种比较，有根好、干好、叶芽萌发快、枝节密、耐修剪的优点。

雀梅性喜阳光，耐阴，较耐低温，对环境条件适应性强。喜肥沃耐贫瘠，具有生长较快，枝条发育好的优势。

雀梅有不少好桩产生，能在山野形成苍骨嶙峋的老态，产生过"雀梅王""君子遗风"等较有影响的作品。枝条生长快，萌发强，有利技艺的应用，适宜截枝蓄干，叶落后观骨，脱衣可换锦。因而较受爱好者的青睐。雀梅移栽成活性中等，需处理好季节、桩坯等环节，需精心栽种和养护，以延长其艺术生命。

■ 雀梅盆景

梅花盆景

梅是蔷薇科植物，落叶小乔木，叶为卵形，周围有细锐锯齿，叶柄有两个腺体。芽在落叶树中萌发较早。花先叶开放，单生或两朵并蒂开放，有清香，有白色、粉红、淡绿色，花为重瓣，有花蕊。核果球形，味极酸，原产我国，分布于长江以南。性喜温暖湿润，对土壤适应性强，喜光，较耐肥，病虫害较少。为我国著名的观赏树，各地用于盆景较多，但数量稀少。

梅桩由于花香色丽，枝干有骨，深受历代文人墨客和普通百姓的喜爱，咏梅颂梅成风，因而其文化蕴含丰富。红梅傲雪凌霜，花有暗香，疏影横斜等是梅的文化品位之一。

梅花盆景以自然类为主，用作赏花与赏桩相结合。枝条造型修剪必须兼顾着花性能。以成熟小枝开花，应塑为较长的鹿角枝、多级枝组。以粗壮稀疏的枝型为好。传统规律类梅桩中，做主干主枝的游龙弯，称其贵曲不贵直，讲究做工技艺和难度。梅枝较硬脆，蟠扎时需留意。

梅花生长速度中等，适合于小苗造型，做成中小型树桩，用以普及观花盆景和普及梅花，为成为真正的国花打下基础。

梅花资源少，野生和存世桩不多，尤其是少各种难度较大的经典格式古桩，如根连丛林式、悬崖式、曲干式。且盆中生长需精细管理，才能长盛不衰，拥有较好之梅桩者不多。

繁殖用高压或脱胎换种嫁接，嫁接最易得到有姿态的古桩。

罗汉松盆景

罗汉松是优良的盆景树种。为罗汉松科常绿乔木，树干通直，枝条较密，叶线状披针形，长 5～8 厘米，宽 0.5～0.8 厘米，轮生，中脉突出。雌雄异株，雄花圆柱形，3～5 个簇生在叶腋。雌花单生在叶腋，胚珠 1 枚，偶有 2 枚以上，种子卵圆形，核果状，下部有肥大肉质暗红色的种托，可食，具淡甜味，质糯。园艺品种有大叶、中叶、小叶、雀舌之

■ 人工栽培的罗汉松树桩，施技在树身上下工夫，弯曲跌宕，枝壮叶茂，飘逸有动感

分。园林中广为种植，为中国南方常见的观赏树种。盆景中应用较多，尤以四川、重庆、南通、上海为甚。

野生罗汉松落山树桩较为少见，数量稀少，通常为小苗栽培造型应用。其树种适应性非常强，尤其耐旱，夏天大盆内3天不浇水不至枯叶，肥水多时枝叶生长旺盛，雌株能结出无数肉质果。肥少时，极难结果。其果形酷似身着袈裟打坐的罗汉，果形奇异观赏性强，为稀罕之物。《西游记》中的人参果原形应为罗汉松之罗汉果。

罗汉松喜光，能耐阴蔽，喜通风条件好。喜酸性土壤，耐水湿性中等，但极其耐旱，根部有菌瘤，成活率高，生长速度缓而不慢，寿命极长，极耐移植，抗污染能力强，尤抗灰尘，叶片蒙尘也能生长。萌发能力较强，新芽着生于枝端、叶腋，几年生老枝上也能萌芽。罗汉松雌雄的分辨较明显，雄株叶较狭长，先端尖锐；雌株叶较短，先端较钝圆。互相比较，就会一目了然。雄株夏后出花芽，徒耗养分，应及早抹掉。

罗汉松叶片油绿光亮，多年生长，无每年换叶现象，掉叶较少，极适合做行道树，唯资源缺乏。罗汉松移栽性好，从地栽到盆栽、翻盆都极易成活。

春前修剪能在剪后的枝端上萌芽一个以上。发芽时经干旱处理辅以修剪摘叶，能产生小叶，极为美观。生长期大水大肥能促使快速生长，枝叶极茂盛。成型树控制水，枝叶疏密有致，能很好保持造型风格，使树形美观，主干突出，藏露得体。成型罗汉松贵疏不贵密，贵曲不贵直。

罗汉松耐蟠扎，枝条柔软，不易折断，蟠后不易枯枝，定型需时较长。树皮较厚，韧皮组织好，损伤后能迅速愈合形成水线及皱纹。其木质部暴露不易腐烂，宜做较大面积树皮树干雕刻处理，造型后树皮树干美观耐看。宜做枯梢式、白骨化、劈干露膛等强烈手法处理，对生长影响不大。

罗汉松无严重的病虫害，偶有蚜虫为害嫩芽，另有红蜘蛛可造成危害。抗病力强，通风不良可致叶斑病，用石硫合剂，多菌灵防治。

罗汉松作树桩盆景造型应用，生产小苗蟠扎的树桩，加进创意，效果十分好。生产繁殖可用扦插和播种法，得到大量小苗。扦插于早春和秋季十分容易成活，播种于采种后进行。

杜鹃盆景

杜鹃是传统的盆景树种，其花繁色艳，根干优美，其名优雅，受人喜爱。野生杜鹃资源丰富，根干较好，但极不服盆，需先在山上分次截去四周多余的主根，促发新根后适季带土及时移栽，才能成活，否则只能望而兴叹。盛产于重庆的山城豆瓣杜鹃又称石岩杜鹃、夏鹃，其叶形像蚕豆形状，为人工驯化种，极为服盆。过去人工种植的杜鹃花

■杜鹃盆景

已进入桩头阶段，将其加以剪裁处理，经几年的培育，即可成景，颇为吸引人。

杜鹃作盆景的特点有：

①根爪虬曲四周辐射，向下深扎，形态有力，苍古雄劲。用以维持生长的毛细根多而紧凑，向外伸展的面积不大，不占盆盎，适于地貌处理。尤其是经过翻栽的植株，根系紧缩在树基周围，地下部分小于地上部分，移栽上盆、换盆十分方便，移栽性能极强，换盆不影响生长。

②干形变化曲折，枝条苍劲有力，长度适宜，自然收头较好。杜鹃为小灌木，枝条不易长得很长，喜欢弯曲生长，天生的弯曲常可利用。

③主干缠绕在一起后能较快愈合成一体，小枝多而密集。

④叶小色深，四季常绿，耐修剪，萌发力强。

⑤花色粉红，花朵密集，放花集中，花期可达一个半月，盛花时极其艳丽。

⑥生长速度中等，保持形状和构图比例较容易，尤其适合一般人栽种。

⑦栽培容易，适应性强，无较重病虫害发生。

杜鹃在林中生于树荫下耐阴喜凉，最适生长气温为 18 ～ 30℃。气温 38℃以上时，不宜强光直射，夏季最好放于相对阴凉的环境。在温度较低、光照少的时候，叶色会变紫。喜湿润忌潮湿，休眠期更甚。喜空气湿度大，通风好的环境，常喷叶面水可增加环境湿度。杜鹃稍加肥液，便可叶色深、叶质厚、芽多花好生长加快。在培育期疏掉全部花蕾，可增加树的长势，盆中栽培也能见到主干增粗。其生理状态调整好后，生长旺盛。用土应选用疏松的沙质土壤，上盆最好选用腐叶土，能防止根系周围泥土板结过死，浇水施肥不易渗透。经常松土改变盆土的物理状况，有利于生长。土宜偏酸性，pH值小于 7。没有腐叶土时，可用园土加煤渣，增加土壤的松透性，有利杜鹃生长。

杜鹃枝干造型难度较大，其枝休眠期坚硬且脆，容易断裂，生长期稍韧。造型需分步到位，或加缠丝保护，或开口锯截，才能做较大枝的弯曲。小枝金属丝蟠扎较为容易。杜鹃树干伤后易产生愈合组织，即植物体创伤部分生的组织。且产生形成时间比较快，如果创伤长，会形成两条俗称的水线；如果创伤小会形成圆形的水线俗称马眼；如果创伤更小或圆形水线闭合，会形成畸形膨大的瘤状物。可利用这一特点进行树干造型，容易得到难度较高的效果。杜鹃的树干、树枝能在膨大时，自己愈合互为一体，利用好了，较为奇特。杜鹃宜做枝片造型，而不适于鸡爪枝、鹿角枝等稀枝少叶的造型方法。因为其枝稠叶密，不掉树叶，很难出露。杜鹃在春和夏初，萌发力强，可强度修剪，不愁叶少，在树干的下部也能萌发新叶。

黄葛树盆景

黄葛树也名大叶榕，桑科落叶大乔木，树形极大、寿命极长，生理性状与生长特性与小叶榕相似，唯其落叶与叶形太大而有别于小叶榕。性喜高温，适生温度为25～35℃，喜光，喜湿润，能在潮湿及水中生长，能用于无土栽培，附石生长最好，优于任何盆景树种。喜肥沃疏松的土壤，也能在石缝中生长，只是长速有快慢。根系极端发达，并能吸收潮湿空气中的水分。

大根损伤后能迅速产生若干细小的不定根。新根红色或白色，有极强的附生性，能附着在土表、石上、树干上，形成强大的根群。其根在土表上也可生长，下扎后迅速增粗，为其他树种少见。根的观赏价值极高，盘根错节又悬根露爪。用浅盆可形成四面辐射呈网络状的根，也可育成隆起的龙爪根，紧紧抓住地面，十分坚韧有力。用深盆根能超长快速下扎，盆有多深，根有多长，做成以根代干之树桩极为有新意。其根最适合人工造型，因其根长柔软，生命力强，伤损后能发生各种变化和长出细根。主干能迅速增粗长长，10年时间制作水盆附石式主干茎部可达5厘米以上，盆中泥土栽培可达8厘米，地栽可达15厘米。移栽力极强，百年桩数吨以上，可以安全地裸根移栽成活。成都到重庆收集上百年古桩移栽成活不在少数。黄葛树唯叶片太大，不符合优秀树桩选材的标准，但其他的优点多于缺点，也多于其他树种，以根好树干增粗快，适应性强，居于任何盆景树之首。

黄葛树皮层受外力作用以后，极易形成各种形形色色的愈伤组织，凹进凸出，富有变化。产生愈伤组织的速度较快，是其他树种少有的。且可进行大面积造型，能达到异常效果。树皮造型可用深达木质及表皮上处理的办法。树枝尤其树根，互相靠在一起后，在不长的时间里，能够自然愈合，效果很好，使树液的流动更趋曲折，有形成变异姿态的强大趋势，可

■ 黄葛树盆景

作小苗多株并造树桩的好材料。

　　黄葛树枝条柔软，造型十分容易，生长期即使蟠伤，枝条也不会枯死。蟠扎宜在生长期进行，即在初春树液开始流动至晚夏，夏时枝条较脆。秋季蟠扎要严防一次弯曲过急，折伤枝条引起冬季枯枝。对重要的造型的枝条，要采取分步造型的方法，分两步或多次造型到位，才不会失去重要的枝条而快速成型。

　　蟠扎宜采用金属丝，在嫩枝时进行为好。枝条由绿转褐或稍木质化时进行，较韧而不易断裂，造型后枝条能继续长粗，效果较好。且定型较快，6个月后能基本定型拆丝。一二年生枝拆丝以后由于粗度不够，还未永久定型，有随着生长变型的可能，应注意观察，拉伸变形时用牵引绳固定比较省事。弯曲不佳者，可及时进行调整。弯曲不能到位者，可通过二次整形到位。黄葛树叶落以后枝条凸现，必须加强造型效果，用以观骨冬季才有看头。

　　黄葛树在重庆用小苗制作附石式极多，以吸水透气的沙积石为山，打孔将树种于石上，生长效果很好。一年龄的树苗，春季种于石上，保持石的湿润，用浸或滴的办法加水给肥，新根到夏季即可出现在石的各部分，尤其是石面。1～2个月后即木质化并随时间增长而膨大，形成极完整变化多端的附石现象，成根包石状态。并可与青苔共生，将石变为被咬定的青山。此式黄葛树附石盆景在重庆较为普及，在种花养盆景的人家随处可见。

　　在全国，只有重庆人较喜爱用黄葛树作盆景，因为它是重庆市树，在山城路边、山头、古老集镇路口、石壁上，到处可见它高大或奇特的身影。它的生命力强健，浓绿的叶色、婆娑的树姿、苍劲古朴的枝干、盘根错节的树根，无不给人留下极深的烙印，家喻户晓、妇幼皆知。并且野生的树种资源较多。

　　黄葛树盆景多树桩成山形的疙瘩式，多曲干式、附石式。造型多采用自由极化弯曲的方法。黄葛树是速生树，人们可将各种枝法用到其上，10年时间可取得幼树培育，雕塑成型的树桩和制作的第一手经验与教训。在根干培育、造型的改进上独树一帜，制作出有创意的作品类型，使人的技能得到发挥，创造力得到体现。黄葛树是深入认识树桩盆景成型的实验树。而且从幼苗到育成大桩，整个过程能在人的技艺的控制下进行，产生定向培育的树形和人工胜天然的姿态。

　　黄葛树从春至夏，能在条件适宜的情况下，旺盛地生长，一次芽成梢以后，新芽又开始发生，直至盛夏中秋。树枝的长度生长停止后，增粗生长继续进行。黄葛树的观赏佳期有冬季落叶后观骨时期，脱去衣服，整个树姿与骨架展现另一幅景色。春季新芽吐红放绿时，似万箭齐发，直射蓝天，也似万千笔头，书写着春天的诗篇。新叶刚出，叶未长大时，吸收阳光少，叶色玫瑰红，叶形小，十分美观。树叶长出后，树影婆娑，甚为壮观。每年为了增加赏骨和新芽新叶的机会，可进行一次摘叶，达到脱衣换景与换锦。摘叶最晚不能超过夏末。参加展出时，可用观新芽新叶的展品，效果比叶多时好。如摘叶后展出时发芽不遇用作观骨，也比观大叶好。

银杏盆景

银杏果外形似杏，粉白色似银，故名。又称公孙树、白果树，因结果时间太长，公公栽树，孙子才能摘果。其叶扇形，有裂，冬季脱落。雌雄异株，生长速度较快。

银杏在园艺中被广为利用，古寺庙、公园、风景区到处都能看到它的身影。北京街头作为行道树，或布置成小树林，到处可见硕大的银杏树，有的果实累累挂满枝头。

银杏之所以被广为利用，一是与它的适应性强有关，从古生的孑遗树种至今未遭灭绝，便是例证。据说1945年广岛被原子弹袭击后，所有植物荡然无存，银杏却照样活了下来。作为盆景树种，银杏叶扇形而优美，迎风摇曳，似蝴蝶翩飞，入秋变黄，为其他树种所不具备的特性；二是枝干柔韧，易于扭曲蟠扎，不易伤死枝条，还能拼结组合挤压靠接，形成奇特的姿态，满足人们猎奇的审美心态；三是成长较快，实生苗每年能长高30厘米，增粗较快；四是根蔓生长较好，能够悬根露爪；五是移栽力强，与松柏类乔木相比，移栽不易死亡，成活率很高。冬末春初移植，很快就能进入生长期，缓苗期短，大树移植也能成活。作为盆景树种缺点是冬季落叶，但培植造型好的树枝骨架，叶落后观骨又进入佳期，因此落叶并不是盆景树种的缺点，反而增加了一个内容，落叶后骨架没有功力和姿态的，才让人一目了然，非常乏味。

银杏为高大直立乔木，野外分布较少，因而不易遭受人为砍伐和自然力作用，极少见奇形怪状的树疙瘩和弯曲有姿的树桩，但有少量天笋、地笋。地笋是树干受外力作用后形成的树瘤状物，由下往上生长。天笋则是由上往下生长。用银杏笋能形成石林活峰景观，非常独特。

银杏盆景在川派中最常见，规律类的造型和小型景利用较多，用10年以上的时间，精心蟠扎，可出极化式怪干盆景，如用20年时间耐心制作培育，可成好作品。

银杏造型以扎为主，可用棕扎法，也可用金扎法。嫩枝扎太脆易断，蟠扎在枝条木质化后进行，柔软易蟠不易折断。造型后生长的枝应剪

■ 银杏盆景

除，不剪可留作助长枝。银杏长枝为生长枝，短枝为发芽枝。枝上着叶不茂密，需注意肥水，培养好叶与芽，形成茂密的树形。银杏喜肥，喜湿润，冬季要防止土壤潮湿，喜光照，较耐干旱。小苗应半晒，生长更良好。虫害不多，病害较少。银杏根为肉质，根系较长，应逐年提露。树皮较厚，易产生愈合组织及瘤状疙瘩，受外伤等情况可生笋。银杏不耐连续高温，天气预报40℃时易焦叶。

银杏在初夏和夏末摘叶，可形成美观的新叶，新叶美观形小，十分好看。春季摘叶在新叶已充分木质化，新枝颜色由绿转褐，表明新根系已经形成，营养积累已充分，摘叶后发新叶较快，对当年生长影响不大。夏末摘叶在温度最高时进行，可减少水分蒸发；在夏凉时进行最好，此时温度逐步下降到植物最适生长温度，有利新叶发育和观赏。还可用干旱脱水的办法来脱衣，干旱时要严格掌握好旱情，经常观察和检查土中含水量，用手触动叶柄，能掉叶时，即马上终止干旱，其叶无需人工摘除，自行脱落。新生小叶能增加观赏时间和次数，迎接国庆佳节和中秋节，入冬还能延长落叶的时间。

银杏干部受刺激后，易形成银杏笋，经多年才能长大成型，扦插成活后，可做成树山式的异型异材盆景，较受欢迎。

繁殖用扦插或播种，可得到大量苗木。

榕树盆景

榕树常称小叶榕，桑科，常绿大乔木。叶革质，深绿色，卵形，长4～8厘米，全缘。隐花果生于叶腋，扁球形，直径8毫米。其种子在重庆不能成熟，用扦插与高位诱根繁殖，可得到大量种苗。木材褐红色，轻软易腐。

榕树为热带树种，分布在广东、福建、广西、台湾、云南、四川、重庆等地。其生理适应性、造型功能与黄葛树相同，唯叶的大小和常绿落叶不同，但其附石的根不及黄葛树。

榕树生命力强，适应性广，树叶偏大，有一定的观赏利用价值。古榕具有大树的

"青山着意化为桥"，榕树过桥式丛林盆景

气势，也有根、干、枝的卓越形态，干壮根多叶茂，枝干都能在湿度大时产生气根，能与干较快联结成一体，可利用来增粗树干，达到快速成型。其根最为著名，产生了一些有影响的作品，如"凤舞"、"本是同根生"等。

现在榕树盆景的制作受到人们的重视，拥有量增多，质量提高，商业利用前景看好。尤其适合于小苗蟠扎培育成型和多株并造快速成型出有难度的作品。

对节白蜡盆景

对节白蜡树当地俗称"对角树"、"对节树"，1986 年在湖北大洪山风景名胜区发现后定名。1987 年有关部门将它列为珍稀濒危树种，定为二级保护植物。

对节白蜡为木犀科白蜡属的一个新属种。落叶乔木，树皮灰褐色。叶和枝对生，奇数羽状复叶。小叶 9 ～ 11 枚，少数为 7 枚。小叶为卵形，有宽窄变化，长 1.2 ～ 4 厘米，先端尖，有锯齿。花簇生于芽鳞内，翅果。花期在 2 ～ 3 月，果熟期 4 ～ 5 月。

对节白蜡是盆景树种中的后起之秀，它以桩大、桩多、形态奇异、易于塑造而闻名于盆景界。其桩多大树型、斜干、曲干、根连式丛林，直干式也有较好的形态。树种比较出桩型，因而很有优势。

■对节白蜡盆景

对节白蜡树寿命长，耐阴喜光，喜肥耐贫瘠，易于栽培，生长速度快，耐修剪，萌发力强，枝条增粗快，易于塑造鸡爪枝、鹿角枝，成型也较快。以枝取势较易塑造。多采用截枝蓄干的方法造型，改变了原生树相。经贺淦荪先生用以塑造风吹扬动枝，在造型方式上进行创新，较有影响。湖北盆景以对节白蜡为主导树种，经其制作群体的不懈努力，产生了较大影响。由于它生命力强、适应性广、寿命长、生长快、易加工、繁殖速度快、资源多，成为了较有影响和地方风格的盆景树种。

六月雪盆景

六月雪属茜草科，常绿小灌木。叶小椭圆对生，花白色漏斗状，暑天盛开如同洒雪，凉意爽心而得到美名。其根弯曲，叶小枝密，花开满树。木质疏松，皮层厚。分布在长江中下游，园林栽种广泛应用。

六月雪喜阳，荫蔽下生长不壮。耐肥，瘠薄条件下生长不壮。适应各类土壤，较耐水湿干旱。

六月雪少大桩，用作盆景多为斜干直干式，水旱配植丛林、砚式丛林较为常见，为川渝较多采用。人工弯曲为小型曲干露根的较多，是制作中小树桩盆景的材料。

火棘盆景

■ 火棘盆景

火棘，蔷薇科常绿灌木。叶互生，倒卵形，先端圆，边缘有圆锯齿。春季开花，复伞房花序，花小白色簇生，常开满树。果小圆形，橙黄或火红色，经久不雕，熟后易被鸟食。木质坚硬，皮层较厚。分布在中南西南部。

火棘嗜阳不喜阴，喜肥多沃土湿度大，高温时水分蒸发快，需大量浇水，缺水干叶易亡。火棘耐低温，早春发芽，年生长周期长，枝条增粗快。有食汁蚜虫及食叶虫为害，盆栽适应性较强。

火棘为观花、观果盆景良材，生桩易成活成型，易开花结果，花白果红。嫩枝蟠扎造型定型快，随生长膨大形态好。硬枝脆，蟠时宜略粗金属线才不断枝。萌发力强，成型较快，宜立体布枝取势，蓄养修剪成鸡爪鹿角枝。生性长势强健，需多修剪。换盆、上盆需在冬末春初，翻盆时必须压紧泥土，根土紧密接触才能生长良好。惜少苍劲变化古老之桩。

黄荆盆景

■ 黄荆盆景

黄荆又名黄荆条，东西南北盛产。黄荆属马鞭草科，落叶灌木。小枝方形，掌状复叶对生，小叶五枚，卵状披针形，浅绿色，叶有香气，有大叶小叶之分。木质较硬，皮层较厚。常有苍劲弯曲变化的桩坯，极易栽培成活，斜干、曲干、异形、树山、疙瘩、悬崖等形式较常见。树枝可扎可剪，塑为鸡爪枝、鹿角枝、鱼刺枝，冬季叶落后观骨尤佳。为南北树桩盆景的应用树种之一。

耐旱力低于耐水湿性，喜肥沃，耐阴、耐低温。萌发力强，枝条生长增粗快。细根多而密集，水分蒸发力强，高温时需水量大。少病虫害，盆栽适应性强。

海棠盆景

海棠花盆景有四品，即西府、垂丝、木瓜和贴梗海棠，其叶相似花有区别，为成都盆景传统蟠扎特用树种。在自然类树桩盆景中为少见之树种，由于叶大、花艳、落叶可作观花、观干的应用方式。

海棠属蔷薇科，落叶灌木。叶卵形至长椭圆形，边缘有锐锯齿，春季先叶开花，2～6朵簇生。木质较硬，皮层较厚。

原产华中和西南，适生温暖凉爽气候和肥沃疏松的酸性土，重庆夏季高温落叶休眠，秋凉后出新叶。偶有食汁蚜虫及食叶害虫为害，盆栽适应性较差。

柽柳盆景

柽柳为柽柳科落叶小乔木，叶小鳞片状，枝条纤细下垂。夏季开小花淡红色，分布于黄河、长江流域以至广东、广西、云南等地平原、沙地及盐碱地。木质较厚疏松，皮层较厚。

喜光耐阴，喜半阳，耐贫瘠盐碱，较耐水湿，萌发力强，生长较慢。少病虫害，盆栽适应性强。

叶似松如柳，可作岸边河柳，布景为水旱式。也可塑为松树风格，尤以婀娜多姿的垂柳形态，烙下柽柳的树姿，是盆景中较少见的树种。

■柽柳盆景

南天竹盆景

南天竹是小檗科，常绿灌木，原产中国和日本。茎丛生直立，有节无分枝。叶对生，二或三回羽状复叶，小叶披针形，冬季常变红色。果紫红色宿存。木质疏松皮层厚。

南天竹多丛状栽植为丛林式，另有直干、斜干可见，曲干、悬崖则罕见之，为树

■ 南天竹盆景

■ 栀子花盆景

■ 胡颓子盆景

桩盆景少见品种。

南天竹宜半阴半阳，喜肥润忌烈日高温干燥，土宜松软。造型无特性，保持茎干比例，过长时需在早春萌发前去梢，可再出新梢。少病虫害，盆栽适应性较差。

栀子花盆景

栀子花香浓味正，爱香及树，见有爱好者将其移植到盆景中。

栀子属茜草科，常绿灌木。叶对生，革质，广披针形至倒卵形，全缘，表面有光泽。春夏开花，顶生或腋生，浓香。花萼裂片5～7枚，高脚碟形。木质较硬，皮层厚。原产我国长江以南地区。

栀子花稍耐阴不宜强光直射，喜温暖不甚耐寒，喜湿，适生于肥沃疏松的酸性土。少病虫害，盆中栽培性能良好。

栀子花萌发力弱，无苍劲变化大的桩坯，在盆景应用上为少见树种，见有小型悬崖临水应用。

胡颓子盆景

胡颓子重庆称牛奶子，胡颓子科常绿灌木。枝有刺。叶椭圆形狭长，边缘稍波状，被鳞毛。晚秋开花，花生于叶腋，下垂，银白色。果实椭圆形，次年初成熟，红色质感透亮，美观异常，极易为鸟啄食而无果可观。木质较疏松，皮层较厚。

喜阳喜肥沃，阴瘠条件下不易结果。耐寒冷，冬季高温时可生长。萌发力中等。结实力不强，盆内生长性能良好。

胡颓子少好桩产生，其叶偏大，叶色叶形欠佳，唯其果好而成特色。其形物竞天成，可因材赋意在造型取势上加强技艺处理而得到好作品。为盆景少见树种。

福建茶盆景

福建茶别名基及树，紫草科基及树属，常绿灌木。叶互生，倒卵形，深绿色，有光泽。开小白花，果小圆形，成熟后红色。木质疏松，皮灰白色，质厚。主要分布在岭南与福建等地。

喜高温生长快，生根萌芽力强，耐肥喜润，耐贫瘠，冬季持续0℃以下需防冻伤。

福建茶为岭南盆景代表树种之一，它树干苍老，根易出露，叶形小巧美观，可塑性强，为常见树种而应用多。可制作直干、斜干、悬崖、丛林、曲干、多干等各种形式，颇受欢迎。

■ 福建茶盆景

檵木盆景

檵木属金缕梅科，常绿小乔木或灌木。叶小，卵状椭圆形，全缘，色浅绿，新叶被绒毛。其花小而多，花瓣四片，带状。绿檵木叶绿，花色白，红檵木新叶红，花淡红。木质较硬，皮层薄。

喜光耐阴，耐水湿性良好，也耐旱、耐肥，少病虫害，耐低温，萌发力强，盆内栽培性良好。

檵木生桩成活率中等，生长缓慢，多直干、斜干、大树形，有苍劲嶙峋古老之桩，为盆景应用树种。尤红檵木红叶艳丽，应用到盆景上增加了观赏价值，受人喜爱。

■ 檵木 龚贤画风

紫薇盆景

紫薇又名百日红、痒痒树。千屈菜科紫薇属，落叶小乔木。叶椭圆形，全缘，对生。夏季开花，顶生，色红或淡紫色，花瓣六片，皱缩，边缘有不规则缺刻。嫩枝四棱形，

■ 紫薇盆景

老枝变圆。树干光滑，树皮剥落。产于我国中部和南部地区。木质较硬，皮层较厚。

喜光、喜高温、耐水湿、耐干旱、贫瘠，耐肥性好。生根力强，萌发力强，盆内栽培性好。

山野多野生树桩，体态较大，形状苍古多变。易得易活，成型较快，人工塑造可塑性强。宜采用截枝法培育造型，多作斜干、曲干应用，时有悬崖丛林等多种变化。

九重葛盆景

■九重葛盆景

九重葛又名叶子花、三角梅。紫茉莉科宝巾属，常绿藤本。叶倒卵形，互生，有枝刺。其花夏开，每三朵聚生于分枝顶端，花下各托一红色苞片，三片相聚，似花瓣。花期长，木质疏松，皮层较厚。原产巴西。

喜高温，不耐寒，喜光照，较耐阴，喜肥，耐贫瘠，耐干旱，生长迅速，耐修剪，萌发力强，长势好，成型快。

九重葛易服盆栽培，寿命长，可较快人工塑桩，成为多种形式。唯其叶较大。

岩豆盆景

■九里香盆景　吴继东作品

岩豆属于豆科，木质大藤本，羽状复叶，小叶5～7枚，广卵形，全缘。因亚种不同叶有革质或被绒毛之分。花唇形，荚果。木质疏松，皮层极厚。

耐荫蔽喜光照，耐贫瘠干旱，耐湿性中，喜肥沃、疏松土壤。

山野常有膨大扭曲的桩头，可因桩赋形而用。较多树山式、曲干式、悬崖式、斜干式。其叶大枝长，少见蟠扎。需摘心摘叶，促发小叶和秋叶，以增其观赏价值。

九里香盆景

　　九里香属芸香科，常绿小乔木，羽状复叶。花白色，香味浓。分布在岭南福建热带地区，为岭南盆景代表树种之一。木质较硬，皮层较厚。

　　喜光照、通风环境，耐肥、耐贫瘠，尚耐阴、耐水湿。生长快，萌芽力强，耐修剪，根系发达，寿命较长。不甚耐寒，北方需防冻，南方防寒潮。

　　桩材多而好，有较多作品面世，直干、斜干、大树形较常见，另有丛林悬崖等形式。岭南枝条用蓄养后强度修剪成型，可人工培育各种型树桩。

枫树盆景

　　用作盆景的青枫、红枫为槭树科，落叶小乔木。叶对生，单叶，全缘，掌状分5～7裂，新叶、秋叶色变红。花果不甚明显，常忽视，以观叶为主。产江南各省。另有三角枫用作盆景，较常见。树皮薄，木质较硬。

　　三角枫盆景，喜湿润半阴的环境条件，宜肥沃、疏松土壤，耐水湿干旱性中，盆内养护需精细。夏季避高温强射阳光。

　　红枫叶色艳丽受人喜爱，其桩头少见，常在小盆景或配植丛林中应用。

■三角枫盆景

枸杞盆景

　　枸杞属茄科，落叶小灌木，茎丛生，有短刺。叶互生或簇生于短枝上，卵形或卵状披针形。夏秋开淡紫色小花，果卵圆形，红色。我国各地有野生，宁夏有栽培。树皮厚，木质较疏松。

　　耐寒、喜润、耐贫瘠，喜光耐阴，不甚喜肥。夏季宜凉爽环境。萌发力强，生长较缓慢。

　　叶小果红润，山野或药材种植中有桩干，可因材利用。为树桩盆景少见树种。

石榴盆景

　　石榴又名安石榴，石榴科，落叶小乔木或灌木有针状枝，叶对生，倒卵形或长椭圆形。夏季开花，有结果和不结果两种，常为大红色亦有黄白色，果球形。皮厚

▣ 枸杞盆景　　　　　▣ 石榴盆景

木质较硬。

性喜温暖、湿润环境，喜光照，耐贫瘠干旱，喜肥沃不甚耐肥。易开花结果，生长快，冬季移栽性良好。

石榴花美果硕，是树桩盆景观花又观果之佳品。枝条生长增粗快，可塑为鸡爪鹿角枝，冬季落叶可观骨。树种品性优良，少见桩头，多为果树改作。

赤楠盆景

赤楠属于桃金娘科，常绿灌木，小叶对生，全缘，色深绿。果小圆形成熟后紫色。皮层薄，木质坚硬。

喜光耐阴，喜肥耐瘠，耐旱、耐水湿，栽适应性良好。盆内长势较慢。

赤楠有苍古变化的好桩头产生。成活较易，盆内长势较好，木质坚硬枝条较脆，宜塑自然枝片。

蚊母盆景

蚊母属金缕梅科，常绿小乔木或灌木。叶互生，矩圆形，厚革质，全缘，先端钝，侧脉不明显。初夏开花，花小无花瓣。叶上屡生虫瘿。木质较硬，皮层较厚。

蚊母生于水湿低地。喜光照，耐荫蔽，喜肥沃、疏松土壤，耐贫瘠，喜润耐潮，耐旱力强，萌发力强，生长快。盆内栽培性优。

蚊母常有大中型桩，形态变化大，易成活寿命长。树叶偏大，宜稀叶密枝，叶骨共观的造型方法。

朴树盆景

朴树岭南盆景应用中称相思。榆科朴属，有多个品种。落叶乔木。叶互生，卵圆形，叶下有毛，全缘，先端钝，三大叶脉基出明显不对称。春季开花，杂性同株，果生于叶腋，橙红色。木质较软，皮层较厚。

朴树喜光照，宜较高的温度。喜肥沃、疏松的土壤，耐贫瘠，喜润，较耐旱，萌发力强，生长快。盆内栽培性优。

■ 朴树盆景

枝条生长快而易于增粗，过渡枝形成快。枝软，蟠扎性好。耐修剪，叶稍大，造型可作截枝蓄干，欣赏可脱衣换景。为岭南盆景重要树种之一。

杂木树种值得利用

在盆景的应用树种以外，有许多杂木树，它们既不知名，也较少见。因生长时间长，有桩形成，且能上盆成活，数量不多，但可应用。

杂木树种类繁多，介于常见盆景树种之外，称其为杂木，利用价值是已成桩。有的叶片较大，有的树性不服盆，或寿命不长。也有的叶小有特色，也有的生长快，栽培较为容易。

杂木树的利用主要取其桩、干、根、叶、果的一部分或几部分，是对自然资源的利用。杂木树桩盆景可增加植物品种、观赏植物的多样性。取其有美态的桩，则是观赏自然造物的复杂性，也可促进树桩盆景自身的发展，实现盆景艺术的百花齐放。

重庆能见到的杂木树有合欢，另有未考其名的算盘子、蔷薇、钩藤、檬子、刺梨等。有的桩头达到精品级以上。各地见有黄杨、柳树、紫藤、山葡萄、枸骨、木棉、山茶、水杨梅、博兰、冬红果、海芙蓉、檀树等应用。

■ 山间多名不见经传的杂木树，种类繁多，其桩不乏苍劲扭旋、律动皱透者，虽有树叶偏大的不足，仍可利用，桩味、树味浓烈

树龄的鉴别常识

树龄是盆景树桩重要的审美因素，具有活的文物的特性，树桩不求硕大，但求龄长，古老大树是树桩盆景的追求。体态适量，树龄奇长，有利于上盆移动观赏，更适于盆景这一艺术的产生、发展、应用的特性。树龄往往与各种难度相结合，没有长的树龄，树的根部不能膨大变形，树干的弯曲显不出美的姿态，没有树龄也不能产生较

生于石缝崖壁，屡经砍伐的灌木树，有此体量与形态，其树龄不会短

大的树体。

似乎树龄和硕大、老态结合在一起，大而苍劲就有较长的树龄。但树龄的真实还因各种生长环境、树种、生长姿态有一定的差异，有时差异很大。同树种生于山岩石缝、险恶环境中的树桩，根系不甚发达，完全靠多年的生长，根扎入泥土中后，才能生成长大。故这类树桩，体量不大，但树龄却长，甚至超长。我曾在石灰岩石滩中，挖到过完全生长在石缝中的金弹子树桩，夏日连晴高温严重缺水，春日也不能得到多少水分，在极度干旱条件下生长，其直径不大，树龄却长。弯曲较多的树，倒挂于坡上的树，树液运送曲折反向，生长速度变慢，比相同体积的树桩树龄要长许多。

树种不同，体量大小与树龄差别很大，乔木类树木，长势较快，树体大；灌木类天生树体小，同等大小的树坯其寿命是乔木类的数倍。速生树生长快，缓生树生长慢，同等大小的坯桩，树龄差异是若干倍。如榕树、对节白蜡、银杏同为乔木，同是速生树，生长较快，而金弹子、赤楠、杜鹃、火棘，同是灌木缓生树，生长速度极慢，要形成较大的桩坯，需时甚长。

在选桩赏析，判断树龄时，必须考虑树的原生环境，原生状态及树种的生长特性，才能较准确地判断出各种树木的树龄。

观叶盆景

树桩的观赏内容具体为根、干、枝、叶、景、意，观叶是一个方面。叶是树桩的灵气，没有叶树桩再美也缺乏蓬勃旺盛的生机活力。落叶树叶落时没有叶，但它有潜在的活力。叶似音符，最能给人带来自然生气，比根、干更直接，更有感染力。

盆景树的种类很多，叶的选择是重要条件之一，也是评审条件之一。叶好与桩老相结合，更能触景生情，如"丰收在望"如果没有叶的浓荫蔽护，安有丰收在望的心情跃然画面表达出来？对叶的利用造景"西风古道"以落叶的凄凉，营造了人在旅途的艰辛，此时无叶胜有叶，是在叶的观赏上做出了意境的作品。

有大量的树桩，根干不是很美，可通过树叶繁茂美观来达到观赏效果。如红枫的桩头很难找到好的，但用幼树做成丛林，"停车坐爱枫林晚"的意境出来，就能吸引人。

海外盆景在观叶上尤其重视，通常育得枝繁叶茂、生机盎然，强化了观叶的效果。树干不够苍老者，用叶突出朝气蓬勃茁壮成长，反映上升精神，既强化了树味，又能适应市场对观叶和低价位盆景的需求。

观叶以绿色为主，绿分为深、浅，有的树相固然浅绿带白，如火棘、银杏。有的树则应为深绿，如福建茶、金弹子、榕树，只有在营养不良情况下，才成浅绿。另有色彩固成红、黄、紫的，也受欢迎。如红枫、红檵木、红叶桃。叶色能随叶绿素与花青素含量变化的银杏、黄栌、枫树，能由绿变黄和变红，增加了色彩的变化，增强了观赏效果。

叶的各种形状也能产生观叶效果，如银杏扇形叶，十分突出，随风摇曳，美观异常。枫树掌形叶，也很漂亮独特，枸骨、鹅掌楸叶似穿的褂子。五针松叶形针状辐射。叶的大小也能增加观赏效果，榕树观叶优于黄葛树，榔榆观叶效果优于普通榆，小叶金弹子、小叶紫薇、小叶黄荆、小叶罗汉松等，都优于其大叶品种，与树桩形成比例协调，分布均匀，采光合理的优势。叶小为美也是人们心理的一种审美定势，有向小的趋势。

观叶在树桩盆景上也有观整个枝叶组成的叶盘，整个枝盘的叶形配合形态，枝叶扶疏这是功力的体现，既看热闹又看门道。观叶不只以叶多热闹为美，稀疏潇洒飘逸有美，如文人之树。雄浑茂盛，有健壮之美，各有各的观赏风格。能保持稀枝疏叶，又使树势不衰，不失为美，也不失为保养水准。比枝叶繁茂更难。

另有一类草本植物用于盆景无根、干、枝可观，以纯观叶为主，如兰花、芭蕉当作别论。

观叶盆景要注意叶的培育，使其保持叶的固有色泽、生气、姿态、比例，与桩的造型风格相适应。也要注意防止虫害，被虫蛀食，轻者痕迹斑斑，重者落叶无观。

观根盆景

树桩盆景中素来有"盆树无根如插木"的说法，根是树桩的主体结构之一，也是重要的观赏对象。盆景之树，以小的尺寸见大树，应符合自然树相，其根悬露才是自然大树的写照。大是时间沧桑所塑造的结果，在根上就反映为悬根露爪、盘根错节、隆根龙爪，生理上的根与观赏上的根相结合，才符合盆树的创作特性。

大树盘根错节旋曲裸露，才能在时间沧桑上表达出应有的韵味。根的出露，大树也才有合理的力量支撑点，显出坚如磐石的力量，趋向稳定。根使树达到动与稳定的结合。根的粗壮曲折复杂，才有老大难、姿韵意的物质载体，树桩的老才表现得更直观深刻，更有说服力。

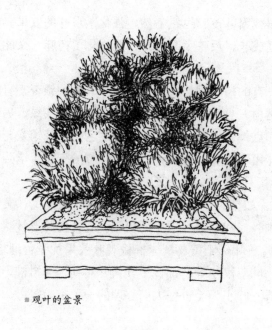

■ 观叶的盆景

■ 树根有很高的观赏价值，根占据的部位
较多的盆景称为观根盆景

　　树桩盆景选桩标准有一根、二干、三曲、四节、五枝、六叶的说法，包含了树的四大结构与形的配合，树桩盆景应突出根的造型与培育，形成观根的作品，如能达到根干枝叶共美，则为盆树中的精品。如不能达到各部都美，则突出一个结构部分如根的，则为具体的观根作品。榕树盆景"凤舞"则是代表之一，其干与根相比，根最突出，为观根盆景的代表作。

观骨盆景

　　常绿树与落叶树都能观骨，也都应能观骨，才是好的树桩盆景。

　　落叶树叶落以后，枝脉凸出，进入观骨佳期。这是落叶树优于常绿树的地方，观骨时一览无遗，全株骨相赤裸裸地呈现出来，有如人体模特儿一样。制作精良的树桩骨架，四散分布，有的像鹿角，有的像鸡爪，有的呈辐射状，有的呈波折状。经过强度修剪又蓄养的树枝，剩下的部位畸形发育膨大，变得异常古老优美，观骨效果奇佳。

　　观骨是树桩盆景欣赏的一个重要内容，体现的是树与叶过渡的枝的空间位置关系和枝的形态及走势。能检查出树枝修剪造型的功力、枝的过渡情况、造型时间的久暂以及培育处理的技巧。一般来说，自然类树桩盆景培育的功力放在枝上，以枝带叶。而枝的处理可以精细，也可以被叶混淆而粗野杂乱，无骨无姿可观，尤其是常绿树最容易出现。

树桩盆景能够观骨，是树桩盆景制作技艺的进步。当代盆景作品强化了观骨效果，增加了树桩盆景的内容，使落叶树有了优势。尤其在南方常绿树多，心理上不缺绿色，冬季能观骨更有诗情画意。

落叶树自然落叶观骨，常绿树遇展出及其他活动，需突出骨架临时观骨，可采用摘叶观骨、脱衣换景的方法。常绿树的骨架长期被叶遮掩，修剪时不如落叶树直观，有目的培养美的骨架不够，通常观骨效果比不上落叶树。需加强短剪、重剪、缩剪与培育，才能体现观骨效果。必要时将常绿树叶悉数摘完，再进行修剪，使修剪直观，便于去枝和留枝，培育出优美的骨架。

■ 枝骨粗壮、突出有力，可达观骨的盆景

常绿树另一种观骨的办法是不脱衣，透过衣服观骨。这就需在培育与强剪结合上下工夫。这种观骨是观骨的脉络走向，若隐若现，叶骨共观。岭南派截枝蓄干、稀叶强枝的技法及重庆盆景枝密叶疏的造片技法，都能透叶观骨和叶骨共观。重庆盆景这种茂密枝片的观骨是观赏骨的脉络走向与虬劲的姿态，采用的造型方法是稀叶密枝，有古老大树的自然树相。进入老年的大树，一般都枝密枝粗而叶疏，见枝见叶。只有幼年树和壮年树，才是树叶旺盛而叶密枝疏枝细，叶盖住了枝，见叶不见枝，无枝的虬劲老态。盆景树桩要达此树相，需加强对根的培育，结合疏剪进行。培育期过分的叶少、水肥少、树势不强。过分多的水肥，使新芽旺发，难于疏剪且树相比例失调。控水要狠，控肥则只能适当，采用多控水、少控肥的办法较好。只有经过多年的盆龄后，根系发达，枝条粗壮，才能自然过渡到或人为过渡到透叶观骨的效果，枝粗密、叶稀少而不是叶茂密而枝细疏，有古老大树的真味。

观花盆景

树桩盆景中，除了树桩的固有观赏部位外，还能在开花期有吸引人的花朵可结合观赏，以区别不能观花的同类称为观花盆景。

观花盆景树种有杜鹃、梅花、石榴、火棘、紫藤、山茶、紫薇、蜡梅、桃花、海棠、栀子、六月雪等。尤以杜鹃、梅花、紫薇较为著名和普遍。火棘、石榴既可观花又能观果。

用于观花的树种叶较小、花不宜太大，花朵太大与树桩的比侧失调，易喧宾夺主，使树干失去硕大苍老的主体。山茶的花就明显偏大，杜鹃花中等，而梅花、海棠的花大小最合比例，火棘单花太小，花束合起来同时开放，则形成满树白花。一般观花树桩开花时间比较短，比例的大小不十分严格选择。花的颜色艳丽丰富，花的形状讲究变化，层次丰富，如有香味更佳。栀子花香而桩少，金弹子花香但形小。有的人喜欢花色火红艳丽，有人喜欢有过渡的中间色。

观花的树桩盆景培育与修剪方法应有自身的特点。为了观花，在生长期要加强肥水，尤其是在孕蕾期，必须提供与观叶植物不同的肥料，以氮、磷、钾的比例为1：2：1为好。由于开花部位不同，修剪时要用促花的修剪方法。杜鹃、栀子以枝的顶芽孕花，而且是秋孕春开，顶芽修剪过多就不能观花。石榴在顶芽和短枝上都能开花。火棘、梅花在短枝上开花，修剪时要多留花枝。紫薇在当年新梢上孕花，5月后就不能修剪，以利新梢蓄积养分，孕育好花。六月雪、蜡梅孕花在叶腋，修剪不影响开花。

观花有很突出的效果，也不能没有树桩的其他根本条件，同样应该讲究根蟠、露干、曲节、枝有力，也要讲究枝干造型效果和构景形式，不能以花代替根干，而以花与景结合为好。观花是园艺欣赏的传统项目，能以花的丰富变化的形态、艳丽的色彩、诱人的香味来愉悦人的心情、培养人的美感、丰富美好的生活。使人与美相结合，与丑相远离，潜移默化地美化人的心灵、陶冶人的情操。

观果盆景

树桩盆景以观形、观景为主，有的树种其果很美，挂果期长，能弥补无果可观的树桩的缺陷，或根干不壮美树桩的部分缺陷。在以观赏对象分类中，就有了观果盆景。

观果盆景的树种有金弹子、火棘、胡颓子、石榴、枸杞、橘类、梨、苹果、山楂等，其他树都能挂果，但果形不美，挂果期短，不及以上树种的果突出，观赏价值低。

其中金弹子挂果期最长，一般能达7个月以上，甚至10个月，果红以后也可达3个月。胡颓子、罗汉松挂果期短，仅4个月时间，而且果美的时间在1个月左右。石榴挂果期较长，不易落果。

树木只要养分好，一般都能结果。只是有的树果形好，色美，大小合适，挂果期长，其果

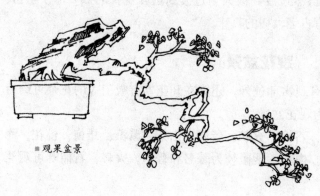

■观果盆景

可啖。有的则不然，要么形状不太好看，如木瓜海棠；要么果太小分散，不显眼，如雀梅。果小者如能成束，也可观，如火棘。果太大则与枝干比例失调显得臃肿，如梨、苹果。有的色泽不尽美观，如松果。果的颜色有的大红，有的成黄色、紫色、栗色，各有其美。观果盆景树种最优者，当推金弹子。其果形好，变化多；色由绿转黄变橙红，有光泽，与叶等大，与桩比例协调，挂果期长，可食。唯缺胡颓子果熟的透明质感。作为观果盆景树种要达到形好色美，大小适度，挂果期长，才是优良的观果盆景树种。

观果给人的是一种丰收在望的喜悦，是劳动的报酬，是一种美好的希望，也是一种形态上美的享受，能满足人们心理与生理的一种本能的喜爱。各种果有各种美，也有各种涵意，石榴多子多福；木瓜避邪镇妖；火棘热烈似火，满树盛果时，犹如燃烧的火把；橘则为岭南人吉祥平安的代指。

果的色泽怡人。金弹子玉润珠圆，金黄橙红，喜气洋洋；石榴咧开小嘴，如宝石般光芒闪耀；火棘红遍全树，热烈奔放；胡颓子晶莹透明，似血欲滴；鸭梨色调黄而温馨；雀梅乌黑缀珠；罗汉松之罗汉其果最异，似半身光头罗汉打坐形象；松果形似宝塔。各种果有各种形状，有各种美。果在树上，有散点分布的，如金弹子；有成束成丛的，如火棘。有向上竖立者，也有向下悬垂者。观果不是树桩盆景主要目的，但同一棵树，有果比无果多内容，多感受，能配景，有四季变化，景和意的变化，不可随意贬低观果的作用。观果也不是单纯的观果，基础还是树桩的根、干、枝、叶及与景的配合，否则便成了盆栽不能称观果盆景。

观干盆景

树干是树桩盆景主要观赏对象，是树的主旋律。对其有一根、二干、三曲、四节的鉴赏标准。将干放在前面是有道理的，干占据的位置在画面的视觉中心上，成为观赏的焦点，因而其美学的比重就应该大，将其作为重点。而实践中，人们也是有意无意将干放在重要的位置，无论自然类还是规律类，干的首要性都是存在的，根对其是丰富树桩审美标准的补充，在评定精品时，根才是重要条件。干是树桩形成姿态的主体，无根影响树桩的等级，干无姿则无存在和欣赏的价值。树桩之名，是以干作标志，各种型式，也是以干的变化进行区分的。

根干关系与曲节关系相比，根干又重于曲节，这是理论与实践上的要求。直干式其干虽无弯曲，但有树味，也可作出好作品。干和根是不可或缺的，有树就有干和根，而曲节则是依附在干上的，有曲节与无曲节干都存在。因而树干的比重在树桩盆景上较重，有实物上的首要性。在树桩的选择上，应注重对干的选择利用，尤其是有变化、

■ 以树干为主要观赏对象的观干盆景

异常、破格的干的利用。

观干是在观赏部位上对其的具体部位划分，离不开根与枝叶的配合，在综合观赏的基础上进行。海外树桩盆栽，多无根的配合，以主干为重点突出对象，辅之以枝叶，从一个方面证实观干的首要性。

有难度和观赏价值高的自然类树干，多是借助大自然的恩赐，人工短时间内很难培育。老大难、姿韵意俱佳的树干，极为可贵。

树干的节非常重要，通直之树干在盆景中较为少见，不符合盆景的审美要求。直中有节，即行话中的收头、收势，是重要的评审树桩的标准。节是树干上下直径的比例，以下大上小均衡收小为好，其态自然，符合自然树相。直干式必须要有节，才可利用。曲干则需有姿有节有方向，符合人们的视觉习惯，弯曲再难，方向别扭，称其为野，不甚中看。弯曲的极化，姿态顺势自然，是曲干的高品位。

树干的姿态千差万别，变化极大，直曲倾斜扭旋，还要有合理的走势，将其生命形成的千姿万态的美，充分展示出来，是树桩盆景的表现方式。

异材盆景

树桩盆景是以有优美的根、干、枝、叶的树桩为主要材料，与土、石、水、盆、摆件、配草结合，构图成景。异材盆景则不是以常规的根、干、枝、叶来构成主景，但也是以有生命的植物在盆内造型立意成景，同样具有生命性和可移动性。

常见的异材有银杏的天笋、地笋、灵芝、何首乌、仙人山、仙人球等。植物材料的异样，构成了盆景形式的多样。银杏笋与树干不相同，里面木质部较少，做成孤峰或群峰形，有活山活峰的感觉。仙人山与仙人球也非草木，能做成沙漠奇观或山意形态。它们都是有生命的植物材料，但与草本植物不同，因此称为异材盆景。因为它们的存在，有人建议树桩盆景更名为植物盆景，以扩大其内涵，包容草本与异型材料的盆景，成为一个范围更广的专用名称。在过去的许多盆景书籍中，未直接为其归类，而笼统地将其列在盆景材料中。随着盆景事业的发展，有为异材和草本盆景立项的必要，以使其名正言顺地成为盆景的一个分支，丰富盆景的内容，达到百花齐放，推陈出新。

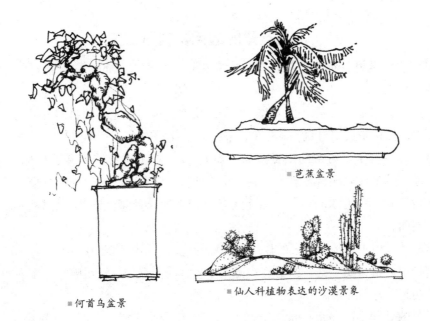

■何首乌盆景

■芭蕉盆景

■仙人科植物表达的沙漠景象

异材盆景取材不拘一格，资源利用充分，有一定的表现力，成景较有新意，也得到盆景界的公认，群众喜闻乐见，有利盆景的普及和发展。

草本盆景

盆景中另有一类材料，取材非木质，用兰花、菊花、万年青、广东万年青、水仙、芭蕉、棕竹、何首乌、仙人掌科植物等，做成盆景的形式，饶有风味。它隶属于植物盆景，但非重要的盆景分支。因为它们取材容易，有喜爱的群体及市场，有人建议树桩盆景改为植物盆景，实际上树桩盆景有自己的专指，植物盆景为泛指，草木藤本与树桩盆景均为植物盆景的一部分。但草本所占比重太小，习惯上将其分称，着重树桩材料盆景。

草本盆景是用有生命的植物为对象，在盆中造型取景，产生诗情画意。草本盆景制作较简单，通常也需造型，如铁树。取材容易，有观赏价值，有群众基础，有它存在的空间。其中竹石、小菊、铁树盆景较有影响。能作为陈设品，以增添人们的生活情趣。

■草本盆景

树桩盆景的应用材料及加工

树桩盆景是用各种应用材料在盆内完成造型构图成景的。它有自己的适用材料，专用性比较强。

常用的材料是树、盆、石、水、配草、摆件。树与盆是必须材料，不可或缺。石、水、配草、摆件是选用材料，其中的配草（苔）用得较多。

材料应用好了，可帮助出景。如"嘉陵江畔"，主树为一本多干丛林，可用旱盆栽植，成一丛林地貌配合之景。但其景小，无江河辽阔、极目天舒的气概。用水旱盆，增加了应用材料中的水和石，加大了用盆，使景大、景深、景美，气势磅礴，诗情画意跃然盆面。

材料的应用中有技巧，人的作用与刻意的追求、不懈的努力，可起到良好的作用。

制作中，材料要丰富，如用盆，可备多种，哪类最佳，选用哪种。配石也是如此，选择中达到较好的形态。

材料的处理不应停留在自然选择上，而要注重对其加工，配石、配草、摆件，用盆都能加工。经加工的石材，成型好，构图布置配合都十分方便，还可减少许多重量。用以制作附石式的石材，可挖洞成穴，布树其上，为树形成一个生存环境。水旱式、树石式，则可将石切挖，一可有利石与盆、石与石之间的配合；二可减轻重量，增加载土；三可增加石材利用价值。

石材的形状也可加工，制作纹理，制作砚式盆、云盆，石上供水的小塘等，都可用加工的方式制作。制作按设计好了的形状，用凿、切、磨、腐蚀等加工手段进行。采用电动切割，磨削的方法效率高，效果好。还可用硫酸、盐酸刷于加工处，对加工后的部位进行腐蚀，消除加工痕迹，效果更好。

摆件的加工可按主题进行，可较好地发挥画龙点睛的作用。"海风吹拂五千年"就是自己加工摆件的范例，用体态不大的白色大理石，形成了沿海开放城市的蓝图。

盆景的应用材料在丰富和发展，期待着有创新、有价值的材料及方法出现。

■ 对应用材料树石进行加工后制作出来的水旱盆景

自然类树桩盆景

　　自然类树桩盆景是树桩盆景的一大类别，20世纪中叶以来，自然类受到人们的重视，经过广大盆景爱好者多年发展，已经占据主导地位。

　　自然类树桩盆景的桩取材于大自然，由大自然造就，树干无须人工制作，长成的形状无法做大的改变，只是进行取舍利用，资源极其有限。其桩存世仅此一盆，别无相同。其造型构景无格式限制，可水可石，风格变化多。因是自然多年长成，桩坯的直径较大，人难于在有生之年塑造形成。

　　由于自然类树桩盆景的这些优点，加上现代社会人们思想个性化发展，厌烦而又留恋城市生活，有回归大自然的愿望，自然类树桩盆景适应城市现代人的心理需要，成为足不出户回归大自然的媒介。

　　自然类树桩盆景常见传统形势为直干式、曲干式、斜干式、丛林式、悬崖式、附

■ 山采的桩坯是自然类树桩盆景的主要来源

■ 有现代概念的树桩盆景

石式、水旱式、树石式、象形式、异形式等，后有砚式、景盆法、风动式、树山式、复合式等创立。每式有各种丰富的树形，成景方式有水成、旱成、石成及摆件地貌处理，方式灵活多变，注重各种造型技艺、景的扩展、诗情画意的表达、意境的开拓。

更有现代概念的树桩盆景，即人称的现代派树桩盆景，自由地选择有特别姿态能破格的桩坯，大胆采用各种新的表现手法，有更新的面貌。

～❀ 规律类树桩盆景 ❀～

规律类树桩盆景不管任何类型，如成都的三弯九道拐、立马望荆州，还是扬州的巧云、苏州的狮式，均受到非议。一时之间似乎规律类树桩盆景不合潮流，大有言杀之势。规律类树桩真的就没有它的生存空间了吗？

规律类树桩曾在一时占了统治地位，它的产生与发展，与当时人们的生产条件、经济条件、观赏水平有一定的联系，在盆景史上创造了它的辉煌。当时形成了一些专门的生产群体，留下了一批杰出的作品，总结了丰富的经验在同行中流传。对现代树桩盆景技艺产生了极大的影响，对将来树桩盆景的普及发展提高，也会有长远的影响。

规律类树桩制作，从小苗做起，不求天赐，事在人为。能将人的意志充分施加其上，高度体现人的技艺能力，人工胜天工。其技术要求严格，讲求技术程式、讲究基本功，讲究培育技术，讲究传承。没有相当的技术功力、没有执着精神的人，不能进行和完成规律类树桩盆景的生产、制作。

规律类树桩盆景选材集中于叶小、叶美、常绿、生长慢、姿态好的树种，如罗汉松、金弹子、银杏、松、海棠、火棘、榆、榕等树种。树种的选择性好，可选用最好的树种进行，得到野外没有的树种。必须在幼苗期开始蟠扎制作。蟠艺要求高，程式固定，三弯九道拐必须在相应的部位作三弯成九道拐，缺一不可。出枝部位排列顺序也必须严格讲究，达到"十全十美"。每年要进行补蟠。从开始制作到成型，少则二十年，多则上百年。期间栽培上的土、肥、水、气、光、病、虫无一环节可以疏漏，年复一年，周而复始，稍有懈怠，就不能完成而前功尽弃。

对人的要求也高，需要有坚韧不拔的毅力，树立目标脚踏实地才能进行，技术上要掌握蟠扎技艺，心中有树又有数，外师造化，内得心源，才能在造型上成功。还需有经济条件支持，环境条件许可。最终还要人们的承认和喜爱，经受市场的检验。植物的生理特性，生长需求，快速成型的栽培技术，也要掌握，保证事半功倍，少走弯路。一代人不能完成的作品，还需下一代人继续完成。出售的作品也要继续整形，才能保持风格。

如此一种将技术与艺术相结合、创造与培育相结合的生产创造活动，短期内绝不能达到目的，也不易满足人们的成就感。多少从事规律类树桩盆景制作的老前辈，他们成就了不少优秀作品，积累了丰富的实践经验，没有留下姓名，留下的作品与经验却让人叹为观止。他们献身树桩盆景默默无闻，这种精神是中国人民吃苦耐

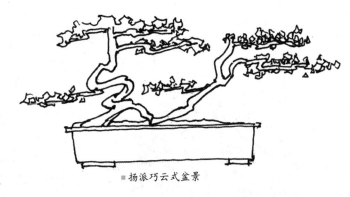

■ 扬派巧云式盆景

劳、献身社会的体现，是人民创造盆景史观的体现。好的盆景园，不可没有规律类树桩盆景，它可反映盆景的历史，可作为树桩造型技术的蓝本，可展现多种风格技艺、可培养人们的技艺感和熏陶人们的艺德。有的人出于一种偏激不能也不敢涉足规律类树桩盆景，用程式化的缺点贬低规律类树桩，是只谈缺点不看优点，只看过去不知发展的一点论。

规律类树桩在制作中的高难度上，即对树干树根树枝整体造型，用长期培育来形成，应用这一方式，打破造型格式的束缚，压缩体态，极化其树干根枝的造型方法，用规律化的倾向，无规律化的格式，小苗造型，可得到大量造型各异、难度极大的中小型树桩，使其价值得到充分体现。

规律类树桩盆景缺点在于造型格式化和树干高大，因而树的直径相对不显得粗大，不会受到普遍欢迎。

发展自然类树桩会破坏森林、破坏自然植被，造成生态环境恶化。而规律类是对自然植物的一个补偿，在宏观上二者一利一害。

市场是对产品的检验，无论是改进了的大型还是小型的规律类树桩盆景，都有一定的销量，这说明需求是存在的，适度的发展还是可行的。

自然类与规律类区别情况对照表

类别	成型时间	主干塑造	树种选择	制作数量	人工意志	树桩来源	达到难度	格式限制	应用前景	环保作用	欣赏效果
自然类	短	不需	不能	少	弱	山采	小	自由	窄	差	美
规律类	长	需要	自由	多	强	培育	大	强烈	广	好	优

直干式树桩盆景

直干式是树干以直为特征的树桩盆景分类形式。在自然界中，树木通常竖直生长。盆景树桩是自然树相的反映，直干式最具树的普遍特性，自然类树桩盆景也就有了直干式。许多制作者都喜爱并制作直干式树桩盆景。

直干式树桩立意为苍劲多姿的古老大树，具有顶天立地、昂扬向上、不屈不挠的韵意。而不能是简单的直立生长，没有一定的形态变化，没有相应的造型配合的盆栽小老树。直干式因为是人们司空见惯直立生长的树，因而塑造起来很难，犹如绘画，画鬼易、画人难。

直干式的树干直而有变化，有挺直刚劲的气势，造型应配合其势。直干式以直为主，有完全笔直挺立的，也有直中带曲的，以树干主体为直。树干有高

■ 直干式是树干以直为表现对象的树桩盆景形式。经过根干枝叶的塑造，使树桩的通直树干，有了昂扬向上的典型的蕴含

耸飘逸形的，有低矮雄壮形的，还有多干式的，文人树也属直干式的一种固定形式。

高耸的直干式，在各个流派中、国外的作品里都能大量见到。树干的高度与直径相比比值很大，树干的变化小，但必须有节，树础大而树梢小，过渡自然。树干可以有小的弯曲，以打破呆板。直干式需在枝片结顶上下工夫，与根配合协调。好的高耸型直干式给人奋发向上、不屈不挠的精神感受。

受审美观念、原始树相及素材和造型方式的影响，直干大树形很流行，岭南、福建的"矮仔大树"，我国港台地区及日本的低矮大树式，都是直干式。树干的高度与直径比值小，极粗壮古朴，造型雄浑有力，根蔓丰富。低矮的直干大树给人以力量、稳重、壮美的进取精神。矮干大树型因为粗壮有力，较容易为人们理解其精神，高干飘逸的形状太普遍，其正直向上的内涵较抽象。

直干也可用曲打破平衡，达到直中有曲，干直而枝曲，下直而上曲。曲直的变化，全在人工的掌握，能使造型达到较好的姿态，并显现个人的功力。

文人树

文人树是直干的一种变化形式，在选材、露根、出枝、结顶上有相应的格式，并赋予其较多的文化，使其成为一种格式。它要求树的根出露粗壮，寓意为根基雄厚。树干在直的轴线上有一定的弯曲，寓正直向上而曲折向前。出枝在干的 3/5 以上，枝条较少，形状简洁，树干高细，隐含清瘦、孤高、挺拔、傲世俗的文人之风雅。枝梢曲直结合，与主干走势平衡呼应。文人树讲究个性和内涵，虽有格式化的倾向，仍受人们的欢迎。

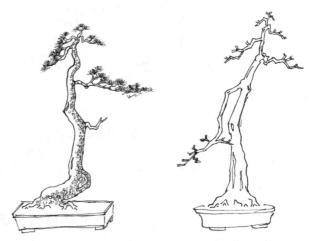

■树干细瘦以直为主，出枝高，造型简洁的形式叫做文人树

斜干式树桩盆景

应用树木的根、干、枝，制成树势倾斜的树桩，称斜干式。它因桩而异变化大，是树桩盆景的主要形式。取自倾斜的自然大树的原型，用于盆中造型应注意根、枝的过渡配合，虽多尤变，不使其千篇一律。

斜干式有倾斜的姿态，有稳定的重心，既有动感也有均衡，树味桩味并重，有利造型取势。制作各种风格的枝条式与枝片式造型，在斜干式上较常见，用枝将其做活，是技艺的表现。

斜干要注重取势，倾斜的角度要活，能动则动，不能动则静。根和枝可补斜之危倾。用斜面之反向根、回头取势枝，实现均衡，体现力量，达到动静合理。

斜干树的根干一般由下向上斜倾，由上往下斜者，另称为临水式或悬崖式。斜干式有倾斜，也有律动上扬，较能产生节奏感，端庄稳重的斜干节奏平缓，重其稳健。斜干式宜配石，最宜布水，成临水式或水旱式，也宜树下布置摆件。景深用远中近均能处理。有的斜干式可作双面观赏，在确定主面后，可兼顾后面再形成一景，增加观赏内容和形式，发挥一桩两赏的作用。

■斜干式是树干横斜向上的树桩盆景分类形式　　　　■斜干式的变化——一本双斜干

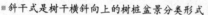

曲干式树桩盆景

　　树木一般通直生长，受外力作用后弯曲变形，发育后形成曲干。人们受其启示，将它应用于树桩造型上，曲干式由此产生。曲干式是指树干弯曲，以别于无弯曲或弯曲较小的其他形式，是树桩造型的基本形式。规律类古典格律树桩，全都应用了主干、主枝弯曲方式，可看作曲干式。

　　供自然类树桩盆景应用的曲干式天然树桩，形成难度较大，野外资源少，尤其是弯曲变化较大的曲干，不太常见，更难得到。

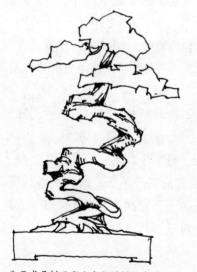

　　曲在多种方式中存在和产生作用，曲中有直，曲中有斜，丛林式疙瘩式中都可有曲，悬崖式中也有曲。树桩盆景贵曲不贵直，曲在人们心理中有天然的审美定式。要重视曲干除了在天然桩中选取曲干外，还要用培育法，得到较多的曲干。

　　曲有许多变化，方向上有向上之曲，有横走之曲。向下之曲，回走之曲较少较难。曲中又有程度变化，有的急曲，有的缓曲，节奏及动感表现在其上，非常美妙。曲干通常是人们追求的品相，曲不光有审美难度，节奏上的变化，还有事物发展的规律在其中，一帆风顺无波无折，不足以品味。

■曲干式是树干弯曲变化的树桩盆景分类形式　　　　曲有多寡，在一根树桩上弯曲的部分所占比重不同、位置不同、空间变化不同，观赏价值就不同，曲占树干的较大程度更好。曲干观赏本身价值比较高，移步换景的效果强，不但能两面欣赏，还可多面欣赏，远近景处理自由。

曲干可取之于自然，在有弯曲的桩坯上可利用合理剪裁取得，也可用挖截雕凿取得，还可用蟠扎弯曲的好办法得到，合理布势可突出曲干的弯曲效果。

一本多干丛林式树桩盆景

一本多干式树桩盆景，取材自然，立意为山野水边的一本多干丛林式树木。形态自然，富于野趣，极富诗情画意。深受人们的喜爱，盆景爱好者比较注意搜集，都以能拥有一本多干式盆景而满足。

树桩盆景的一本多干式，有一本双干、一本三干、一本四干、一本五干，甚至更多达到二位数。五干以上罕见，五干以下少见，一本双干较常见。

一本多干是树的自然生理形象在盆景中的反映。自然中有生育异常的双干及多干树自然发育。高大乔木多干的难见，灌木类则一本多干较普遍。有的树自小受外力作用后，再度萌发由多个不定芽长出多根树干，形成了一本多干的树相。将自然中的一本多干材料通过人的加工处理，制成一本多干树桩盆景，表达了人们对这种形式的喜爱，是值得提倡的好形式。

一本多干式树桩盆景成景优雅，变化大，难度高，材料不易得，好品相的树桩更难得到。尤其是乔木类的一本多干，如松、柏、罗汉松、银杏、榆树等。灌木类的一本多干较为常见，如杜鹃、金弹子。速生树类也较多，如榕树、对节白蜡。一本多干树桩野外形成需经过恰到好处的砍伐、生长，再经多次砍割，才能偶然形成，千难觅一、万难觅一好桩，只有资源丰富，才能得到好桩。

品相好的一本多干，本应硕大，变化复杂，高度合适。干应四岐分布，前后高低左右位置穿插错落，距离合理，争让得体，有主有从，透视关系好，有纵深感、立体感。树在画面的立体位置不掩盖重叠，便于立意造型、构图出景。枝干有弯曲、穿插，有纵深横直配合，而且有根的表达为最佳。

■ 一本多干式为一树同根生有两干以上的树桩盆景分类形式

一本多干由于干多，互相空间很小，造型可用简洁写意的枝条处理手法，求枝条的位置关系布势好，粗细与树干过渡比例合理，不要粗干细枝，更不要枝重桩轻。也有采用丰茂枝片大树冠的手法造型。树干传统要求取奇数干，有利布局配合。但这不是清规戒律，树干只要配合得体，有过渡照应，奇偶数干皆宜。还有双本一干树桩，本上为二，树干起来一段后合为了一，分合自然，形成很难，较为出奇。

一本多干丛林式树桩盆景有野趣，反映自然较真实普遍，树的典型意义强，树味足，桩味浓，树的老大难、姿韵意，即形与神结合好，人们比较熟悉，应该提倡。

❦ 根连丛林式树桩盆景 ❧

■ 根连丛林式多干错落生于同根之上具有林象的树桩盆景分类形式

根连丛林式树根体态较大，干或枝的形象演变为树，分布方向位置有纵深宽广，成山野丛林远景，一桩则有山林原野景象。

根连丛林是自然造化在盆中的卓越表现，以同根合理分布的多枝树干反映出山野树林远观景象，桩材形成难，观赏价值尤高。一本多干形成的根连丛林式有主客式、直干式、斜干式、过桥式、山形式、地貌式、稀林式、茂林式。根上之多干为树，常作远景处理，以树和桩成景的典型性强。

一本多干区别根连丛林式看树干在根上的分布方式，丛林树干散点分布，一本多干式干在根基上集中分布距离不太远，共同构成多干树的韵味。根连丛林则一干为一树，有多少干就是多少棵树。根连丛林式成景优雅，极具野趣，山林景象丰富自然。根连丛林树桩难以形成和得到，观之回归自然感强烈，诗情画意浓，值得提倡，受到树桩盆景爱好者的高度喜爱。

丛林的形式有主客式丛林、直干式丛林、直斜干丛林、曲干式丛林、平远式丛林、稀林式丛林、密林式丛林、穿插式丛林、山形丛林等。

❦ 悬崖式树桩盆景 ❧

悬崖式是树桩盆景的常见传统形式，立意为山涧石壁上攀岩生长的悬挂老树，高挂而险峻，临危而不倒，顽强地生存在绝壁石缝中。不但树的外形曲节有姿，而且树的意志顽强，咬定青山生命不息。人们不单欣赏它的树姿，更欣赏它的意志品质，让人领略到树的精神内涵，坚韧不拔的顽强意志。

悬崖式以山间自然生长的倒挂悬崖的老树为蓝本，取材以树基弯曲，根基以下部分必须能翻转弯曲悬挂于盆外的树桩为首选。树干大部分倾斜于盆外，成全悬或半悬状态。树干飘斜，头部上抬。树基要大，树干要弯曲自然，线条流畅贯通，不能僵直。从基到梢要由粗

■ 悬崖式是树础翻转、树干下垂悬挂的树桩盆景形式

到细，逐级收小。弯曲要合理，波折地下垂或斜向转折。树身有苍老的姿态，多皱纹、水线、孔眼，富于变化，引人注目，也就是有耐看的内容，达到百看不厌。树干皮层完整丰满，正值兴旺时期的幼壮龄树，只要弯曲规范，是为树味较浓，也可取。经典的悬崖式树桩比其他各式难得，内涵丰富，受人喜爱。

悬崖式传统上分为两类，以树身弯曲下垂的程度可分为大悬和小悬，又称全悬和半悬。大悬树梢超过盆底，小悬只及盆的下部。因为自然界树相千变万化，悬崖式又会出现各种因材制宜或人工塑造的变化，如侧向横走趋下的侧悬，折转角度可作向侧和后的变化。有出奇者，用速生树小苗人工制作旋转300°的全旋型悬崖式盆景，较有新意。将其置于大厅或广场公众场所，多面观赏十分出奇有味。曲斜式悬崖也有变化，树基翻出盆口后向下飘斜一段后，向一边横走，可下探头或上抬头。一本双干式悬崖较为少见和难得，一本三干以上则太繁冗，在空间上无位置，不好取形处理，但如果处理好了，难异双收。秃顶式悬崖顶上无枝条，不做顶片造型，突出树基硕大、转折突兀。勾头式则以突出树身翻出盆面的弯曲抬头为主。树干的变化有弯曲、波折、收头。梢的形态有向下直射和向上抬头及回转方式。

悬崖式造型较为特殊，它主干下垂与立意为崖的盆壁相邻。为了突出主干与岩壁的关系，突出树干的走势，符合自然树相特征，不在此部造型。它缺少了一侧造型空间，打破了常规的空间平衡感觉。其观赏的角度方式也不同于能左右布枝的其他树桩形式，造型部位少，易互相遮掩干扰。因此造型较其他各式更难而不是更灵活，必须灵活处理好造型位置和方式。沿主干两侧布置枝片时，易使空间过大，显得过于呆板，主干不突出，不应将枝片做得过大，防止枝比干重，喧宾夺主。其枝片重在神韵、活

泼、凝重、舒缓、隐现、粗犷、精细、离合、粗细、收放、虚实、藏露相结合，过渡要好，而不在于枝片的大小。要保持适当的枝干比例和树相，这才符合悬崖树相的自然规律。生于石缝岩壁中的悬挂树木，泥土少、水分少、受光不充足，树液倒流，叶土比小，全赖树龄长才能长大。其枝片不能偏大、茂盛，保持比例全靠修剪，每年都需进行重剪和缩剪。如不是为了观赏和展出，春夏放其生长，可在夏后及时进行修剪。这样剪养赏结合，根系好，生命力强，可将枝的直径做大，枝的曲节可以做精。

悬崖式的顶部树梢处理常见的有上抬头、下探头、平走式，斜走的有新意但少见。

自然造化的悬崖式，枝干根变化极大，只要能处理挂盆，应注重对异型悬崖桩的选择剪裁，利用好资源，增强技术上的表现手法，创新和创意结合，多出作品，实现百花齐放的创作局面。

悬崖式树桩应为远景式，但为突出势和式，突出形和神韵，通常将远景处理为近景或中景，不失为悬崖式处理的好方法。

悬崖式中分类形式有：大悬、小悬、直悬、曲悬、回悬、侧悬、秃顶悬崖、虬曲悬崖、一本双干及多干悬崖等方式。

🌿 树山式树桩盆景 🌿

树山式盆景较为少见，在创作实践中已经出现一些作品，发表于各类花木盆景杂志，民间存世不少，在盆景分类中，还未正式采用，随着树山式盆景数量的增加，树山式会形成树桩盆景的新形式。

■ 树山式以复杂多变、苍劲古老有生命的树桩，代替无生命的山形材料形成山形的树桩盆景形式

树山式盆景是以复杂、曲折、变化、苍劲古老有生命的树桩，替代其他无生命的山型材料，进行山水石结合立意构图造型配景，形成独特风格的树桩盆景作品。它的基本要求是树体硕大，前后有纵深，左右有起伏，上下有过渡照应。整体有山势起伏曲折的形态，有稳定的重心，静中有山的动势，可雄可秀，可幽可险。树枝造型以山间大树进行立意表达主题，与其他方式

的树桩枝片造型有一定差异，在自然类树桩盆景中独树一帜，树景结合较好。山是活山，能随年代增长，让人难得一见、耳目一新。

树山式盆景选材较难。树木一般通直生长，需受外力作用，人工砍伐、动物啃食、山岩阻挡等各种异常因素，经几十年上百年的反复作用，生长中畸形发育，才能形成。许多萌发力不强的树种，如松、柏、罗汉松、银杏在砍伐后不能萌发，造成枯根而死。只有萌发力强的杂木类树种，才能在反复砍伐后顽强生长，形成树疙瘩，适合做树山式盆景。而灌木或小乔木要形成复杂变化的山形，需要超长的时间，才能长大成山形。因此，树山式选材十分困难，可遇不可求。

树山式盆景整体欣赏树味不一样，不似直干、曲干、斜干等形式树味很浓，而是一种变异的树桩形式，桩味更浓，景秀于树，老态难度超常，意韵也浓。因其变异，选桩时不是人人都能看出其独特的艺术价值，许多人会弃而不用。有的制作者重其雄浑、凝重、苍劲、复杂、独特的意韵，情景天然结合较好，制作出来有群众基础，加以制作，会形成风格。实践证明，在展出时能够受到普遍的欢迎。

树山式盆景的类型可以有旱盆、水旱盆，水盆的方式与景相结合，以旱盆较为常见。与水石结合，其山更加突出，如作品"一山飞峙"，江的宽阔、山的高耸险峻、树的远影婆娑，令人心旷神怡。

树山式可以采用各类树种进行制作。速生类树种如重庆的黄葛树、湖北的对节白蜡，有相当数量的山形树桩。杂木类的赤楠、金弹子、雀梅、榆树、黄荆，甚至岩豆都有成山形的树桩。银杏的天笋、地笋也似山峰形状。其他各类树都能产生山形，在于发现利用。

树山式造型构图方法有别于从整个桩上体现大树的常规造型方法，不同于其他形式在上部出枝的清规。而是用树桩的整体表现山的景观，将桩上着生的枝条立意为山麓、山岭、山腰、山顶上生长的古老大树的远景，进行构图造型，枝立意为远景大树，进行远景处理。使用蟠扎、修剪结合培育的方法进行。其景很大，一盆之中有江河湖泊，有高山远树。江河可以水成，也可以旱成，树形则一盆之中有直干、有曲干，还有悬崖临水之树和丛林密布之树。

重庆的树山式盆景里，有金弹子形成"十里三峡栈道"，有"苍山幽谷"，有"华山天险"，有黄荆形成的"荆山吐翠"，有岩豆形成的"一山飞峙"，还有众多的赤楠山形。黄葛树是重庆的市树，相当普及。黄葛树多山形树桩，有的一棵大树可以形成若干山形。重庆盆景中，山形有一个有意或无意的制作群体，树山式将成为盆景的一个重要形式。

❧ 象形式树桩盆景 ❧

象形式盆景是用具象的树桩根或干，表达各种物体形象的树桩盆景形式之一。有人把过去花农用树枝编扎动物、花篮、屏风等树编混淆为树桩象形盆景，这是风马牛不相及的两个概念。本文称的象形盆景，是用树桩的根或树干作象形对象，是山间树之桩自然形成的，有动物、人物形象、名山大川英姿、风景小品特点的象形式树桩盆景。而非用细枝小叶编扎而成，有鼻子、有眼睛的树编。

象形树桩的形成极难，非经自然界的地壳运动，造成山体泥石垮塌下陷，砸断掩埋挤压树体，造成畸形生长，异形发育。或经人及动物的不断砍伐，啃咬蛀食。或十分独特的生长环境，才能偶然形成有具体形象的人或物体形象。经偶然的被人挖出来上市出卖，再偶然被识得者购回，将其精心养活，造就成为一盆象形式树桩盆景，实属极端难得。

象形式树桩盆景存世量也不少，著名的有"凤舞"、"匹夫有责"等已发表的作品。获奖的有"凤舞"、"狮吼"。渝派盆景中有十二生肖的象形树桩，另有惟妙惟肖的人物、动物、山川若干。如"不屈的少女"跪姿逼真，双腿分割线条自然而优美，三围俱佳，整体形象颇具魅力，极似海的女儿的形象，只可惜被人盗去了美丽的头，所以又名"被盗去头的海的女儿"。"金猴奋起"一顽猴张脚舞爪，躺在石上，猴石具象逼真，形成难度极大。"龙眺嘉陵"龙头部探出水面，窥视美妙的人间，龙鼻、龙嘴、龙腮、龙眼、龙角具象逼真。金弹子这一树种中，象形树桩较为多见。

象形盆景的树桩要求体态稍大，以小型30厘米以上、大则一人能连盆移动为佳。象形的程度以具象为好，抽象与具象相结合。过于抽象，一般人不承认，但经指点，融进文化传说与想象力，人们能够承认理解为好。具象的象形树桩一般人能自已看出来，或稍加提示即可看出来，得到承认，发挥出它的艺术表现力。

象形盆景需要在形似与神似上相结合，强化造型立意构图效果，形似不离神似，神似更要形似，神形兼备，克服似是而非，努力发掘象形题材的内涵，以免沦为猎奇，庸俗其美学价值。象形

■ 象形式是用抽象具象结合的树根或干枝，表达各种物象与内涵的树桩盆景形式

人们多感受到的是大自然的鬼斧神工、形态的奇特、线条的变化，象形盆景是形象自然造型艺术，是大自然的杰作，变化奇异复杂，丰姿多彩，形象逼真，具有生命。它也能由形到神看到神韵，由形象发掘出意境。由形似上升到神似，是深化象形盆景制作的路子。"不屈的少女"即由代表真善美的少女，引申为与假丑恶搏斗、宁为玉碎不为瓦全的意境。

一盆好的象形盆景，立意可以有多种变化，如"不屈的少女"，还可用民间传说的题材，表现江妇望夫回归，望白了头而不见夫归的传说，体现中国劳动妇女的忠贞道德传统。用外国童话与现实相结合，改作成水旱盆景，成为"被盗去头的海的女儿"。由此可见，象形盆景命名与题材发掘的重要性。

象形盆景以突出形神为主，枝片造型必须为形象服务，不离盆景造型的传统。方式宜剪则剪，宜扎则扎，剪扎结合，注重培育，使其生命兴旺延续。

～ 水旱式树桩盆景 ～

水旱盆景是树桩盆景形式之一，有水有旱，树必须与水、石结合，形成地貌，构图成景的一种制作方式。

水旱盆景，水在其中有两种意义，是代表江河、湖海、溪流、水塘的赏水，也可以是向盆内植物生长供水的源水。石首先是岩石坡崖的代表，起赏的作用，也是盆中水旱的分界线，起部分或全部盆的作用，还可通过其缝隙向盆中供水。树则是景中有生命的主体，用优美的姿和意与水石盆配合成景，产生诗情画意，成为一种艺术品。

水旱盆景现在发展较快，较受盆景制作者的喜爱，投入制作较多。它突出树桩与水、石、景的结合，风格清新，应用题材较广，大可反映江海，次可为湖泊，退之可反映乡村田边溪流、小塘。水旱盆景选材可宽可严，树石水盆结合，突出的是地貌，讲究浅而大的盆，选树不是很严，重在布局构图成景上，成景较大，多为远景。许多人都可制作，便于养护，有利普及。

水旱盆景成景较大，可山可水，树在其中，可主可从，布置摆件尤佳。水寨、船、人物、房屋、水陆中的动物，一座城市也可用远景处理布于岸边，如贺淦荪"海风吹拂五千年"。人的心理活动也可表现出来。应用的题材宽广，有广泛的群众基础，能用景牵起人们乡思万缕，野趣千种，是人们久居城市，足不出户，回归大自然的直接媒体。最适宜普及和进入市场。

有人在杂志上提出，水旱盆景是盆景发展的方向之一，但须解决日常养护问题。在本书"水旱树石盆景养护办法"一节中，提出了解决其日常养护的几种方法。有用江河之中的赏水渗入土中的渗灌法，这是既欣赏又浇水的最简单的处理方法。大盆还

■ 水旱式是用水石增强地貌与树桩构景的树桩盆景形式

可与滴灌相结合，小盆一般渗灌即能解决，不行或有顾虑者，可用滴灌相结合的办法。渗灌的水缝留足以后，只需向盆中水域加入一勺赏水，即可满足生长需要。看似很难的保养问题，经此方法一简化，就省了事。还可将无臭味的化肥、腐熟过滤后的有机肥加入其中，施肥浇灌一齐解决。这几种保养方法的提出，什么困难的形式或成景方法，如砚式、景盆法甚至挂壁式，都可解决养护问题，不至让养护成为束缚人们创新的桎梏。

　　水旱盆景用盆极浅但宽大，与树、石、水配合成景的比例与透视关系极好。一般作远景处理，不同于旱盆的多近景处理方式。通常使用较固定的汉白玉盆，是盆景制作者对用盆认识最统一的盆种。用盆虽浅但宽大，实际容土数量就不会少。通常水旱盆景所用树桩枝条稀疏叶较少，叶土的比例不小，同体积的土在浅而宽的条件下，土浅空气多，土广根系走得远，对树桩的生长更加有利。尤其是与水配合较好，可以很好地干透浇透，便于掌握，炼树又炼根。

　　水旱盆景还能很好地与别的树桩形式相结合，如水旱丛林、水旱斜干临水式、水旱风动式、水旱景盆式等，更加增添其变化，使树桩分类趋于复杂化。

　　水旱盆景打破了传统以树桩为主，重桩不重景的表现方式。盆上立意，使盆上有景，盆与树、石、水完美结合，成为制作者、群众都喜闻乐见的方式。水旱盆景因树作远景处理，对树的选择不同，注重树干的形状走势，枝片造型也以姿态为主，做功可粗可细，粗细结合，拓宽选材范围。对石应选择有好的形状的坡岸脚石，有圆弧形内侧弯和较平的底部，否则需一定的加工。

　　水旱盆景在现代盆景的沿革中，川派应用较早和多，用疏树式，重桩的难度。扬州的赵庆泉引入了配置丛林式，使选材更广泛，制作成功了系列作品。湖北的贺淦荪引入了风动式、景盆法，与水旱盆有机结合，形成了新的风格与派别，深化了水旱盆景的表达方式。河南的王选民引入了柽柳，使地方风格与树种多样化与水旱盆景相结合。重庆重景又重树，应用古老有姿的桩做水旱盆景，有人还采用了大型桩头与水旱盆相结合，形成了大型超大型水旱盆景。全国各地踊跃制作，丰富了水旱盆景的表现形式，是值得提倡的一种形式。

水旱盆景，存在重景不重树、重树不重桩的倾向，应用的桩普遍难度不够，体态不大，复杂且缺变化，有待进一步提高。

附石式树桩盆景

1.**什么是附石式盆景？** 附石式是将树附着于石上，石树生存关系密切，以树为主、石为辅，树有姿势、有体态、树石共美的树桩盆景形式。

附石式必须使树依附于石，相依而生而不能相伴而生。另有借助附石的外形，靠盆中泥土为生的伴石、倚石式，虽有附石的形象，但不是严格的附石式。如将其归类于附石式，只能将附石的内涵扩大至外延，包容倚石式为附石。狭义的附石式，能够用石上或石内的泥土供养，石即可为盆，需要时可将其单独陈设。广义的附石式则树石相伴，石为附属之山意，树不依赖石而生存，靠盆中之土供养，离不开盆。

2.**附石式的造型特点。** 石树相依自然界中大量存在，黄山的双龙松、云南的树包塔和塔包树即为典型。它的审美特点是远景高耸，树石相依，突出树山二位一体，山美树形奇。树可附于山峰，也可附于山麓，还可附于山腰。山树体量要成比例，树最好不大于石（山），夸张时可等于石，一般应略小于石，求其比例严格真实。

3.**附石式的形式。** 附石式为树石结合紧密的一个专门类型，它可归于树石盆景中，现贺淦荪大师极力提倡，分类与技术上也是可行的。

经典的附石式，常见有树根生于石内的，即石包树。有根生于石外的，谓树抱石。倚石而立的应归于树石盆景。

石上之树可曲干也可斜干，还可成悬崖式，双干多干较少见到。无论各式，都需处理成为远景式，近景经不起推敲。附石之树多在山峰之上，山坳上也不少，山麓较为少见。

附石中以根抱石树形有姿者为贵。本人见过一"附树式"40厘米×18厘米的硬石，附着于对节白蜡树身基部，十分奇特壮观，很有难度。

4.**附石式的养护。** 附石式观赏性强，养护较专业，采用好的方法，可化难为易。

能移动的附石盆景，生长期可浸于水肥混合液中，置于阳光下全晒，促使生长机理强健，实为浸灌。

■ 附石式是树桩附着生长于石上，树石景一体的树桩盆景形式

不能移动者采用滴灌，水分充足，生长季节可育出强势根、枝、叶，提高其生存适应能力。软石可自己吸水，养护比较方便。需要时可将其移到阴处、阳处，以利养护及生长。

培养期可用大的养盆，堆土高培石上之树。也可用多土低培法，石放于盆中土上，让根由石上往盆土中发展，吸收大量的养分，帮助快速形成附石效果。下面养分足，石上根暴露于阳光空气中，会使根形更苍老，附石效果好。土中之根成型后可留可截，根据需要处理，截后多剪附枝，可保成活。

附石式树桩盆景的效果好，树的意味浓，山的配合自然，加强水意、旱意、山意变化，可出好作品，市场比较欢迎。

风动式树桩盆景

风动式树桩是以自然中，山垭海岸风口上，狂风吹动树枝，产生定向摇动或生长的原型为蓝本，通过人的艺术加工，将其变为艺术风格，移植应用到树桩盆景上来的。自然的风动式能转移到盆景中来，是制作者留心观察自然、外师造化、内得心源的结果。

风动式树桩动感强烈、节奏奔放，捕捉住了狂风中树枝树干的瞬间状态，将其运用到树桩的造型上来，给人以与狂风抗争搏斗的深刻印象，让人感到力量、感到斗争、感到胜利的希望。

风有大小强弱，风动式树桩也有各种动式，有狂动与微动，大风起枝飞扬，小风中枝飘荡，自然而又协调，让人领会到艺术作品的感染力。

贺淦荪教授是应用风动式最成功的创作者，其代表作"风在吼"、"海风吹拂五千年"等系列作品，产生了良好的动式节奏和效果，有创新意义，有成式的趋势，对当今盆景影响较大，值得提倡。

■ 风动式将风动的效果由主次枝来表现，在主枝与次枝处理关系上较有特点的形式

树桩盆景要创新，风动式是创新意义最强的方式，目前无出其右者。砚式有新意有景，但其创新的价值和意义不及风动式。风动式与景盆法结合，讲究选桩，有不少好作品支撑，发展较快，不愧是枝条造型有创新、有风格的树桩盆景形式。

风动式有较强的湖北地方风格，现已推向全国。风动式宜用落叶树制作，叶落以后，才能产生很久的最佳观赏效果。平时枝条被叶覆盖，风动效果不明显，采用脱衣观骨，可人工创造最佳观赏风动的效果。风动式是远景式造型的树桩盆景，注重写意效果。

树石式树桩盆景

树石式盆景树石水相结合，表现自然风貌，有树有石有水，画面丰富生动，还可灵活应用各种摆件，出景出意，易与生活相联系。树石式成景优美，景大景多，诗情画意浓，姿韵意结合好，较有中国盆景的传统特色。

树石式盆景多以树为主体，石水客配。树以曲斜丛林为多，石以硬石为主。汉白玉浅水盆为经典盆，有长方、椭圆形的变化。布景取远景，偏重式较多，半旱半水，也可全旱，也可全水，成水围孤岛式。景深的表现在水旱树石式中应用普遍，平远、高

■ 树石式是树石结合、互相依存、共为看点的树桩盆景分类形式

远、深远都有，是重要的表现手法。树石式盆景概念较广泛。

水旱树石式盆景应用树桩选桩要加强，采用较好的树桩制成作品效果更好。

砚式盆景

砚式盆景以砚形片石作盆，植桩其上，赋以有韵味的美名，成为盆景的创新形式。砚式盆景风格清新，桩盆景融为一体，成景有山、有树、有地、有貌，注重景的构造，没有明显的盆的痕迹，似为无盆，实则有盆。唯其盆的处理较新颖，有风格，是有创新的盆景形式。

制作砚式盆景，需选择好代盆的石。以较宽大的薄片石，四周有自然风化形态，中间凹形较好。中部凹形可人工处理，以利种树及其养护。凹部可扩展一部分在石面上，作存水小塘，水肥可由此渗入土内，起到养护方便的作用。选石必须坚硬整块，才能承受树泥的重量，便于搬动运输。搬运有困难的石材，可加木或其他材质的衬板，保证其安全，还可起配套板几的装饰作用。

砚式盆景对桩的选材较广，但以低矮、枝条四歧分布、侧重一端走势的较好。直

■ 砚式盆景以石作盆，是景生盆上衬托树桩的盆景分
类形式

干、曲干、斜干、一本多干、配植丛林均可，还可与其他异形桩头配置，更能增添其气氛。尤以与意境、传说、典故结合较好而取胜。

砚式盆景如能与景盆法结合，加以改进，其势更佳。贺淦荪的"骏马·秋风·塞北"即是砚式与景盆法的结合成景的，景的韵味更浓厚，树的栽植处理方式更多，而且有利于日常养护。

砚式盆景要选好素材，用小中能见大的中小型桩头制作，将桩的难度突出，其景更雅，更有品位和耐看，大有发展前景，值得提倡。

复合式树桩盆景

树桩现有的分类形式反映了树干的各种基本审美方式，但有的树桩用一种或两种分类方式还不足以反映出它的准确分类归属，必须用两种或两种以上的复式分类法，才能表达准确完整。我购得一桩，首先它的主体是一本多干丛林式，但又用桩的体态硕大与其散点分布的干形成了山形，用枝形成了山上之树，可为树山式。左面的客体远山或远树与主体山树由一粗壮的根部相连，形成了过桥式。此桩两面都美，具有山意，还可为多面式盆景。该桩景深较大，有前景之树与远景之树，有前景之山和远景之山，有主山有客山，极富景深的意义，所曰景深式。如此之桩，用哪一式来表达，都不能反映其全貌，称丛林复合式较为准确。

复合式是原有的书中所没有的一种形式，也许有保守思想的人不能接受，听了会嗤之以鼻。但创新是一种潮流，也是实践或实物向理论所要求的。它可来自于实物，也可来自于理论。可以先有实物，后

■ 复合式是具有两种以上分类形式相结合的树桩盆景分
类形式。此图是有过桥、附石、树山、双干、水旱多
式复合的示例作品

有理论，也可先有理论，后有实物。关键在于理论与实物的结合，也在于理论经得起实践的检验，现在没有将来会有。复合式实物的出现，向原有盆艺理论提出了要求，复合式树桩盆景需找到它的存在位置。

异形式树桩盆景

树桩盆景的形式已有较固定的划分，新的形式随盆景事业的发展，随实物增多而不断出现，如风吹式、古榕式、树石式、大树式等。但就在它这些分类格式外，还有许多姿态奇特，变化极大，一部或大部很有看头的树桩材料，被人们应用于树桩盆景的制作中。暂时无约定俗成的盆景形式的统一称谓，实践中人们将其称为异形桩头盆景。

常见的异形树桩有树山式，如"剑门天下雄"，以树干、树根代替山的形状，山为活山，山上以枝代远景大树。有疙瘩式，如"一山飞峙大江边"，树根形成疙瘩，寓意为山形。象形式如"江龙出海"，由树桩的具象与意象形成非枝叶编织之象形式的含义。怪干式，枝干虬曲飞舞，形式自由，可单干、双干，还可多干。现已有象形式、疙瘩式的格式成立，树山式也有独立成式的趋势，其外仍有大量怪异的自然桩材，姿态千变万化，个体数量少，不能归入某一式，异形也许会成为树桩盆景的一个重要形式。民间已有不少实物，当数量一定时，自然会诞生一个合理的名称来规范，这是盆景发展的客观要求和规律。

异形树桩姿态丰富，变化极大，独特奇异，常常能一鸣惊人，受人欢迎。如小叶榕盆景"匹夫有责"，利用了非格式化较难采用甚至丢弃的树桩资源。云头雨脚也是不合常规的树形，头大干小，冠之以云头雨脚，则可用之形成一格。不受常规形式的约束，适合现代社会人们求新求变的个性发展的需要。

异形盆景因材施艺，造型根据树桩的形态进行变化，要符合盆景技艺的基本要求，同时按立意配合造型，能出意境、姿态较好的作品。树山式的构景就以桩为山立意，造型以山上生长的远山大树为蓝本进行，可直可斜，

■ 异形式是指不能用常见形式分类的树桩盆景形式。如图树干造型取势异形破格

可悬可丛林，树山结合，山有生命还能生长，看后让人耳目一新。象形式则根据形象立意，如"生死斗"用鸟与蛇的搏斗构成，鸟是桩的原型，蛇则按立意进行造型，表达动物之间激烈搏斗，你死我活的动态场面。"龙眺嘉陵"造型则突出龙的胡须和龙角，从形象上强化龙的王者形象。

异形盆景能因材赋意，能结合中国传统文化、民间传说、典故、故事，结合自然景物、动物、人物立意，因而能赋予较深的思想内容，表达作者的思想情感。作者选桩时对树形的发现，审美，造型构图上盆，能发挥制作者个人的创造性，得以体现独特的个性。

异形盆景包括的内容比较广泛，没有概念上的限制，在于人们对树桩意境的发现和发掘出来。能有效利用自然资源，值得提倡。

树桩盆景宜提倡的类型

树桩盆景的形式种类很多，而且有不少创新类型在诞生发展。风动式、砚式就是有创新的形式，在众多的形式中有不少佼佼者，具有难度大、观赏性强、形态奇异、时间超长、变化极大、蕴含更深的特点。如树山式、丛林式、悬崖式、附石式、树石式、风动式、砚式、大树式、临水式等。这些类型，更受人们的欢迎，值得在桩源开发、利用、选择、生产、制作中大力提倡。尤其是在野外选桩注意选择这类桩制作，审桩过程中，不要轻易改桩，将有价值的桩，改为平庸的桩。生产中注意多生产此类型桩。

这几类树桩野外自然形成较少，审得以后，要用较大的耐心，更多的技艺，更多的投入，将其制作出来，才能充分发挥它的欣赏作用、增值作用、收藏作用、传世作用。

有创新的树桩盆景

盆景要创新，盆景也难创新，但有创新意义和形式的树桩盆景并得到公认的也不少。风动式、砚式、景盆法，是创新的形式，并受到公认。

水旱式成景丰富，景大、景深，在一些人眼里是有创新意义的树石水结合的形式。但水旱盆景在历史上早就存在，古诗已有记录，只是过去因各种原因不够普及，赵庆泉先生将其推广应用，是推广最力的先驱者。

成景方式上，砚式、景盆法具有较完全的创新形式。将盆与景完美、自然地结合在一起，盆上有景，景生盆上，与树结合，有较强的表现能力。在实践中既受一般群众的欢迎，也受专业人士的好评。砚式在成景方式上有大力推广的应用价值。树种利用方式上的创新，有天山圆柏、小菊造型等。用树种创新，难度不大，但将技术创新

▣ 取势用桩有新意

▣ 造型走势有新意

与树种创新结合起来，则有一定的新意。如嫁接法脱胎换种，能扩大优良树种利用范围，形成广阔的资源利用方式，不能说它在技术上没有创新意义，它的较早利用是在桃上嫁接梅、在山松上嫁接五针松。

风动式是在枝上造型的创新，打破了枝在树干上两侧分布的传统构图方式，将自然力作用与生命的抗争适应，表现得淋漓酣畅，令人振奋。

树枝树干的造型方式上的创新，需要很长的时间才能将创新思维表达出来。例如透叶观骨有了明确的造型方法，要将其制作成功表达出来，需若干年的时间才能达到，少则七八年，多则几十年。极化造型方式，是在干和枝上进行有计划的创新，需要的时间更长，才能将其创新表现出来，得到大家的公认。

树山式也有一定的创新，其新表现在造型和成景方式上。树山式将树表达为山，将枝作为山上的大树进行造型，改桩为山，改枝为树，改上部出枝为整体出枝，增强了透视立体景深感，有别于其他形式的表现方法。树桩写意代山，作远景处理，有别于中近景的处理，改变了桩的树意味成为山味。山顶、山麓、山腰都可布树，山前山后也可酌情处理布树，构成近景与远景树表达出景深。一山中树可有直干、斜干、曲干、悬崖、扭旋、风动、丛林等多种形式的表现，成为树形与枝形的博物馆。

欣赏方式上也有创新，脱衣观骨换景，是欣赏方式上的一种创新，透叶观骨、叶骨共观既是欣赏方式上的创新，也是造型方法上的创新。

～ 🍃 树桩盆景的规格类型 🍃 ～

日常中，人们对艺术品没有标准的规格概念，只有应用的规格概念，大、中、小、微型，代表了其规格上的概念。但在交流评比中不方便。交流的频繁，盆景的具体规格便产生出来，中国风景园林学会花卉盆景分会为盆景展览制定了比较科学的规格划分，将其量化，具有了可操作性，有利盆艺的交流、评比活动。内容如下：

树桩盆景（按树冠高度分）：

(1)大型：81～150厘米；

(2)中型：41～80厘米；

(3)小型：11～40厘米；

(4)微型：10厘米以下。

山水盆景（按盆径分）：

(1)大型：101～150厘米；

(2)中型：41～100厘米；

(3)小型：11～40厘米；

(4)微型：10厘米以下。

盆景规格量化后，有评比、交流上的实用意义，对制作也有指导意义。但人们不应在规格上刻意做文章，也不要让规格限制作品，而应让作品有充分的自由，去适应规格，而不应被规格牵着鼻子走。

微型树桩盆景

微型树桩盆景是树桩盆景的一个规格类别，盆长在10厘米以下，具有树桩盆景的各种特点，根、干、枝、叶俱全，直、曲、奇、古皆备。

微型盆景体态小可置于掌上把玩，特别适合单独陈设于室内与人相伴，体小不需太多空间，写字台、茶几上随处可放，机动灵活移动方便，妇幼老弱皆宜。集中陈设于博古架上，效果更佳。成套汇集，直干、曲干、悬崖丛林等组合，更能表现出树桩盆景形式美。

微型树桩体态小，取材较为容易，加工比较方便，制作更应精细，以姿态美、取势奇、技艺深、长势好为佳，才有微型上的树味与桩味。

微型盆小泥土少，夏季易干燥，养护最困难。可入室养护，减少蒸发量，边养边赏，赏养结合。室外可沙埋，也可置于水盆浸水养护，减少工作量，保证成活，甚至长势更好。

■微型盆景

4 盆景流派与地方风格

PENJING LIUPAI YU DIFANG FENGGE

❧ 盆景流派产生的条件 ❧

中国盆景有众多的新老流派或风格类型，现代新的流派或风格不断产生。盆景流派的产生有重要的意义，它是盆景表现形式上的突破，尽管树桩盆景的表现形式有许多种类，但所能表现的内容及方式还有发展的空间，新的类型还能产生，也需要产生，才能不断推动树桩盆景的发展，实现它的普及和提高，满足人们物质文化生活的需要。人们物质文化生活的提高，也会向盆景提出这一要求。

盆景流派产生的条件有多种。传统的古典格律式树桩盆景，是受地域文化、人的自我条件、物产资源、应用材料、自然风貌影响。传统技艺格式对树桩盆景影响较大，许多人墨守成规，重继承不重创新，是流派长期只流不创的原因，与社会物质文化发展缓慢也有关系。有的人思想活跃，受传统的影响但又能挣脱束缚看盆景，将个人的丰富经历、感情色彩、文化素养表现在对传统树桩的改进发展上，有师法自然、内得心源的创新精神，打破传统造型的限制，创造性表现树木自然形态的多样性和典型性。实现了技术风格、用材造型、成景方式的创新，受到人们的肯定和追随。

盆景历史上从来就不是一成不变的，它自身也需要发展变化，越来越能以形象表达树木的神韵，表达人的技艺，也表达人的内心世界的感情。艺术要百花齐放，各种风格并存，还要推陈出新，不断发展，才有生命力。

个人的作用在盆景进步上有重要的意义，流派的形成与流派带头人的突出作用相联系，个人创新，群体跟上，是形成流派或风格的形式。树桩盆景的创新流派，表现在材料的应用上、造型的方式上以及成景的表现上。只要人们勤奋努力，注重实践，肯下工夫，盆景的新风格、新流派是可以产生的。

❧ 苏派树桩盆景 ❧

苏派盆景以苏州为代表，包含苏南等地的盆景风格。苏派盆景历史悠久，名家辈出，在国内外影响较大。得天时地利人和物丰的有利条件，受历史文化、文人墨客、地理条件影响很大。现代其有影响的代表人物有周瘦鹃、朱子安。代表树种有榔榆、雀梅、三角枫、梅、石榴等。苏派代表作品在国内外有较好的影响。

苏州的传统树桩盆景形式为"六台三托一顶"。树干直立弯曲，左右互生六个圆片，称"六台"，向后伸出三片称"三托"，顶上结顶一片称"一顶"，共十片曰"十全十美"，程式严谨，不能多一片少一片。

苏派树桩以小苗用棕丝蟠扎主干和枝片，形成粗扎细剪以剪为主、以扎为辅的整形方法，起片自然，逐片修剪，成片干净利索，成型后枝片成半环形，全树枝片疏密

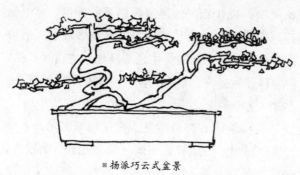

有致，错落有序，有古老大树的气势。老干虬枝，清秀古雅。苏派盆景陈设讲究一景、二盆、三几架，大型规律式树桩成对陈设。

现代苏派盆景继承传统，在自然类上有所发展，树桩讲究好品种与古桩结合，重技艺，重培育，作品丰富，有较强的实力。

■ 扬派巧云式盆景

❧ 扬派树桩盆景 ❧

扬派盆景是以扬州命名，包括附近的一些地方，是苏北地区盆景的代表。扬派盆景历史悠久，相传始于唐，元明时期用扎片的造型手法，到清朝时盛行。郑板桥的画中就有扬派风格盆景作品。扬派经过历代人对盆景技艺的推动发展，使扬派盆景形式独特，风格别致，树形清秀，其传统形式较好地保存了下来。

扬派树桩盆景形式以台式、巧云式为主，另有疙瘩式、提篮式、过桥式等。枝片造型扬派以云片最具特色。根据枝无寸直的绘画理论，将枝加工成蛇形枝，密至一寸三弯的程度。扎剪成极薄的云片状，树叶平而仰，片与片之间平行排列，有薄如纸的感慨。人谓"一寸三弯夸绝技，枝枝叶叶见精神"。云片的顶为圆片，枝片多为掌形。云片的多少根据树的高矮大小排列，1～2层为"台式"，多层称为"巧云式"。主干成螺旋状弯曲，称"游龙弯"。扬派继承人中代表人物有万觐堂、王寿山大师。

扬州现代盆景风格进步较大，以赵庆泉、林凤书为代表，重要风格为水旱式，在

盆景界起了好的影响，推动了水旱式盆景的发展。也重视其他形式、树种的盆景。

代表树种有黄杨、圆柏、松、榆、五针松、雀梅等。

徽派树桩盆景

徽派盆景发源于安徽歙县卖花鱼村，起源于唐，成熟于明清，有古老的历史。

徽派树桩盆景主要形式有游龙式、三台式、扭旋式、疙瘩式、劈干式。游龙式树干左右弯曲，弯子下大上小，宛如游龙。枝片左右交错布置于外弯上，成蛇形弯，常用于梅桩。三台式主干弯曲，枝成三片，半球形成水平圆片，高低错落分布，前俯后仰。常用于圆柏、梅。扭旋式主干作螺旋状扭曲向上，常用于桧柏、罗汉松。疙瘩式主干打结成疙瘩绕圈，在主干基部形成难度。以上各式均从小苗造型，采用棕扎法，经多年培育成型，与传统规律式有共同之处。劈干式则利用老桩加工，挖去木质部使其袒胸露腹，俗称"烂片"。

徽派盆景是古典规律类的一派，对现代地方盆景风格和人物影响较大。徽派自然类树桩有因树加工，不拘一格，师法造化，千姿百态的风格。代表树种为梅、黄山松、榆树、雀梅等。其现代自然类树桩盆景代表人物有宋钟玲、仲济南等。

川派树桩盆景

川派的树桩盆景历史古老，变化丰富，注重技艺格式，讲究根、干、枝、叶、花、果齐美，尤以根悬露、枝有骨、时间长、功力深为上品。以传统规律类与自然类树桩见长，现存的人工规律类古桩可上溯至元明时期，达800年历史。

规律类古典树桩严格讲究格律，一弯、二拐、三回、四出、五镇顶，出根照顶，大小方向变化严格，不合格者不入流。制作方式是历代人口授树传，延续至今。其技艺现在仍不见较系统的文字总结。在当地各式有盛行的地域，郫县的方拐，成都的掉拐，崇州市的三弯九道拐，都江堰市的大弯垂枝，重庆的汉文弯。制成用时超长，极难得到。重庆静观苗圃的古桩罗汉松已有520多年历史。川派规律类树桩极负盛名，有虬枝曲干古根的风姿及变化，移步景换，富功力，讲格式，注重人的作用的表达。

川派自然类，格式齐全，变化大，讲究桩老、干奇、枝片丰满、枝骨粗壮。重培育，水旱齐全，附石配合出意，露根赏骨，常绿树透叶能观骨。

川派树桩盆景以金弹子、罗汉松、银杏、六月雪、海棠、杜鹃、黄葛树、紫薇为主导树种，另有柏树、黄荆、檵木、火棘等。民间及专业户中存世不少，不乏优秀树桩，未及宣扬出来。

岭南树桩盆景

岭南盆景以广州为中心，形成于20世纪30年代。其地处五岭以南，故称岭南。属于热带、亚热带气候，冬无严寒之霜冻冰雪，夏季昼夜温差大，白天高温，晚上凉爽，光照充足，雨量充沛，土壤肥沃，十分适宜植物的生长。野外树木资源较多，生长比较迅速，具有形成岭南盆景风格的天时地利条件。广州地处沿海，受海外和内地传统盆景的影响比较大，能博采各派所长，结合自己树种的特点而形成了有地方风格的岭南盆景。其代表人物中，以孔泰初、陈素仁、陆学明为代表，能创造出新的盆景风格，推动当地盆景事业的发展，形成了实力雄厚的创作群体。其继承者能将风格发扬光大。有天时地利人和，岭南风格就得到长足发展，对各地盆景技艺影响很大。

岭南树桩盆景的艺术风格，博采众长与本地树种气候相结合，师法自然，注重变化和创新，章法严谨，讲四季变化，动感传神，近景描绘远景配合，时间效应强烈，树的结构完整，过渡自然。它的截枝蓄干、脱衣换景最能代表。其树多不古，其技术处理多能传其雄古。树枝造型用近景处理方式较多，主枝用扎，小枝用剪，以剪为主，以扎为辅，注重培育。修剪的时间、方法、角度尤其讲究，必得一级主枝形成后，才作下级枝的处理。截枝蓄干，以蓄为主，截是方法，截蓄互相结合。岭南几种落叶树种，冬季叶落以后，修剪极为方便，去留之枝主长次短，一目了然。自然与人工相结合，时间长了，产生了截枝蓄干的造型方法。脱衣换景，冬季观骨，近景处理，修剪严谨，都是按规律培育形成，又经人为利用产生的好方法。岭南盆景与其气候相结合，人们将其可以利用的美利用到家了。它的手法，能突出树的古、大，突出人工技艺，突出时间效应。

艺术上，它既体现古树的刚健深厚的雄风，也讲究潇洒飘逸、清高脱俗，自然而真实。外形在枝上下工夫较多，内涵在意上着力，耐人寻味。尤以素仁的盆景，有"功夫在盆外"的说法。在落叶树用于观骨上，拓展了落叶树的观赏范围，为落叶树的利用，开了先河。落叶树叶落以后枝无叶遮掩，必须交待清楚，重点利用，才能达到较高的水准。

其主枝的代表有大飘枝，细枝的代表为鹿角枝、鸡爪枝。讲究曲节、角度、分级、过渡。其代表树形有文人树、木棉形、大树形、水映式、古榕形。其代表树种有九里香、福建茶、榆、雀梅，另有不少新树种，如山橘、木棉等。

岭南盆景风格刘仲明先生总结为：近树造型，精益求"真"，因树造型，天人合一，塑造个性，师承画理，深入造化，利用技法，塑造神韵，脱衣换景，一展三变，注重创新。

海派树桩盆景

海派树桩盆景在传统历史流派中形成时间较晚，上海邻近苏、浙、皖，受其盆景风格影响较大，日本、岭南、川派对海派风格形成也有影响。因而海派博取众长，起点较高，造型剪扎并用，以剪为主，以扎为辅。用金属丝造型较各派早。

海派盆景风格崇尚自然，形式丰富自由，枝叶分布不拘格律，树姿浑厚苍劲，大小型齐备，微型盆景发达。

海派盆景树种较多，主要有五针松、黑松、罗汉松、真柏、胡颓子、火棘、金雀、枸骨等。

海派盆景也有规律类树桩，以五针松、罗汉松制作。树干直立，枝叶四面分布，层次分明，前后左右各自开面，称"立体式"，以大型为主，但较少露面。

海派代表人物有殷子敏、山冬林、胡运骅、胡荣庆、邵海忠、汪彝鼎等。

浙派树桩盆景

浙派树桩盆景历史悠久，浙江余姚河姆渡文化遗址中发现两块陶片中，画有两长方形陶盆，盆内各栽一株万年青，生机盎然。长方形盆是盆景用盆的重要用盆方式，它能界定观赏方向，这是我国目前发现最早的盆景雏形，距今已有 7000 年历史，已经得到以日本国为代表的世界盆景界的承认。南宋状元浙江乐清人王十朋写的《岩松记》有："野人有以岩松致梅溪者，异质丛生，根于拳石，茂焉非孤，森焉非乔，柏叶桧身而松气象，藏参天复地于盈握之中"。此文记载的盆景已达成熟复杂的形式，松为盆景树种之首，难栽活难驯服，又为附石式，且非单干，成丛生状态，应为现在的丛林附石的复合式。其生长势茂，高而有度，树形的控制已达较佳形态。柏叶桧身松气象，在枝叶的控制上已达良好的境界。此盆景不论是天然形成或人工制作，都表明历史上浙江盆景的辉煌，当然也是中国盆景的辉煌。

浙江盆景把松列为盆树之首，历史上曾有天目松等记载。传统的造型方式有独干式、合栽式、丛林式，且树干较高。

浙江自然类树桩盆景以潘仲连、胡乐国为代表，注重松柏造型成景，"线条流畅、简洁、明快，富有力感和刚性美，"做到"以刚为主，以柔为辅，刚柔相济"，有较强的时代精神。且有造型上较为独特的个性表现，松树以高干合栽型为基调，讲力度重动态，对树的阳刚奔放、雄健潇洒表达较自然，加工痕迹少。枝的处理讲力量，硬角弧角并用，用角度体现力量，长短枝并用，用粗枝表达力量。线条用直曲结合势取逆顺。在树种的区别上，因树而异，松类取直干，柏类重扭旋，阳刚曲柔、逆顺并重。

浙派树种有五针松、黑松、刺柏、圆柏、榔榆、雀梅、罗汉松等。

湖北树桩盆景

湖北盆景是树桩盆景中的后起之秀，得楚地文化和资源的养育，诞生了一批树桩盆景制作佼佼者，出了不少有影响的作品，后续力量强，有后来居上的力量。

湖北盆景得益于对节白蜡等资源的发现，掀起了开挖制作的群众盆景艺术活动。对节白蜡和中华蚊母是支撑湖北盆景的乡土树种，资源丰富，桩形好，成型快，易养护，有利于造型应用和观赏，能快速成为各种技艺表达的载体。

湖北虽为后起之秀，但重视树桩盆景的开发，正确引导，实现了商业化与艺术相结合的路子，是促使湖北盆景进步的力量。

湖北盆景技艺上兼收并蓄各派盆景的优势，落叶树截枝蓄干与枝片相结合，扎与剪相结合，个性风格强烈，有技术创新。风动式是树桩盆景创新价值最大的形式。

湖北盆景拥有德才兼备的带头人，贺淦苏大师的实践与理论相结合，互相促进，形成了树石盆景、景盆法、风动式的新风格，在成景和造型上有突破，并有演变为流派的趋势。

湖北盆景的作品在国内外影响较大，"我们走在大路上"、"风在吼"、"海风吹拂五千年"、"骄杨颂"等，引起了广泛的关注，成为湖北树桩盆景的技艺代表。

湖北盆景风格正在按"自然的神韵，活泼的节奏，飞扬的动式，写意的效果"发展。

港台盆栽盆景

港台地区都重视盆景的制作应用，但特点各有不同，香港盆景受国内影响较多，尤其是岭南地方风格对其影响很大，其技艺风格有中国盆景的文化传统，枝片造型清瘦，注重技艺与文化的结合，取势布景接近大陆地区，有中国盆景的根蒂。香港盆景缺乏充足的自然资源，是盆景发展的限制性，必须注重引进和自己培育。香港盆景有经济基础支撑，喜爱者众，每年举办盆景展览，发展前景好。

我国台湾盆栽受日本盆栽影响较大，早年日本人在台湾传授盆栽技艺，出售盆栽。台湾盆栽在日本盆栽影响下发展起来，而非我国盆景的根源。其技艺风格、名称、树种，无不烙下日本盆栽的痕迹，同其所长、共其所短。

我国台湾盆栽有一定的组织，政府注重其宣传推广，有苏义吉、梁悦美等领头人物，在国外影响也大。其作品健茂古朴，培育与造型并重，注意选桩，有精品意识，也敢于以小苗做起。

台湾温度适宜，降雨充沛，冬无严寒，生长时间长，有利树桩的造型和培育。并且台湾有一定的资源，有经济基础，注重向外引进，爱好者众，有发展前景。

◆ 日本盆栽 ◆

日本盆景称为盆栽，由中国传入后，现代有飞速的发展，其盆景组织多，盆事活动多，盆艺采用现代先进技术和设施，经济实力与高科技相结合，创出了精品生产的路子，诞生了不少佳作甚至极品，受到中国盆景界的公认。甚至有人倾向认为，中国盆景不如日本盆栽。

日本盆协据称遍及全国，大大小小的盆栽团体有 3000 多个，各级盆协经常举办盆栽展览艺术磋商会、盆栽演讲会、盆栽品评会、盆栽交换会。盆栽群众基础好，普及率高，学术交流活跃。全国的高水平活动每年有 4 种：1 月的"日本盆栽作品展"，2 月的"日本盆栽国风展"，4 月的"世界盆栽水石展"，12 月的"日本盆栽大观"，这是日本盆栽飞速发展的手段。"世界盆栽友好联盟"成立也因此设址日本，日本盆栽风格技术推广发展到了国际上，极大地扩大了日本盆栽在世界上的影响，并且巩固了其地位。以前海外世人只知日本盆栽，不知中国是盆景的创始国，更不知中国的各种风格流派、意境、命名、布石配水、露根等表现手法。盆景在世界的普及，日本盆景界功不可没。

日本盆栽与其国力及先进技术相结合，受到很大益处。环境设计配套合理，可以有先进的凉棚温室，冬暖的温室能保证树桩的正常生长，先进的阳棚设备，有利树桩的夏季生长。光、温控制为盆树提供适宜的生长条件，是产生丰厚健壮枝条叶片的保证。浇水采用喷水、滴灌、浇灌相结合，工艺先进，能保证水分供应。精品盆栽存放条件好，有庭院、草地、树荫、室内，有宽敞明亮通风的环境。有现代化的工具、配料、药物，配方合理，购买使用方便，形成了系列化服务方式，对提高盆栽水平有极大的推动力。

日本盆栽以个人领纲，诞生了一批国际名人，也出了一些"登龙之舞"类的世界一流作品。较著名的有木村正彦、小林国雄、小松正夫、竹山浩等。

日本盆栽以松柏见长，松类主要品种有五针松、黑松、杜松、虾夷松、赤松、锦松。另有罗汉松科的罗汉松，杉科类的杉树。柏树以真柏、圆柏为主。杂木类有红枫、青枫、榉树、榆、银杏等。观花类有梅、石榴、紫薇、金缕梅、海棠、杜鹃、三角梅、栀子、樱花等。观果类有火棘、檀、樱桃、金豆、姬林檎、花梨、木瓜、山楂、茱萸、金弹子、落霜红等。另有草本盆栽，如芦苇、桔梗等。其植物分类以松柏、杂木、观花、观果、草本进行，与中国分类法相同。日本的松柏盆景，尤其柏树，有许多一流的树桩，为中国所罕见。观叶树桩也有好品种，如红枫、五针松，资源有特色。

盆栽的型式与中国也相同，有直干、曲干、斜干、一本多干、悬崖、文人木、根连式、筏吹、配植、附石及风吹式、露根式。唯水树石结合的水旱式少见作品。

日本盆栽树桩一部分取自山野，但由于资源极其有限，另一部分采用小苗速成培育，形成了养桩基地，初级桩由个人园艺场进行培养，供较高层次进行制作，形成了养坯制作的金字塔结构。

日本盆栽造型采用金属丝进行，中国树桩盆景的金属丝造型最早起始于上海，即是向日本人学得。

日本盆栽普遍造型工整，树干或随意弯曲，或树姿雄浑。枝干不明显，树姿多成半圆形，四周出枝较多，不太突出枝的基干，讲究工整而不太注重节奏的变化。日本盆栽的造型取势构图成景，反映了日本民族蓬勃向上、发展势头强健的进取精神。

日本盆栽不注重树与石、水、配件、意境的配合。无命名，缺少文化内涵。构景以树为主，缺少风格流派，创新较少。这是日本之所以叫盆栽，中国之所以叫盆景的根本区别。

日本学去中国盆景的表象多于内涵，重造型轻内涵，是日本盆景不足的方面。面对日本的一流作品，中国的一些爱好者自叹不如，承认它好，也应客观地评价它，全面地看待它，而不应盲目崇拜或拜倒于它。

日本盆栽的神枝、舍利干、弯曲、雕刻术，对中国盆景影响较大。

❦❧ 中外盆景的比较 ❦❧

中国盆景长期以来闭门发展，并出现过历史的停顿，缺少与海外的横向比较。盆景这一中国的国粹传到日本后，发展流传到全球，现代社会交通信息交流方便灵活，地球成了村子，海外盆景的部分资料介绍到国内后，有了中外盆景的比较。有比较才有鉴别，才知海外有哪些长处，中国盆景有哪些不足，怎样努力，才能执世界盆景之牛耳。

以日本为代表的海外盆景，通过他们对盆景的理解，与民族的文化、资源、经济、科技手段相结合，形成了一定的风格，有一定的变化和发展。

日本盆栽主干或弯曲变化大，或直立挺拔成自然树相，品种丰富，制作细腻，维护保养精细，具有蓬勃兴旺的精神。美国盆栽从杂志上见到的则敢于采用各种浪漫的表现方式，极具夸张和浪漫手法，有清新的风格。

国外有的高等级的作品，如白骨化的柏树曲干树桩，以"登龙之舞"为代表。颇具难度和功夫，树干弯曲变化无定则，树桩体态适宜有气势，枝叶扶疏，干皮旋露，着色以增加效果，成为日本树桩盆景的代表。这类作品中国比较少见，以至于据此有人悲观认为，中国树桩盆景不如外国。

国外盆栽借着一些自然、经济、科技、人的素质优势，得到长足的发展，虽有良好的表现毕竟不是原创，存在一些严重的缺点。一是根不足，如"登龙之舞"这样典型的作品，还有其他树种及优秀的作品，干与枝的粗细过渡很好，不是粗干细枝，盆中栽植在 10 年以上，以其生长态势，应该有相当好的树根可以出露，但多数无根的表达，存在结构上的相同缺点，带有普遍性。国外对根的结构地位、审美情趣缺乏较深的认识，没有达到"盆树无根如插木"的程度；二是枝片造型过于工整，缺少变化，庄重有余，动感不足；三是类型变化较少，多以直干、曲干、斜干为主，而富于诗情画意的悬崖式、附石式、根连丛林式、水旱式观骨观根类较少。这些最有韵意的形式是树桩盆景中最有表达力的精华所在，不知是介绍太少还是认识不够，作品见到的缺乏；四是材料与景结合不够，不布石，不与水结合，不与摆件结合，不能达到情景交融；五是不命名，不能有力地引导人们的欣赏，也不能表达作者的创作思路与内涵，有形似而神似不足，文化含量不足，制作与利用相结合不够；六是没有风格流派的变化，缺少百花齐放的气氛与作品。中国地大物博、人口众多、文化传统与积淀厚实，因而有多种特色的流派，呈现百花齐放的局面。海外盆景文化不够，限于盆栽的认识上，这是其严重的不足。

尽管国外盆景有不足，但其优点也足以让我们认真学习，进一步提高中国盆景的制作水平。外国盆景的优势我们不能不看不学，不能受认识上的限制，盲目高傲自大，而要取人之长，补己之短，将优势扩大，差距减小，使中国盆景继续走在世界的前列。

通过中外盆景的比较，栽培、技艺中国与之存在差距，但在结构、风格、文化上有优势。国外发展的后劲极大。中国香港的伍宜孙大师认为，美国盆栽目前处于萌芽后阶段，但以其研究之苦心与学习之毅力，加以加利福尼亚、夏威夷气候温和，土壤肥美，盆栽植物相当丰富，天时、地利、人和三者兼而有之，其进步将必一日千里。伍宜孙大师希望我国爱好盆景人士，共同负起盆景艺术发扬光大之责。世界盆景已有许多方面走到中国之前，中国唯有的盆景文化深厚的优势，也不胜具创造、夸张、浪漫的西方的冲击。中国盆景界人士不能不警醒，从根本上努力，保持盆景创始国在国际上的地位，为中国继续走在

■ 日本的古柏树盆景。树干苍古弯曲极化，树叶浓厚

世界前列献出力量。

关于重庆盆景

重庆盆景原属川派中的一支，与川派渊源甚深，风格相近。重庆成为直辖市后，原川东派的作用突起，重庆盆景有如下特点：

1. **有传统**。重庆盆景历史悠久，明朝时期即已开始生产盆景。由个人进行，基地在原江北静观。以蟠扎罗汉松、大叶黄杨、银杏、海棠、卫矛、六月雪为主。遗留下来的作品古罗汉松桩、大叶黄杨古桩，在昆明世界园艺博览会上被评为金、银奖。另有一批被外地购去。市内尚有少量上述古桩罗汉松，为典型的重庆古典风格，主干采用汉文弯，弯子较小，不似川西派的弯大，日久主干增粗，只见皱纹不见弯，形成老态。另有对口弯、翻身转、怀中抱子、四面照、马蹄拐等做法。枝片分层设盘，围绕主干成扇形。枝条采用见枝蟠枝、游走龙蛇的手法，做工精细，讲究基本功。蟠扎用棕丝，蟠中需讲究力学技巧，蟠后忌披麻戴孝，每年进行放蟠与补蟠。其造型雄伟、古朴、苍劲有力，姿态雍容典雅。只有功力深厚、坚韧不拔、吃苦耐劳、不计名利的传统中国人才能制作出来。现在他们多数人已去世，但他们留下来的古桩作品，获得了世界园艺博览会的金奖。只有树桩盆景的圈子内的人还知道刘云峰、刘家云、刘少伯、彭春林等。

2. **有优势树种及生长条件**。重庆适合做树桩盆景的材料较多，且有特色。金弹子以根干、枝叶、花果齐美著称。罗汉松苍劲有力，生命力强，成型后古朴典雅，受人喜爱。石岩杜鹃枝干虬曲，古朴露根，花艳叶好适合中小盆景。黄葛树桩体硕大，生命力强，根系好，只唯叶大。这四类为重庆地产优势树种。生命力强、寿命长，栽培适应性强，耐旱、耐湿，喜光耐阴，耐肥、耐贫瘠，少病虫害，对温度适应性强，比岭南树种耐寒，能北上南下，推广到北方无需特别的防寒措施。

3. **有资源优势**。重庆所属的山野农村及周边地区，野生资源比较丰富，金弹子遍于全境，仅个别地方没有。出产之地燃料靠此类薪材，砍伐有加，山岩阻挡泥石垮塌也多，自然塑造了较好的形象。品种资源也丰富，有金弹子、罗汉松、杜鹃、黄葛树、火棘、赤楠、檵木、岩豆、黄荆、紫薇、蚊母、南天竹、胡颓子、银杏、水杨梅等。量大形好的为金弹子、黄葛树、赤楠、火棘、杜鹃、岩豆等。另有一些不常见的杂木树种，也有较好的姿态。

资源是发展自然类树桩盆景，诞生好作品的基础和保证。尽管重庆的树桩资源已经过十来年的大量开挖，但没开挖的地方还多，仍有潜力。重庆还有许多石的资源如龟纹石、沙积石、岩浆石、钟乳石。著名的是龟纹石，纹理好，硬度高，具骨气。

4. 有市场。重庆的盆景市场过去以花木公司为龙头，在市内的校场口、观音桥、大坪、大渡口、扬家坪等地有门市。自由市场过去以鲁祖庙花市为主，被评为全国十大花市，现以江北洋河花市为主。各地有自己的小型集散市场，有江北、天星桥、南坪等花市。平常的露水市场依托一些农贸市场，散布于市内各地。另有个人爱好者个人交易的行为，以数量少、质量好、价格高为特征。重庆盆器销售过去以三峰公司与花木公司为主渠道。现在则出现了新喜陶瓷公司、汇岳公司、花木公司三足鼎立，个体零散经营的局面。谢氏新喜公司质优价低，汪氏货齐，较有规模优势和竞争力。

市场是盆景生产、销售、出作品、出人才的推动力量之一。重庆形成了挖桩人、购桩生产者，成品购买欣赏者的链条，将培育出好人才、好作品、好市场。

5. 有人才。重庆盆景人才以专业和业余两条线并驾齐驱。专业人才中，顶尖级的也有，他们有的擅长于山石，有的擅长树桩，有的山石与树桩都是强项。每届盆景展览，都能看到他们的作品，有的还能获得世界园艺博览会及全国盆景评比金奖。但由于文化程度低，较为保守，不摄影，作品宣传不够。

业余从事盆景制作的众多人中，有不少技艺水平高超者，以大渡口、江北、扬家坪、南岸、渔洞、北碚和各区市县为分布。对盆景用心钻研，理解水平较高，注重向各盆景流派学习，注重风格和创新，手中握有一些品相好的精品桩头，将来成熟，能产生有影响的作品。

6. 有风格。重庆盆景历来有自己对盆景的认识，将传统方式与现代造型相结合，形成了制作材料、方法、构景上的风格，尤以方法见长。重庆树桩盆景风格讲究观根观骨，重树桩又重景的配合，桩超过景。如水旱盆景，重庆盆景中用较难较老的树桩配置。重造型，将枝片塑造得有形有势，制造出神韵。枝条主干粗壮有力，而且走势脉络清楚，稀叶遒枝，透叶观骨，是渝派盆景树桩技法中的一个独特风格。

7. 有作品。作品有专业的、民间的、有展览露过面和未示人的，还有正在走向成熟的。存世的众多金弹子中，有一些有型有式和怪异的好桩，散布爱好者手中，其中不乏精品，是将来重庆盆景的有生力量。已经发表参展过的作品或获奖作品，也有较大的影响。山石有李子全的"独钓中原"获全国一等奖。杜鹃、大叶黄杨、罗汉松古桩获昆明世博会金奖。而众多树桩极有潜力，是重庆盆景的前驱和中坚力量。

8. 有理论。重庆的树桩盆景理论后发制人，走在了全国的最前列，有问鼎的系列理论体系，有超前的深度和广度，与实践结合紧密实用，受到广大树桩盆景爱好者的推崇。

9. 有应用。树桩山石盆景应用于公园中，布置景观增加内容，作为公众休闲欣赏和公园生产而应用，峨岭盆景园，是专业的盆景园。企业为了塑造形象，创造更好的环境，用作室外布置，使人感到良好的气氛，增强工作效率、商业效率。以神女峰宾馆、银河大酒楼、山城书市、宗申公司为代表。有的公司、商场、企业还注重室内陈放，营造优雅的工作、购物环境。市区内开始出现了少量街头盆景，有盆植也有地台土植，给行人增添了乐趣，能消除疲劳，改善城市局部形象。

家庭个人应用树桩盆景较为可见。住房改善，收入增加，有条件者应用盆景增加家庭的绿色摆设，甚至作为礼品和收藏品。条件差者，创造条件也在窗台飞地及室内摆设，能增加家庭气氛，消除疲劳，有益身心健康。

重庆盆景也有很多遗憾。缺少较多的金字塔顶尖人才。没有理论与实践相结合、有才有德的带头人。没有利用好树桩赏石资源，栽培中好桩死亡，成活的塑形不好。没有利用好自己的优势，把好作品好树种推出去。缺少盆协的牵头组织作用，活动较少，发展会员不够，经验交流不足。没有面向外面的市场，靠本地自我消化，自生自灭。它的不足也是严重的。重庆盆景圈内人正在努力，创造出有特色、有基础、面向全国海外的重庆盆景。

5 树桩的来源及选择

SHUZHUANG DE LAIYUAN JI XUANZE

盆景树桩的来源

要进行树桩盆景活动必须要有树桩。树桩的来源关系到树桩盆景的发展，无源则没有树桩盆景的存在和进行。树桩盆景爱好者特别重视开发树桩的来源。个人的树桩来源更决定每个爱好者的玩桩之路。

怎样开拓树桩的来源，其途径有4个方向，一是山野采挖；二是市场购买；三是进行改作；四是小苗或人工培育。多种盆景树桩的来源其性质与重要性各不相同，有的来源手段是索取，

■ 人工用小苗经多年培育后，改头换面制作成的杜鹃树桩盆景作品

如山采树桩；有的是开发创造，如小苗育桩；有的是利用现有资源，如用树木改做树桩盆景。有的来源手段得到的数量多，如山采树桩数量多；有的手段得到的树桩少，如改做得到数量少。有的手段得到的是重要来源，有的手段是次要来源，还有的是补充来源。有的手段得到树桩快，如购买生桩、半成品或成品；有的手段得到树桩时间慢，如小苗生产树桩极慢。

树桩盆景爱好者必须有树桩的来源，而且要特别重视开源。

树桩产生的条件

自然条件中优美树桩的形成，需要各种各样的条件，尤其是异常的条件。正常条件下，树木竖直生长，根深干长，没有用作盆景的审美价值。只有在特殊条件下，才

在风口处树枝被长期吹向一侧

"一身曲折"原桩被反复樵采，剩下的地上部分仅仅只有新发育的不到4厘米的一棵小树干。挖桩人向下深挖后得到了弯曲极化到极端的树桩

能形成弯曲、倾斜、悬挂、扭旋、挤压、膨大、根部出露等特殊形状。

种子发芽后通常是树干向上树根向下，定向生长。如果种子的胚芽向下时，会形成芽向下生长后再弯曲向上，根向上生长后再弯曲向下，这是植物的向性生长决定的，违背其生长特性，变异就可能产生。本人用金弹子种子大量出现了上类弯曲现象，后又人为的试种，反复出现此弯曲现象。种子受光照影响；根受泥土中石的阻挡及泥土变硬；干受地上物体的阻挡，都会产生各种异形发育。本人在罗汉松苗圃中，发现了大量第二年出苗的幼龄罗汉松，被遮挡后成弯曲扭旋状。如发育长大，自然成为有弯曲变化的树桩。

长于岩石中的幼树，受上面岩石的阻挡，树干弯曲，经多年生长增粗后，变成形态异常弯曲有姿的树桩。有的弯曲在树的直径长粗以后，会发生挤压，促使局部变形膨大，成为形态异常的桩头。

生于岩壁上的树，单面向阳，根向壁内生长，干向另一侧生长，会成为有动感有反向根的斜干临水式树桩。在岩缝中，石缝挤压不断长大的树根树干，树只能在石缝形成的模型中生长，石缝是什么形状，树根树干就会长成什么形状，似用模型铸煅出来一般。

山体的垮塌，凸出的泥石树木压迫小树，会使树干弯曲向下或斜向生长，或悬于壁上。树木的向性生长会使其抬头向上，形成天然的悬崖树相。

在山垭的风口上、海边河岸风径上，风的力量反复作用迫使小树弯曲，异形发育，可成弯曲变化的树姿。

人的樵采，动物的啃食破坏，树木顽强的多次生长，也会促使树桩异型发育，形成姿态变化万千的树桩。多年反复樵砍，形态会更异，观赏价值更高。

树根树枝单面强势生长，会使一侧树基树干生长加强，形成板状或棱线，也是对树的造型。

树干受外力作用生长中会形成弯曲、孔洞、疙瘩、瘤状物、愈合组织。外力作用越频繁，疙瘩、瘤状物越多，生长势强，则会越大，美感越强。

　　符合盆景审美要求的树桩的形成，有的必须从幼树才能形成，如各种弯曲、扭旋斜倾的树根树干。有的需要反复樵砍、动物破坏、地物压制才能形成，如异形发育、愈合线、舍利干、孔洞、瘤状物。共同的条件是必须生长势好，根系发达，时间超长，才能增粗成型。人工可以仿照外力条件给以刺激，在树上产生符合盆景树桩要求的各种异型形状。但人工的时间不够长，只宜作中小型树桩，在弯曲、挤压、疙瘩、愈合体、舍利干、雕凿上下工夫。

山采树桩

　　山采树桩是树桩盆景的首要来源。上山采挖树桩，要了解树源与习性，不能盲目寻找。各类树木有它适生的环境，相对应的产地。好的树桩找寻困难，可遇不可求，要多花时间耐心寻找，尤其要注意悬崖、石缝，险恶地带中常有好的树干或树根产生。

■ 有姿形韵的好桩常生长在石缝坡岩上，多寻找耐心采挖，可得到好的树桩。图为在山间合理采挖有姿态的树桩

　　山野采桩要重质量，宁少毋滥，需要有心，需要勤奋才能得到好桩。挖桩时要保护好侧根及细根，地上和地下部分有互补性，深挖根多采本以根代干就能广开来源。有的侧根生于石缝之中，采挖十分困难，有的好桩生于悬崖绝壁之上，采挖比较危险，可借助于山里的人力物力，要用钢钎、铁锤、绳索才有可得。留枝也要有余地，适当的多留，待精心构思后才作去除。

　　上山自行采挖树桩，要带工具、食物、防护用品。要了解树源，不能盲目寻找，各类树木有适生的环境，相对集中的产地。好的树桩找寻比较困难，好桩可遇不可求，具有偶然性。要多花时间耐心寻找，尤其要注意悬崖、石缝中的树桩。好的树桩得来便是一个出作品的机会，自然类树桩好坏是第一位的，技艺是第二位的。有桩缺技较长时间仍可以出作品，有技无桩无从做起。山野自己采桩，要重质量，宁少毋滥，只要有心，只要勤奋，掌握各种盆景树种生长的规律，辛勤劳动必然会得到报酬。

自己采桩，好桩发现困难，挖掘困难，搬运也比较困难，费时费力费钱，非一般的个人爱好者所能长期坚持。

发现好桩可向山民询问，或借助于植物生态知识，借助于望远镜等。发现好桩有偶然性，险恶环境多加寻找是必然性，地上部分和地下部分有互补性。

市场购买树桩

改革开放以后形成了花木和盆景的市场，从市场购买下山生桩是盆景爱好者得到树桩的主要来源。自己直接上山寻找不易，采挖难度大，体力难支撑，危险性强。

形成了市场的地方，可向市场购买。全国各地花市有少数山区农民采挖树桩，在栽种季节上市出售，形成了一个采挖、培植、成品购买者的圈子。市购树桩货源广泛，挑选性强，可深思熟虑后再买。持之以恒多花时间耐心等候，与山民建立关系，可得到如意的树桩。上市树桩采挖时间较长，砍留不善，不如自行山采理想。好桩市购，价格不低，但好桩可遇不可求，得到好桩遂人心愿，给人机会。

市购树桩挑选余地大，品种姿态丰富，只要具备眼光可得到各种形式的造化之桩，甚至意想不到的天物。市购树桩分为市购生桩与熟桩。

得到好桩除了具备慧眼识得，还要善出高价，多处寻找创造机会，更需建立信息渠道，增加得到好桩的机会。向采桩的山民提出挖根留枝的技术要求，可得到更多的好树桩。

■ 在市场挑选、购买下山树桩

■ 市场购买树桩可得到出作品的机会

强度剪裁利用资源得到树桩

许多树桩通过剪裁方法，去枝留枝，一剪一留，改变构图的结构方式，产生出较好的形式。去留得当可使其彻底改变形状，决定树桩的利用价值。而强度剪裁更能利用不毛之桩源，剪裁后构图形象陡然变化，甚至做出奇异桩形，不失为树桩的来源之一。

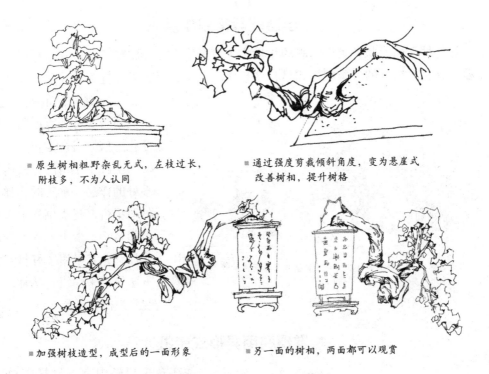

■ 原生树相粗野杂乱无式，左枝过长，　　　　■ 通过强度剪裁倾斜角度，变为悬崖式
　附枝多，不为人认同　　　　　　　　　　　改善树相，提升树格

■ 加强树枝造型，成型后的一面形象　　　　　■ 另一面的树相，两面都可以观赏

巧于取势，得到树桩

　　一些树桩，常人觉得没有应用价值不能制作成通用的常见盆景形式，而不知怎样去利用。独具慧眼的人善于取人所不取，从中得到好的资源。

　　巧于取人难于成型的树桩，要有新异的眼光，独到的视角和审美观念，不受常规形式的束缚，创出现有桩材的应用方式。悬崖侧走的桩形过去缺乏认识，两头疙瘩被人认为无节反向势逆，不去利用。用异形的观念则势奇独特，尤有耐看性，尤有内涵，被人认为不好的桩产生了好的观赏价值，更能得到树桩的来源。

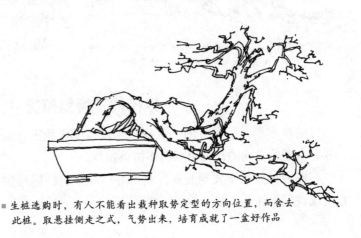

■ 生桩选购时，有人不能看出栽种取势定型的方向位置，而舍去
　此桩。取悬挂侧走之式，气势出来，培育成就了一盆好作品

〜小苗配栽得到作品 〜

　　将各种不同形状各类不起眼的小桩小干搭配组合，形成穿插错落有前后景深上下参差，有左右组合的各类配植式丛林盆景作品，是克服难老大桩资源不足、开拓树桩来源、得到作品的又一途径。尤其适合丛林式直曲斜卧树干变化配搭的组合方式。

■ 用小苗配栽，加强技术处理得到的配植式丛林优秀盆景作品

　　实践中小苗配植做出了许多好的作品，重庆的金弹子和杜鹃组合，赵庆泉先生水旱组合闻名，不少个人也有少量的作品。尤其是用了好材料、好方法做出来的组合丛林，更是受到追捧和喜爱。

〜发现利用异形式树桩 〜

■ 异形桩变化极大，两头是疙瘩中间吊细干。形异韵奇，姿态罕见。发现和得到是个人技术的眼光独到

　　在众多树桩中有些异样桩材不入现有形式而不为人识，常不能利用。只要善于识得，利用好了个性特点突出，变化丰富。形异韵奇，姿态罕见，有文化承载，开发价值大，观赏价值高。发现并利用异形树桩是从现有资源中获取得到树桩的来源之一，得到作品的意义不一般。

〜以枝代干得到树桩 〜

　　有的树木形成了良好的下位枝，通过强度剪裁进行取舍后产生抑扬顿挫、收头有节并有合理的走向的，可用来制作树桩盆景。

　　它的取材要善于发现观察，利用好伴嫁来到的随形树枝，发挥出人的技术的能动作用成就好作品。

■ 树桩截去主干,露出舍利与水线,选留下枝代替
  树干形成顿节、侧倾、转折之势,成为一盆较为
  破格的树桩盆景作品

■ 以树枝代替树干造型成景出作品的又
  一种方法

应用普通树木制作树桩盆景

有的树木品种好,树干树根有一定的姿态。绿化树、果树时有基隆、根爪、形状弯曲有节硕大的资源,可利用来制作树桩盆景。通过树木改作,扩大了树桩的来源,使制作者有用武之地。而且用现代盆景瘦高变异树形的概念,通过精益求精的制作,也能做出有树韵的好作品。是树桩的来源之一。

■ 用罗汉松制作的作品,
  由此可以看出用树木
  制作树桩盆景是得到
  树桩的一个来源

改头换面得到好姿态树桩

改作树桩是指将已成活造型未处理好的树桩重新改变姿势或姿态,成为好的树桩盆景作品。改作贵在慧眼识桩,用大胆独到的技术提升树格。改作超然化物,是树桩盆景的来源之一。

改作应用在有较好形象和姿态,值得修改的树桩上。修改造型成景方式,技术上的精益求精可改变原桩的形象和价值。

树桩改作是在熟桩的基础上进行的,所需成型时间较短,可以较快改制出来,改进原桩出好作品。

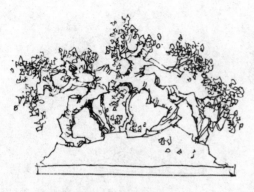

■ 原桩改作前的造型取势的形象

■ 通过对原坯大的改头换面，取形造势后由平庸
之桩超然化物，变为形质意足的好作品。深识
者既见外形又见神采。较大地提升树格，成为
树桩的来源

嫁接法脱胎换种得到树桩

脱胎换种是利用嫁接技术，改换树的品种，改善树的性状，得到树桩的方法。在树桩盆景上，即可改换品种，也可用以促进快速成型，还可有效利用野生树桩资源。

脱胎换种使一些很难产生和寻找的野生树桩，有了更好的利用前景。效果改变，数量、质量都能提高。

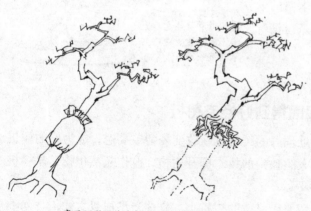

■ 高压环剥促使生根后，得到树桩

雌雄不同株的树种，如金弹子可变雄为雌或雌雄同株，达到观果的目的。观花树桩，可改变花的品种，或在同一株树上增加多个花色品种。用于观叶，可将大叶换为小叶，将绿叶换为红叶、黄叶、花叶，或同一桩上有多种颜色。用在能观干、观根的各类树桩上，将根干有姿的不良树种之桩，换为优良树种，如桃李换为梅花桩。大型果树的果与叶、与枝干的比例失调，可换为小型果品种。

多株并造形成树桩

在速生树上采用 2 株以上树木或树枝与树枝强行绑扎在一起，利用树木的亲和力愈合后，快速产生粗大体态的树桩的新方法。能产生苍劲粗大的体态，是树桩盆景的又一来源。

多株并造后的树干苍劲，形态变化，树根发达，观赏性强，技术含量高，唯其非自然造化，但人工夺天工。

多株并造适宜在愈合力强的树种上进行，长势强健才能愈合，长期放养才能消除人工痕迹。

目前应用最成功的树种是小叶榕，另有黄葛树、紫薇、杜鹃、罗汉松、金弹子等多种树木都能愈合，可用于多株并造树桩。

■ 多棵小苗在一体造型，压缩为弯曲的怪异形态，构成了挤压扭曲、紧密复杂的怪干。树干虽细，旋缠的细干再经多年生长，可挤压为山的形态

树桩的倒栽

树桩正栽能活，倒栽有的也能活。倒栽成活率低于正栽，但扩大了得到树桩的方式，改善了树相，是树桩的一个来源。本人 11 个金弹子桩倒栽八活三死，得到下大上小有弯曲和收头树相的良好树桩。倒栽利用根的姿态和收头有节，扩大桩源，创造机会。

倒栽改变了树液流动的方向，成活可能性低，适应树种有限。根长干短的灌木类树种，以根代干，附有细根的倒栽更易成活。有弯曲变化，有硕大树础和收头的树桩更值得倒栽。倒栽成活说明了树桩生命力顽强的天性。

■ 倒栽前的原桩树相

■ 剪裁后的倒立树桩的形象，能以根带干，弯曲变化，应用前景更好

■ 倒栽成活长出枝叶的状况

技术处理得到好桩

一些树桩材料初看没有利用价值，但发挥人的创造性，将其用高难的各种技术处理好，则可将不毛之材派上用场，成为良好的作品。

■ 右图的原桩形状绘制图像。无挂钩之根能成为悬崖好作品，其方法可授人以渔。是用不毛之桩进行技术处理后，得到和成就好作品的范例

■ 不可悬而用培育的新根强挂盆口，原桩缺乏弯曲悬挂的树础，技术处理起了突出的作用，优良的大悬崖式作品就得到了

引进外地树种

■ 九重葛在重庆市过去少有栽培，在岭南产生了较大体态和形式的树桩，引入或购买得到桩坯，成为树桩的另一个来源

中国地域辽阔，树种丰富，各地乡土树种分布不同。为了得到当地不产的树种或树桩制作盆景，可以用引进购买的方法得到外地树种或树桩。金弹子、对节白蜡、福建茶、博兰等树种即产于有限的区域，受到各地的喜爱。利用机会引进购买外地树种，可丰富自己或当地的树桩盆景活动，增加个人盆景的品种，扩大树桩的来源。

小苗人工育桩

盆景树桩既看树又看桩，有的人将桩放在首位，因而认为小苗要养成桩很难。但小苗育桩古已有之，现也有之，中国有之，海外也有之。川派第一代人工古桩实物逾八百年历史。浙派、苏派、扬派等据可查的人工古桩也有实物存在。重庆的罗汉松"静观古松"从形态上衡量，从技艺判断，从历史记载，已超过523年历史。现在江苏、成都、岭南、福建、广西等地都有小苗育成之桩应市。

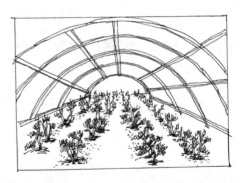

▓ 小苗育桩可得到大批优良树种的桩坯或作品。
姿态和形韵可以极化

▓ 人工育成的树桩。造型极度变化，主干虬曲
旋缠，经多年培育，造型部位膨大挤压，效
果显现。培育出难度变化苍劲硕大、巧夺天
工的树桩，可得到人工小苗育桩的启迪

▓ 树身极化弯曲的大量好树种桩坯，非得小苗
开始创作不可，是解决将来树桩盆景来源的
有效方法。以优秀树种，增加培育时间，可
得到人工胜天工的作品

　　提倡小苗育中小型树桩，有的只需十年，如怪干式采用速生树，提早了成型时间。有的树种需十年以上，如罗汉松、杜鹃、银杏、紫薇、火棘等，有的树种需时更长，如金弹子、五针松、柏树等。

　　小苗育桩虽无古气，但有姿韵，人工技艺突出，变化较大，造型极化，枝干过渡好，可作根干枝的蟠曲，人工胜天工，比较耐看，野外无法产生。如用时更长，压缩体态，技术处理得当，可成小中见大的树桩。

　　小苗育桩人的技艺作用强，需要一定的技艺基础，用的时间长，让人望而生畏，不能坚持。常言道十年可树木多年可成桩，只要能持之以恒，必定能产生好作品。有的人爱好养桩已有二三十年时间，如果养点小苗增加技术含量，用地植或大盆培育，安能不成优秀之桩？养小苗与养老桩同步进行，能嫌时间长？其过程也可得到满足，乐在其中。

❧ 批量生产中小型树桩 ❧

小苗育桩农村在房前屋后可培植几十棵，不需多少资金投入。用土地作投入，以一亩地计算，可生产 1200 棵树桩。一亩地年租金约为 350 元，树苗 1200 元，植保用药 20 元，肥料 80 元，人工 500 元，其他 50 元。合计 1000 元。十年共 10000 元，其一桩价值最低 100 元。成活 90% 有 1080 棵树桩，产生价值 108000 元。利润可达投入的 9 倍。如到二十年，一桩价在 500 元其成本 20000 元，成活 1000 棵，价值 500000 元。利润可达 24 倍。

■ 用多年时间生产出来的中小树桩待运上市，满足树桩盆景普及应用对桩源的需要

采用 10 ～ 20 年时间育成，虽然时间长，观赏与经济价值却高。投入与产出比较大，值得投入。

树桩盆景分值评定表

项目	内容	得分	内容	得分	内容	得分	内容	得分	内容	得分
根	能养活树桩		可出露		分布方向好		姿态好		粗壮有力	
干	有收头		健康		变化		苍老		有气韵	
枝	过渡功力好		有多级枝组		姿态好		协调比例好		方向位置好	
叶	生长好		质厚色正		形小		数量合理		分布合理	
树体	小中见大		文化承载		叶美果好		树种稀少		形势比例好	
配景	自然合理		有透视		有画意		有比例		地貌	
命名	扣题		有含义		精练		有主题		上口易记	
用盆	大小合适		形状合理		高矮协调		色调和谐		比例恰当	
几架	几何尺寸好		形状和谐		高低合适		色泽漂亮		做工细	
整体效果	形好		景美		诗意浓		有韵味		有章法	
加分										

执行办法：每项内容以 0.5 分设档，按无 0 分、一般 0.5 分、及格 1 分、良好 1.5 分、好 2 分计分。

～❦ 以根代干 ❦～

一些树木，根干太直，树身太长无收头之节，缺盆景树的美姿。但其根生于地下，幼时受土的干湿变化，土中石的影响，弯曲生长，膨大发育。或生于石缝中，产生畸形挤压，奇古多姿。有的产生了很经典或异样的形状，用以培活，大可利用。

以根代干在于选材，选择利用得当，可出佳品。也在于能够养活，树木在被截去树干后，有遍体萌发不定根和芽的特性，重新发育为新的植株。仅少数树种不能萌发成活。利用这一特性，将有型的根，育成树桩，是树桩盆景资源利用的一种方式，也是选择好形象的常用方法。善于利用此方法，可开拓桩源得到好桩，铸就好的作品。

■以根代干

～❦ 以干代根 ❦～

树根可以代替树干同样树干也可以代替树根，以树枝为树，形成丛林式的作品，这就开创了树桩盆景的新来源。尤其是在小苗育桩的丛林式制作中，树干下压成为树根，树枝塑造为丛林的树干，是它的基本造型方法。

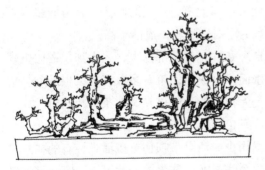

■以树干倒卧代替树根，加以利用和精心塑造树枝为树干，成为好作品

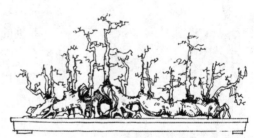

■以干代根、以枝代树，成就好的丛林式作品

～❦ 野外挖桩成活法 ❦～

野外挖桩是树桩盆景的主要来源，没有野外挖桩，就没有自然类树桩盆景。现在，野外挖桩少由养桩人自己进行，而由掌握了市场信息的山民采挖，形成了挖养分工。

山民采挖，冒险精神强，吃苦耐劳，数量多，但盲目性大，砍留不善，有时成活不高。重庆山民挖桩，因为成活问题，只采金弹子等少量品种，其余树种不成气候。山中的山杜鹃，有品种资源，但不易养活，弃而不采。

　　野外挖取树桩较难成活的树种，有价值的，可采用计划采挖法，其方法一是用1～2年时间，在春和早秋分2次断主根、主枝，原地培养新生细根，第二年时春季发芽前，可检查根系，连土团挖回；二是采用生根剂，在山上断根以后，喷涂生根剂，原地养根，方便者，可于春、秋再用2次生根剂，以利生根，第二年春暖，可带土团挖回细养；三是有一定的细根者，可在同海拔地区，培育成活后下山；四是原泥土养坯，原土与树桩已经适应，有的生成有伴生微生物，十分有利树桩生存，运回一定原土以填充根皮部，也可提高成活率；五是好桩应注意养护，精心管理，尤应注意水分的维持，采用较好的树干保湿法，用草绳、苔藓、泥土、塑料布等，作树干包扎，待二次新芽长出或夏季后解除。平时多喷水于树干，也可提高成活率。

生桩选购的成活判断

■ 树根保持较好，树根较多，成活比较容易

　　生桩选购除了外形条件，成活判断也很重要。生桩成活与否应从以下几方面进行判断：

　　1. **采挖时间**。有两个时间影响生桩的成活。一是采挖季节，重庆从深秋至冬春，均能栽活金弹子、火棘、黄荆、赤楠、胡颓子、黄葛树、紫薇、罗汉松等树种；二是该树桩从采挖到上市经历的时间。久者可能脱水较重，成活较难；短则失水轻，成活率高。

　　2. **桩的自身条件**。根基部隆大，入土部位占树桩表面积大，吸水面广易成活。带有多数侧根或根毛的易成活。无侧根更无根毛的独脚桩在其他条件相同时，比有侧根的桩成活率也要低一些。

　　3. **桩的损伤少成活易，损伤重成活难**。有的树皮是树桩成活的生命线，尤应注意损伤状况，要有一定的疏导组织完好。

　　4. **病虫为害**。情况较少或无的成活易，危害重的加上采挖伤损，成活难。

　　5. **树种的成活难易**。有的树种极易成活，如黄荆、黄葛树、紫薇等，对桩的上述条件可放宽一些。

　　6. **仔细判断桩坯的失水状态及枯损**。有的桩坯含水量会发生变化，上市前作过浸水处理的，看似含水多，实已枯竭后为之，必须仔细鉴定。有的桩从外观上不易看出伤枯情况，必须用器物检查，仔细鉴定好，有利提高成活率。粗心大意，有时会导致无谓的失败。

怎样得到好桩

好桩多年难遇，万分难得，是树桩盆景爱好者梦寐以求的，得到一个好桩就得到一个出作品的机会。得到之时心花怒放，食之无味，寝之无眠，为它寻思栽培和技艺处理办法，以成就一件好作品。

上等好桩，经大自然数十年、数百年风霜雨雪、雷电干旱的造化，经过顽石泥塑挤压，经过动物的啃食撕咬，经过人为的多次砍伐，历经重重磨难，才能造化出来。还得被发现，被采挖，保管好运输出来。一个好桩，非机械化产品可批量生产。高科技高投入的产品，如汽车、电视机，一天可生产无数，而树桩非要数十年数百年才可造化出来，并且只有那么一个，绝不会重复。得到好的树桩，必须栽种得法，精心养护，否则失去好桩，暴殄天物，愧对自己。

好桩有各种形式和标准，要得到好桩首先必须独具慧眼，在众多的采桩人或选桩人中看得出其独特之处和审美价值。有的好桩一般人能看得出来，有的好桩众多的爱好者也看不出来，一经指明才能看得出来。其次购桩价格较高，可高出一般树桩的数倍，但其潜在的价值比普通桩高上十倍。遇到好桩讲不下价时，必须出高价，以免失去机会。若挖桩则必须跑路，不辞辛苦多搜寻，放弃一般树桩，搜寻上佳树桩，不达目的誓不罢休。再次要有心，利用外出机会，或专门到产桩地去挑选购买。还可与采桩人建立关系，得到信息或关照，增加得到好桩的机会。要反对用欺骗和盗窃的手段得到好桩。

得到好桩要采取各种保证措施，将桩千方百计种活，珍惜难得的机会。

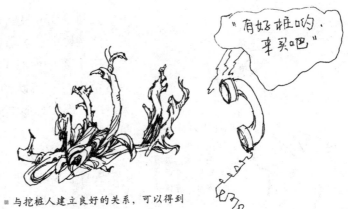

■ 与挖桩人建立良好的关系，可以得到信息关照，买到好的树桩

盆景树桩的形态选择

落山树桩的选择由于每个人经历、条件、素养不同，审美选桩有很大的差异。但其基本标准是看根、础、干和曲节，看难度，看成活，再看韵味和意境。也就是先看结构条件，再看形式内涵，各个条件互相结合，好桩才成立。选桩不单看形态，还要看神韵，审形要一根、二础、三干、四曲、五节。选桩看形易，看神难。

根部即树桩合理分布的支持根，不是吸收营养的毛细根，其上附有根毛更好。大树最好要有支持根，"盆树无根如插木"，不是苍老古树的自然写照，审美情趣也差一个档次。根虽然后天可以培养，但需时太长。野外生存的树桩，根的形态变化很大，不按人的想象生长，但可人为加以利用。常见的有四面分布的辐射根、拔地而起的柱状根、支撑大树的板状根、与泥土结合好的隆根龙爪、能与石结合的异形附石根、往一面分布的侧根、扭曲旋缠的绕干根、盘踞重叠的盘龙状根，如弯月可做悬崖峭壁的弯钩根，还有榕树类的气生根和其他的异形根。根的存在十分重要，能与础干结合，形态紧凑便于上盆，才是好根。

础是与根相连露出土面与干过渡的部位。要求形态苍老变化，直径要大，往四周伸展延生，过渡要好，与根干结合自然流畅。础不能独立存在。有的桩础不突出，犹如无础，有明显的础，才有较高的审美价值。在泥土表面附近四面伸展入土的辐射根，隆根龙爪，作斜干式的侧向根，高附石的悬根及支撑大树的板状根等，都需要与础的部位过渡好，来体现大树的形态与意境。

干是树的重要组成部分，也是选择的重点。它出露的部分占树桩的大部，最能吸引人的目光，最能表达树的韵味。大多数人选桩与欣赏树桩盆景都看重干的形态变化，这很难免。树干要弯曲有节，弯曲要下大上小，合理而有节奏，有飞跃的动感和变化。直如木棍无美，出土部位直如木棍上部再弯曲也不自然。弯曲无定规，以美为上，向前后弯的必须回到树根的重心为好，向左右弯曲也不要失去重心，树干上失去重心要能有根来稳定，不然会给人以倾倒之感。弯曲的变化比较受人的重视，超过节的变化，许多人重弯不重节，把干的弯曲放在第一位，内行的人重节看好收头。节在行话叫收头好。收头好缺乏弯曲变化的做直干大树或斜干大

■ 生桩的结构由根、干、枝组成，有根础基隆、有弯曲变化、有收头的曲节、有伴嫁枝的即是难得的好生桩

树也好，有树味。而有弯曲无收头则不如收头好无弯曲有前途。收头是树桩的下部基础大，逐渐往上部自然收小，收得适合比例，不过大也不过小，急剧无过渡的矩形收头甚至上大下小较差。

弯曲一定要自然柔软不要太生硬。如悬崖式的弯度不够则不自然，入盆后僵直粗野无品位，枝片制作再细也只是商品级。干上如果带有好的伴嫁托较理想，伴嫁托上易出芽，成枝后与干的过渡较好，不会出现干枝不成比例的缺陷。树干上可能出芽的部位要多，出芽点在干上的嫩枝、枝干交界处的基部，养分积累多的地方及树皮活力强的点位上。有时意想不到的地方也可能出芽。

选桩应一根、二础、三干、四曲、五节、六形式、七变化、八个性、九神韵。几个条件有时不可能都具备，干曲有节即可用，再有础、根配合，则可成为精品，是盆景爱好者心目中的理想之桩，不可多见，只有开动脑筋，耐心搜集，走出去多跑路，高价购买，才可遇可求。

在上述四个条件中还可看到老、大、难、怪、瘦、皱、透、奇，结构紧凑，动感强烈，以小见大，缩龙成寸，苍劲有力，伟岸挺拔，绵延逶迤，虬曲蜿蜒等不计其数的外部姿态特征，是苍老、自然的具体表现和典型概括。老是本身经历了漫长的生长时间，少则几十年，多则数百年。有的树桩生于石缝岩壁之中，经反复樵采，伤痕累累，又经虫蛀和风霜雨雪大自然的造化，自身对险恶环境的抗争适应。其苍劲古老的难度，表现出来的不屈不挠顽强的生命力，充满了美学价值，令人叹为观止。其难度是沧桑时间和险恶环境的杰作，鬼斧神工，非短时所能为。有人提倡健康美，这种经历无数劫难又生命犹存、古风犹在的生机活力，正是健康又美的典型表现。选择者不应为别人的观点所迷惑而失去良机。

在树桩的形状外，还有心灵能感受到的，树桩中能反映的大自然精灵的神韵。具体是有紧密的结构，有根础干枝的相辅相成、相得益彰。主次分明，上下左右前后配合密切，中心突出，不可分割。有均衡，和谐自然，重心稳固，安如泰山。既有变化，又有动感，活泼自然，不是死板一块、粗野杂乱僵直。同时还要有力量、有气度，体现出生命顽强久远及其他精神内涵。这些都能由精品树桩表现出来，由人的心灵感受到，激起人的兴奋和快感，触景能生出万般情来。

选桩对人的要求首先是要有慧眼，看得出常人看不出的用途，特别是异形用途的树桩，别人认为无用，处理正确则大有可用，如蛇形悬崖即为别人买完后遗弃的唯一一根桩。"不屈的少女"原桩也是别人选过后的剩余脚货。主题发掘出来素材即有了大用；其二要有魄力，该出手时就出手，不要误了机会；三是要有一定的经济条件。

总之，选桩应一根、二础、三干、四曲、五节、六形式、七变化、八个性、九神韵。重根又重干，重节又重弯，重外形又重内涵。还要看选桩人的自身素质。

树桩的弯曲

树木生长中，以竖直向上为主，而特殊环境下，也有弯曲产生，这是非天性的弯曲。而龙爪枣、龙爪槐、龙爪柳等，其天性能自然弯曲生长。弯曲的树，姿态异常较为美观，受到人们的喜爱。它来自自然树中的典型，以物的稀少怪异为美，是审美求异求稀求难的心理趋向的表现。人们对盆景树，贵曲不贵直，体现了弯曲在其中的作用。

弯曲中能产生美，人们从自然树的弯曲中，加以利用，使其产生人们心理需要的美妙姿态，是盆景树的一种姿态上的典型代表。达到人对树的改造利用，让其按人的意志生长成型，实现人的审美目的。弯曲就成为人们评定树桩的标准尺度。

弯曲中使人感到了树木的姿态变化丰富，感到其形成的难度，天工造物的复杂变化，时间在其中的作用。树自身的生命适应性，树干的挤压扭曲膨大，在弯曲中表现得淋漓尽致。它本身具有美，是美妙的姿态和美的德性的综合作用，才会受到人们的喜爱推崇。好的曲干式存世稀少，在许多制作者、爱好者手中，都不易看到。曲干较典型，产生和形成难，数量稀少，存在不多。

弯曲有较高的欣赏价值，人们在实践中，非常注意对其的利用。自然产生的弯曲，人们总是探索出不同的应用方法，斜干式、曲干式、悬崖式等，都是在干上对弯曲的应用。树枝上也应用弯曲进行造型，滚枝花枝，一寸三弯，见枝蟠枝、鹿角枝、波折枝、鸡爪枝等，都是应用弯曲进行变化，丰富树桩的形态。好的弯曲可达到移步换景，一步一景。

自然形成的弯曲，难而少，远远不够满足人们的需要，在盆景历史上人们进行了人工弯曲的探索，获得了成功的经验，可以指导将来的树桩盆景的实践活动。人工弯曲中，规律类树桩盆景，人工制作的弯曲从一弯半，可达三弯九道拐，不光有圆弧弯，还有方形拐，也有极度弯曲的极化弯。弯的形状也多，如汉文弯、狮式弯、蛇形弯、马蹄弯、指甲弯。弯度可大小缓急前后左右上下变化，产生出节奏与韵律，使人的创造力在弯曲中达到登峰造极的地步。

树桩的弯曲，是自然弯曲在艺术活动中的反映，是人们审美活动的结果，是人

■ 树干、树枝体现出来的弯曲变化

们对自然美、自然资源的利用，是盆景树桩造型规律的体现，是达到树姿变化的方法，是品评审定树桩的一个技艺标准。应该重视弯曲在造型中的作用，更加利用好它。

树桩盆景追求弯曲并不排斥直线，曲中包含直，曲实际是由无数短的直线组成的。曲折枝与干中都有直，鸡爪枝、鹿角枝、波折枝等，都是由分解的直线组成。曲是相对存在的，曲在直的对比中才显得曲。

树桩盆景的变化

树桩盆景变化极大，是其一个主要特点，没有变化就没有特色，就会失去它的生命力。

树桩盆景的变化表现在它的各个方面，总体上的变化大，对比上变化大，具体上的变化小，是相比较而存在的。有时也在具体上产生较大的变化，如树山式的造型，一桩上有直干、曲干、斜干、悬崖、临水等多种姿态。有的变化是天生的，有的是人为的。

树桩盆景的变化表现有：一是类型上的变化，直曲俯悬，皆成类型；二是树桩自身的变化，树桩与树桩取其互不相同作素材；三是年度生长中，发生周而复始地出现好的变化，给人带来希望，使人向往之；四是树种之间的变化，有的树阔叶，有的树针叶，有的树叶色丰富变化大，由红而绿，由绿而黄而红而紫，花果上也有变化；五是造型上的变化，人们根据自然树相的典型，加以提炼，应用到枝干造型中来，产生多种多样的造型变化，不胜枚举；六是程度上的变化，有直到曲缓再到极化的节奏变化，有由粗到细的过渡变化；七是风格类型的变化，形成各不相同的艺术形式，繁荣树桩盆景；八是技术方法上的变化，以蟠扎为主蟠扎结合修剪，及以修剪为主结合蟠扎，或自然造型不蟠扎，只作保持比例的缩剪。

变化是人们在艺术中的追求，艺术的本质也需要丰富多彩的变化，盆景艺术的变化性，是它的特征之一。变化简单者难度低，风格简洁。变化复杂者形状怪异难度大，桩味浓。变化中生出差异，生出节奏，生出丰富的感觉，生出人的个性技艺风格来。盆景制作者要把握住变化，为作品增辉添彩。

■ 树干多株并造，体现较大的树形变化

曲与直

制作：高云 树种：金弹子

形式：异形式 规格：70cm

　　选材以曲为主体，大胆留用直干客配，因形赋意，直曲对比手法直观强烈，形成异型反差结构。有主有从的创作手法在树桩上运用自然而明显，少见作品采用。命名富有社会含义，叩问心灵，洗礼灵魂。用形载意，以神耀形，成为一件不单有技术而且有艺术内含的作品。

　　《曲与直》是高云先生打破常规取材方式用高山冷地型金弹子制作的异型式树桩盆景佳作，将曲折多姿的主客树作曲直结合，产生对比强烈的视觉效果，辅之以紧缩的枝片与配石结合，个性突出，风格独异。此桩独特新奇，有强烈对比，超脱破格，起到了意想不到的作用。

　　综观《曲与直》这件优秀的树桩盆景，天公造化的外形美与人工技艺处理相结合，形载神，神寓形，用富含意韵的命名，提升树的品格，咏出人的情怀，以斯为歌，不啻一件优秀的树桩盆景作品，真可谓有生命的艺术品。树桩盆景性情中人更能领略出它的韵味。

6 树桩种植条件

SHUZHUANG ZHONGZHI TIAOJIAN

树桩盆栽的必要条件

树桩栽培需要条件，有的是环境条件，如阳光、空气、温度；有的是生理需要条件，如土壤、肥料、水分；有的是保证其生长生存的条件，如防治病虫害。

这些条件互相结合发生作用。有的条件作用大些，不可缺少；有的为自然条件，如光、温、气；有的需人工提供，如病虫害防治。这些条件必须综合利用，提高其有效利用率。

在人工作用下，植物所需的条件可改变和加强。温度用遮阳棚、温室或冷室调节，冬季可提高温度，夏季可降低温度。增降值冬季可达5℃以上，夏季可达15℃（由室内外温差测得）。土壤的透气性、肥效、含水量、矿质元素可人工加强。人工松土可增加土壤的透气性，经常施用农家肥，可培肥土壤，透水、透气、保水、保肥作用良好。微肥可人工合理施用，光照也可在强弱、长短上人为控制，夏季遮阳或将盆移至阴处，冬季移盆多受阳光，都是对条件的局部改善。人为地利用好植物生长所需的条件，可满足盆景树木生长需要。

常用树木对外界条件的耐性

常用的盆景植物中，对水、肥、光、土、气、温度的适应有一定的差异。树桩盆景是精养植物，了解这些差异对养好树桩有益处。

树木喜欢湿润而不喜欢潮湿干燥。但有时老天下雨不停，有时久旱不雨。或有的疏忽，忘了浇水与浇水过多，盆内树桩处于过干过湿。有的树种耐湿性特别强，黄葛树、金弹子、山葡萄、竹、紫薇、棕竹的根能浸在水中生长，榕树、铁树、黄荆较耐湿。有的植物极为耐旱，如罗汉松、银杏、松柏、火棘、棕竹、铁树。中性的有雀梅、榆树、福建茶、杜鹃、六月雪、海棠。上述树种金弹子、罗汉松、银杏、黄荆、杜鹃、榆树、铁树、紫薇等有极强的耐湿、耐旱性能。

树木一般较耐肥，在盆内表现有一定的差异。罗汉松、铁树、榕树、黄葛树、火棘、银杏、黄荆、紫薇较为耐肥。金弹子肥多叶片起皱，但无生理危险。榆、雀梅、福建茶、杜鹃、山茶等，肥料适量即可达到叶绿枝壮的效果。

多数植物喜欢酸性土，桎柳、石榴、紫薇、金弹子、铁树、罗汉松、榕树、黄葛树等，能耐一定的碱性，还能忍耐一定的盐分。

树木多数喜光不喜阴，松柏、火棘、福建茶、紫薇、石榴、银杏、榕树等，在阳光下才生长较好。金弹子、棕竹、铁树、雀梅、罗汉松、杜鹃、榆树、兰花等较为耐阴。

有的土壤黏性较强，容易板结，使土内空气含量降低，根部比较能耐低氧的有金弹子、榕树、黄葛树、棕竹、铁树、紫薇、岩豆、黄荆等。

温度的变化以低温对个别树木造成威胁。不大耐低温的树种有福建茶，5℃即需进行防护。榕树在-2℃以下，黄葛树在-5℃以下，需注意防冻。只要不缺水分，高温对树木没有严重的生命威胁，生桩另当别论。

树桩栽培用土及配制

土是植物赖以生存的诸多因素中的首要因素，树木生于斯长于斯。现代栽培技术和个别盆景爱好者的实践，一些种类的树桩可以用无土栽培方式进行，树桩照样能正常生长、开花结果。但无土栽培对树桩的固定作用差，不好作地貌处理，还不能取代泥土。

树桩栽培用土，应采用符合该种树木生长的土壤，喜酸性者宜酸性土，喜碱性者宜碱性土。一般都采用疏松透气、肥分适中的半黏性土。自然界中的壤土、沙土、黏土、耕作的菜园土、林中的腐叶土，人工配制的马粪土、兰花泥、腐殖质土等，都可采用。

■ 树木栽种需要的基本条件有土壤、光照、温度、水
　分、空气、养料、植物保护（防止病虫害）

黏土如不改良，在盆中依靠大量浇水的条件下，极易板结，透气透水性能不好，不利于盆内树根生长。水多滞水，肥多滞肥，易发生水肥危害。河沙肥分太少，不能满足植物对养分的需求，其流动性好，用于生桩栽培较好，栽种熟桩需经常补充各种肥料。盆土无

黏性不能固定斜干式树桩，造型就
不能取势出意。

　　林中的腐叶土经过长期的腐化
分解，肥分极高，透气性极好，用
以养桩是上佳好土。只是不易大量
得到。

　　自然界中的壤土、经过耕种的
田园土，肥分、黏度、透水透气、
保水保肥性能都好，是无法得到腐
叶土而选用的好土，用以养植生桩

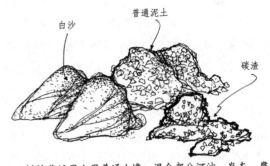

普通泥土
白沙
碳渣

■ 树桩栽培用土用普通土壤，混合部分河沙、炭灰、腐叶
土为好

熟桩都好，实际应用中容易得到，为最常用的盆景用土。偏黏的土，可拌以炭灰、锯
末、河沙，使黏土得到改良。地表深处的生土，因空气作用差，肥分养分分解不够，
较差，城市无法取到好土不得已应用时，需注意增加施肥和松土，对其改良之。

　　人工还可配制培养土，用壤土5份，加炭灰或锯末2份，加腐叶2份，加1份油
饼渣，经长时间堆沤制成，栽种熟桩，效果最好。培养土疏松透气，肥分充足，有利
树桩生长。有条件者提倡使用，可顺利地养好树桩。

～ 树桩与水 ～

　　水是树桩生存生长不可缺少且无法取代的物质，它参与构成生命，参与植物的生
命活动。植物生长发育的养分、矿物质、微量元素的溶解、吸收、输送过程，都需有
水分参与。夏季气温高，植物蒸腾作用
强烈，水能降温，蒸发热量。冬季可起
防冻作用。

　　盆景用水应无污染，特别是化学污
染，无有害物质如盐、碱、各种无机物。
江水、池塘水、井水、雨水、自来水都
可使用。自来水使用较多，塘水次之，
雨水天公使然。有人认为自来水含净水
无机物多，需去除后使用。实践证明，
长期使用自来水无危害树桩的现象发生，
可放心直接使用。

　　盆景树桩用水的方法必须讲究，应根

■ 合适的水分是
养植树桩的必
要条件

据生桩、熟桩、桩的生长阶段、品种、树叶多少、温度高低、季节、培植目的及土内含水量来进行。新桩初植水分应严格掌握，成型后的熟桩叶多需水增多，高温或夏季必须每天一浇或两浇，土内水少时必须适量浇，如为了保形、控叶，则要少浇。浇水的原则是防燥避潮达润、干透浇透、见干见湿，长期偏湿与偏干都不好。土内长期潮湿，水分充满于土的间隙，空气不能进去，根的呼吸作用减弱或窒息，即会产生烂根的危险。水应见干见湿，也就是干湿交替的进行。土壤长期湿润，植物根系也不发达，它满足于已有的水分，养尊处优不思发展。有些未入门者不谙此道，长期偏潮，栽花花蔫，种树树萎，即是用水过勤溺死植物。用水方法关系到树桩的生存发展和欣赏价值，养桩之人不可不察。

🙠 树桩与光照 🙠

太阳光是地球上一切生命的能量源泉，绿色植物吸收光能，通过光合作用把光能转变为化学能，贮藏在树体中供给树木自身和异养生物消耗。光能还能促进植物细胞增大、分裂和分化，制约各器官生长发育。光还能提高土壤温度，也能促进树木蒸发水分。

植物对光照强度有不同的适应性，分为喜光植物、耐阴植物、中性植物。光照时间长短能影响树木的生长、发育开花，使植物分为长日照、短日照、中性三类。长日照植物所需光照时间长，日照时间不足则不能形成花芽。短日照植物在长日照下不能开花。中性植物受日照时间影响较小，不同日照都能开花。光谱中波长对植物作用也不同，紫光可抑制植物伸长，使植株体态矮小，促进花青素等色素形成，有色树叶宜紫色光照射。红光能促进茎的生长、开花和种子萌发。

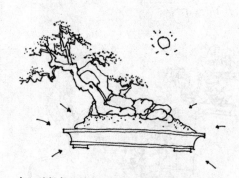

■ 太阳的辐射与热量的传导是温度的直接供给，也是能量的提供者，是树木生长的不可缺少的基本条件

盆景树桩应根据栽培观赏目的，利用好光照。冬季将盆移至向阳处增加光的照射，以提高土壤温度。夏季生桩遮阳，降低温度。熟桩夏季骄阳炼根，可促使盆树根系强健，出观根作品。观叶盆景则需注意遮阳，育好浓郁的树叶。

光照影响树木对养分的吸收利用，肥多时光照好才能充分吸收，肥多光照不好，则不能较好利用。用肥多时要注意光照的影响，使光肥均衡，产生良好的肥效。

树桩与温度

温度是日光作用的结果，但也可以人为改善和利用，人工光源、农业生产用的温室和地膜覆盖就是范例，盆景树桩也可借鉴。将树桩置于温室、室内、空调房、阳棚下，能有利温度的调节，促进树桩快速生长，成型后的树桩则能培育出郁郁葱葱的景象。

温度与植物栽培关系密切。有的树木喜高温，有的树木喜低温。温度条件能衡量当地能栽种什么树桩，或者在何种温度下对哪类植物需采取保护设施，或造型培育采用什么形式。植物开始生长或休眠的温度叫生物学零度。高于生物学零度进入生长状态，低于生物学零度进入休眠状态。植物有一定的感温性，一年四季的温度变化、一天的昼夜温差有一定的规律，植物在长期的进化过程中对其产生了适应性。温度能影响树木的生长发育，利用温度高低的变化，可促进或抑制树木生长，达到造型的预定目的。

各种温度下树桩对水分的需求不同，当气温在20℃左右时，蒸腾作用正常，盆土经常能保持湿润。28～30℃时，蒸腾作用加快；35℃时，蒸腾作用剧烈，盆土经常处于干燥发白变硬的状态，浇水的工作量大。

低温能使植物细胞间的水分冻结成冰，结冰时的膨胀作用造成细胞损坏，直至死亡。高温使植物蒸腾作用剧烈，土中水分减少到不能满足植物吸收到足够的水分达到蒸腾的需要，植物细胞组织中的含水量减少，失去膨压而呈现萎蔫，如不及时浇水就导致死亡。

■ 太阳是热量的来源，以光辐射和热传导，满足树桩生长需要的温度

树桩与空气

空气是一切生物生存的必要条件，没有空气就没有生命。树木生于空气中，与空气在如下方面发生作用。

1. **空气直接为树木提供能量。** 植物呼吸时吸入二氧化碳，分解有机物，获得能量。二氧化碳又是光合作用的主要原料，帮助产生光合产物。空气中的氮对树木也有一定的作用。植物所需的二氧化碳绝大部分来自空气，空气能满足植物的气体原料的需要。

2. **土中空气影响根系的呼吸、营养状况和土壤微生物的种类数量及活动状况。** 土中空气不良时，会引起植物受害，还使好气性细菌受到抑制，有机质分解和养分释放变慢。如过分通气，好气性细菌和真菌活跃，有机质分解释放太快，腐殖质不易形成，对树木生长也不利。

3. **流动空气减少树木病虫害。**空气流动通风好，能减少病菌的停滞，防止病虫害的产生、传播。

4. **良好的空气提高树木观赏价值。**空气清洁灰尘少，对树叶的污染小，能增加叶面光合作用效率，提高观赏价值。

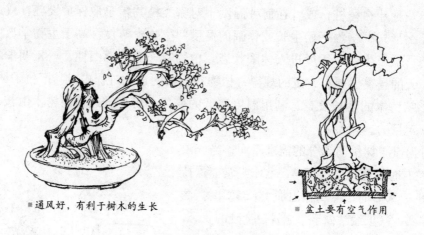

■ 通风好，有利于树木的生长　　　　　　■ 盆土要有空气作用

树桩与湿度

植物在原生条件下生活，湿度比较大。盆栽树桩由于生活环境的改变，一般空气湿度和环境湿度比较小。为了增加湿度，常采取集中摆放盆钵、常喷叶面水和地表水的办法，增加空气与树体的湿度，营造良好的湿度环境。

常喷水增加湿度，对生桩栽培作用较大。常言道："根要干，干要湿"，新桩根系还未大量形成前，树干能够在湿度大特别是干上有水的条件下，协助树根增加对水分的吸收，支持生桩的生长、发育。在湿度较小、温度较高、风力较大时，树的蒸腾作用加快，造成空气和土壤干燥，影响树桩的生长，如果超过一定的极限，就会危及树桩的生命。所以盆景树桩的栽培一般都用增加湿度来促进生桩的成活和熟桩的生长。

树桩与养料

肥料是生长的能量之一，是促使树桩生长成型的物质基础，不可缺少。花谚说：长好长坏在于肥。盆谚说：成活在水，成型在肥。

维持树木生长的营养成分，有碳、氢、氮、氧、磷、钾、镁、钙、铁、硫、硅、锰等几十种元素。其中有 16 种元素是必需的，碳、氢、氧、氮、磷、钾、钙、镁、硫这 9 种元素含量较多，占千分之几到百分之几十，通常称为大量元素。铁、钼、锰、锌、铜、氯 6 种元素的含量少，占干重量的千分之几到十万分之几，是微量元素。这些元素在树体内含量多少不同，各有其作用，互相不能替代。

碳、氢、氧的作用根据植物学家的研究结果表明，碳来自空气和土中的二氧化碳，氢、氧主要来自水和空气。树木由叶与根吸收二氧化碳，并由根部吸收水分和养分，在阳光和叶绿素的参与下转化成糖，这个过程叫光合作用。通过光合作用转化形成的糖是进一步变成蛋白质、纤维素、淀粉等有机化合物的原料。且可经过呼吸作用释放出能量，合成有机化合物，供生长发育时使用。

氮是氨基酸、蛋白质、核酸、酶等物质合成所需，也是构成叶绿素分子的成分，在树木生长中有重要的作用。缺氮时枝梢稀少瘦弱，叶片叶绿素减少，叶色偏黄，叶小易脱落。缺氮时施用氮肥会使树叶色增深，叶质厚，叶面积增大，增加光合作用面积和能力。

植物体内的含磷量一般占干重的 0.1% ~ 1.0%，磷是构成植物细胞核与原生质的原料，也是其他重要化合物如酶类、核酸的组成元素，参与体内碳水化合物、含氮物质和脂肪的合成、分解、转运等代谢过程。缺磷时老叶开始呈暗绿色，进而变成紫红色，幼叶变小，根和茎生长受到抑制，植株变矮，开花结果迟缓。磷肥过多会引起树木缺铁、缺锌。

树木体内含钾量约占干重的 0.3% ~ 10%，钾是树木体内 60 种酶的活化剂，可促进体内多种代谢活动。增施钾肥可增加枝干的粗和长度，增强枝干的硬度和力量，并能延长花期，有利花色的改善。缺钾时叶片出现褐斑，叶尖和叶缘枯焦，叶片黄化，皱曲直至脱落。钾多会使枝节间缩短，植株变矮，叶片变黄，继而变褐皱曲，甚至造成全株死亡。

钙在树体内约占干物质重的 0.2% ~ 1.5%，钙是薄壁细胞的组成部分，能促进根系生长和根毛形成，从而增加对养分和水分的吸收。镁在树木体内含量是干重的 0.05% ~ 1.5%，镁是叶绿素的组成部分，为许多酵解酶所必需，而且是一些酶的活化剂。硫在树木体内含量为干重的 0.1% ~ 0.8%。硫是构成氨基酸、蛋白质、维生素和酶的组分，

■ 增加湿度可利于树桩生长，快速成型

■ 盆小土少，泥土养育树桩多年后必须依靠人工浇肥提高土壤肥力。合理施肥可养好盆景树桩

与叶绿素的形成有关。

微量元素在树木体内含量极少，但也与植物的新陈代谢有很大的关系。铁是若干呼吸酶的组织成分，它能促进叶绿素的形成，缺铁时叶脉间轻微失绿，但细脉仍为绿色，严重时可整张叶片呈黄色乃至白色，叶片小易脱落。铁比较容易缺乏。硼参与分生组织的分化，生殖器官的形成，以及促进碳水化合物运输等。缺硼时节间变短，茎增粗发硬变脆，叶片变小起皱、增厚变脆，叶色失绿。其他微量元素可促进树木生长发育，增强抗逆性，使植株生长健壮。

这些支持植物生长的必需营养元素，氢、氧主要来源于水，碳则来自二氧化碳气体。氮、磷、钾、钙、镁、硫、铁、硼、锰、锌、铜、钼、氯等元素可由土壤供给。通常树木对氮、磷、钾需要量大，而土壤有时供给不足，应根据树木的需要增施氮、磷、钾肥，因此人们将其称为肥料的三要素。硫、钙、镁虽然也属大量元素，土壤中含量大一般不缺乏，只有在缺少时才施用。微量元素需要量较少，土内含量基本能满足要求，补充时需对症下药。

盆树常用肥料及性质

盆景树木因为栽植生长于盆内，生长阶段不同，需肥不同，各种肥料性质不同，肥料的特点也不同，常用肥料根据其特点，分为有机肥和无机肥两大类。

有机肥是有机体即有生命的动物、植物、微生物形成的肥料。盆树常用的有机肥有人畜粪尿、饼肥、绿肥、堆肥（人畜粪便及绿肥沤制）、骨粉等。人畜粪是一种以氮为主，也有磷、钾等多种元素的完全肥料，含有机质氮素 5% ～ 8 %，磷 2% ～ 4%，还含有硫、铁、钙等元素。施用前必须加盖腐熟，夏季半个月，冬季一个月时间，以提高粪肥质量，防止肥害烧树。人畜粪便主要用作生桩追肥，施于盆内，必须加 10 倍水过滤稀释。施用后注意还水和松土，以免在表土产生闭气肥膜，不透水气。也用于底肥，沤制堆肥。

饼肥是油料作物种子榨油后的剩余物，含有机质和氮多磷钾少。有机质含量 70%，氮 2% ～ 7%，磷 1% ～ 3%，钾 1% ～ 2%。饼肥可作追肥、基肥，树桩盆景用作追肥较多。腐制适量加水，经一个月腐熟，使用时取汁加 10 倍水稀释，效果较好，为城市常用肥料。

绿肥是利用绿色植物的茎、叶、根、果等或与其他有机物混合，经沤制发酵腐熟，制成的肥液。城市以菜渣、弃肉等腐制，并可混以人、动物粪便，肥效更好。

鸡、鸭、鸽、鸟等动物粪便，在城市中能收集到，是肥分完全、富含氮磷钾的完全肥料，用于观花、观果树木，效果奇好。

堆肥是由植物动物肥堆沤制熟的肥料，种桩用以改良土壤，少量混入土中，作底肥用，忌用肥过多。也有制成肥丸，做表土肥，随水产生作用。

有机肥通常为迟效肥，需较长时间才能产生作用。

无机肥是由无生命的物质组成的肥料，绝大多数化肥是无机肥。常用的氮肥有尿素、碳铵、硫酸铵等，氮的含量高，施用时必须充分稀释 100 倍以上，否则极易发生肥害，烧死树桩。2 年龄的生桩，忌施各类化肥。

常用的磷肥有过磷酸钙、钙镁磷肥，有促使开花与根系生长的效果。施用时间提倡早施，以利肥效发生。施用方法应集中在根系周围，因为磷肥移动性小。

常用的钾肥有硫酸钾、氯化钾。钾肥有促进根干生长的效果，一般应当年早施，发芽前后最宜，作追肥使用。用量不宜太浓、太多，以免烧树。

微量元素肥对树木生长发育不可少，但在数量上要求甚微，硼、锰、锌、铜、钼五种元素称为微肥。常用的有硼酸、硼砂、硫酸锰、硫酸铜、硫酸锌、钼酸铵、钼酸钠、硫酸亚铁、尿素铁等。微量元素在土中缺少或不能利用时，树木生长不良；过多时容易引起树木中毒。常用根外追肥的方法来施用，可以促进树木的生长发育。

复合肥料是指肥料成分中含有氮、磷、钾三要素或其中的 2 种化学肥料。其有效成分以氮、磷、钾的相应百分含量来表示。如三元复合肥氮、磷、钾含量各为 10%，则有效成分可顺序表示为 10—10—10。而二元复合肥氮、钾含量各为 10% 时，则表示为 10—0—10。至于氮、磷、钾比例的计算，是以氮为 1 时，然后以磷、钾含量与其相比，如 1:1:1 型，1:2:1 型、2:1:1 型等。1:2:1 型用在观花、观果树上为宜；1:1:1 型可在各类树木上使用；2:1:1 则用在观叶树木上为好。复合肥与单元肥相比，具有养分高、副成分少、养分均匀、物理性状好以及便于运输使用的优点。缺点是养分比较固定，难以满足各种土壤具体状况及施肥技术的要求。主要三元复合肥

■ 有机化肥施用浓度必须严格掌握

有氮磷钾一号、二号。主要二元复合肥有氨化过磷酸钙、磷酸铵、磷酸二铵、硝酸钾、磷酸二氢钾。复合肥用于树桩盆景上，作追肥或根外施肥，浓度以 1 : 500 为宜。

盆景用肥的禁忌

树桩盆景用肥是一门艺术，对较少使用肥料的城市爱好者来说，更有神奇的魅力。用好了，长势猛，有精气神韵，生命活力强盛，成活好，成型快，枝干能较快形成优良的过渡关系，人的技艺作用更能体现，人工或不良痕迹消除快，产生变异好。

肥有两面性，使用得法，有促进作用。使用犯忌，则有促退致死作用，泾渭分明，不容混淆。

肥的禁忌在于浓度和生熟。盆中使用，无论有机肥或无机肥，不能过浓，有机肥必须按 1 : 5 以上比例施用。无机肥稀释比例则必须大于 1 : 50 倍，且一次施用量不能过多。尽管稀释液浓度合适，但总量太大时，泥土吸附肥料的作用，会将水滤去，将肥留下，增加土内肥分的浓度，同样致死树桩。忌施用未经腐熟的有机肥。未腐熟的农家肥，施入盆中后，争夺土内水分、空气，产生热量，灼伤树木的危害性极大。

无用肥经验者，保险的用法是熟薄肥，在土壤潮湿，温度适宜时施用。施后及时还水，以增加保险系数。或用试肥法，在草本及其他树木上施用，无危害后，即为安全浓度，可放心使用。

施用农家肥前后，最好辅以松土，以免肥液胶质在土面产生闭气膜，封闭空气进入土壤，产生窒息，危害树桩。

有机肥料的沤制

树桩盆景用肥以有机肥为好。人粪尿，鸡、鸟、猫、狗粪便，厨房弃物，鱼、鸡、鸭内脏，菜叶，淘米水，烂水果等，凡无盐无硬渣的弃物，都可沤制为有机肥。

沤制时加水适量，经 3 ~ 6 个月充分发酵，微生物分解，才能沤制成熟。这种混合沤制的有机肥，肥效好，营养元素全，又能改良盆土，是盆景树木的上好肥料。

沤制和施用有机肥很臭，不卫生，住城市楼房的爱好者是个难题。有心者可用有内盖能密封的塑料桶、壶沤制，能在沤制时封闭多数臭味。肥中加入大量柑橘皮，能减轻臭味。

施用时滤去肥渣以免污染盆面。宜在晴天空气流通好时进行，气压低时施肥臭味不易散发，污染空气。也可在晚间后施用，或白天人少时施用。

家庭无臭使用有机肥法

树木离不开肥料，尤其喜欢有机肥。家庭阳台养的盆景使用有机肥会产生臭味，许多人都不能忍受，可在白天无人或夜晚后施用。肥液沤制时加入柑橘皮，可消除部分臭味。要彻底去除臭味，只能选择或自制已发酵好的粪干，埋入土中，增加肥效。

更卫生、更方便有效地应用有机肥，是使用植物油，如桐油、棉籽油、菜籽油、花生油等。根据土的多少，每半月十来滴，均匀滴入盆土四周。然后浇少量的水，使油随水扩散于土内。经一月发酵后，肥效较好。四川农村部分地区有使用油肥的传统，称其产品味更好。本人曾用金弹子、火棘、铁树、石榴、月季作长期试验，其叶色油绿发亮，长势壮，可单独使用，不再浇其他肥料。用作玉米种植，不需其他肥，比施用农家肥还好。

有人认为用油会使盆土油渍化，实际上并非如此。一处用油较多，油未用水扩散，暂时会看到油渍在泥土表面。时间长了，油渍会随水扩散，随微生物分解后，油渍会消除并产生肥效和疏松盆土的作用。只有油超量过多，微生物无法生存分解，才会产生土壤油渍化。

施肥方法

树木盆景要采用各种灵活、方便、清洁、高效的施肥方法，去适合盆内栽培和土少的情况，取得良好的促进与抑制生长效果，达到成型出景的目的。

1. 底肥又可称作基肥，是在土中或土下栽前施进的各种肥料。能创造良好的肥力，增加土中的有机质，达到疏松、改良土壤的效果，作长效肥应用。用作底肥主要是有机肥，以堆肥、绿肥安全、肥效好。饼肥作底肥应碾成粉状，少量拌匀于土中。盆景树木用盆小、容土少，底肥对根的作用集中强烈，宜少不宜多，少不碍事，可用追肥补充，多则伤树根本，有的不可补救。

2. 追肥是在生长期间施用的各种促进生长与繁殖的肥料，满足树木生育期间对养分的需求。多施用速效肥料，腐熟的有机肥料肥效作用也快。追肥要根据树木不同生长阶段和生长现象，采用元素含量不同的肥料。

3. 根外施肥。树木可通过叶

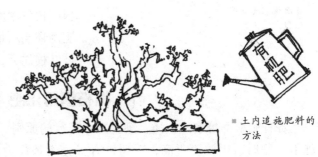

■ 土内追施肥料的方法

片角质层和气孔吸收喷施到叶片上的养分。所吸收的养分不仅在叶片参加代谢作用，还能转移到其他叶片、茎及根部，供代谢的需要。这种施肥的方法在根部吸收养分受到限制，根系不成熟，或某些养分在介质中容易被强烈地固定，或树木有特殊营养要求，或快速成型时采用，效果特别好。

4.滴肥、浸肥。针对有的盆景土表已作地貌处理，无水口，有铺苔植草等，松土少；有的成景方式浇肥成盆面径流，污染环境，浪费肥料，施肥效果效率差，可采用滴肥浸肥方式，可适应这类树桩盆景。滴浸施肥法，能保养好各类型树桩盆景。

叶面施肥

盆景树桩在生桩时期，根系未形成；成熟定型后需叶片小，生命力强，寿命长。按树桩盆景的这种栽培规律，叶面施肥针对性强，很能适应树桩盆景的栽培特性。

叶面施肥是根外施肥的一种，尤其适合新根刚出根系还未形成的树桩，从叶面得到较多的肥源，是培育树势、促使快速成型的有效方法。成型后的树桩，叶片需形小色正，从根上施肥易致叶变大。在出叶期控叶定型后，用叶面施肥辅以干旱可达到树形不变、叶色美观的效果。

叶面施肥一般采用喷施的方法，将肥水按1:500的比例配好，使用单元或复合肥，常用尿素、磷酸二氢钾等。也可自行配制复合成分肥液，达到多种效果。腐熟的有机肥过滤对水也可用于叶面施肥。

■ 叶面施肥要上下喷匀

叶面施肥需在温度适宜、无风无雨、无强烈阳光、湿度较大时进行施肥。应多喷于叶背面，更利于叶面气孔的吸收。要严格掌握好浓度，防止过浓伤树。喷后要及时观察，预防肥害产生。连续施肥间隔时间以5天以上为宜。新生嫩叶稚弱娇气不宜叶面施肥。

叶面施肥用肥省、见效快，可在无根、少根的树桩上施用，但只宜作辅助用肥，大量的肥源还需从根上获得。叶面施肥造成的肥害对枝叶损伤大，对根危害轻。

树桩慎用化肥

各种肥料都可按熟、薄、勤、随水而行的原则，用于盆景树桩的培育与养护。但施用化肥时若因浓度过高，对树桩有极强的杀伤力。因此用于盆中之树桩时，条件

异于地植，全部作用在根上，
必须慎之又慎。一定要掌握好
"薄"的原则，特别是氮肥含量
多的尿素，烧死过不少树桩。
尤其是2年龄内的树桩，根系
少，极易受到化肥的伤害，最
好不要在生桩上使用化肥。实
际上树桩无化肥不影响生长，
用时稍多一点，就会严重影响树桩生长。

■ 施用化肥要按比例控制浓度溶解在
水中浇灌，不要撒施在盆土上面

　　用时，剂量要小，每次2~3克即足够，必须加水稀释后施用。虽经水的稀释，一
次性浇入盆内的总量也不能增加，以防土的保肥作用，提高盆土化肥浓度，也会产生
肥害。

盆景树木生长与需肥规律

　　盆景用的树木种类不算少，其生长特性各有不同，喜肥也不同，主要分为落叶树
种与常绿树种，观叶树种与同时又可观花观果的树种。尽管它们生长特性略有不同，
但仍有一般的规律。

　　盆景树木生长与盆中栽植的盆龄有关，与树体大小有关，与树种生长速度有关，
还与花果多少有关。这些关系中，需肥与生长总趋势是：开春后，随着新根生长，新
芽的萌发，新叶新梢的长出，吸收养分增多。到开花时，吸收养分达到最高潮。开花
结果者，叶片中养分浓度降低，至秋冬季节吸收养分又明显减少。各生长阶段有不同
的生长中心，其需肥的种类和数量也有很大差异。

　　营养生长阶段，生长中心以长叶、长茎为主，应重视氮、钾肥。尤其是年生长初
期，萌芽长梢时，氮、钾肥对后期长势影响极大。犹如人在婴幼儿时期的养分，为一
生的体格智力发育打下了基础。生长发育初期，生物量少，养分贮藏少，营养同化面
积小，尤其落叶树。前期供肥是形成优质枝条和叶面积的保证。优质枝叶是树桩早成
型、成好型的基础。修剪造型也才有枝可剪可造。花芽分化后，营养器官生长逐渐减
弱，生长中心转移到开花结果与生殖生长上。花后结果的树木，如火棘、金弹子、石
榴等，所需肥料数量多、时间长，如不经常补充肥分和多施秋天果后肥，容易出现大
小年，第二年无果或少果，观果效果不佳。

　　长期实践中，人们总结出了树木不同生长阶段需肥与用肥的施肥原则，催芽肥、催
长肥、催蕾肥、催花肥、催果肥、花果后补肥及施用越冬肥，这是看生长期施肥的方法。

■ 挂果期间
要施用适
度的全价
肥料

催芽、催长肥是在树木萌芽前半个月或新叶初展时施用的肥料，这次肥料要有能促进根系生长，增强吸水、吸肥能力的磷肥，还要有能提高光合作用强度、促进碳水化合物代谢的钾肥，配合长叶的氮肥使用。还可用 0.2% 的磷酸二氮钾加 0.1% 的赤霉素作叶面施肥，促进生长。控制生长可用适度的矮壮素。

催蕾、催花肥是在树木花芽分化前 10 天左右施用的肥料。主要是使用能缩短花芽分化时间和促进花芽分化的磷肥。

催果肥是在挂果、赏果期间使用的全价肥料，应分次逐步施入。能使果大、色美、味好，同时又能使营养生长同步进行，保证来年有果可观。花果后补肥是指树木谢花和摘果后所用的肥料。花果后，树体内大量有机物被消耗，急需补充，此时供给全价肥尤为适宜。

越冬肥是指在霜冻前施入的秋肥，提倡冬肥秋施，以利树木吸收，储存较多的养分，健康越冬。主要施用能增强树木抗寒性的有机肥及磷钾肥。

树木生长中有它的连续性，春肥好，枝叶茂，花芽分化较多。花肥好，花果硕。前期肥料是后期生长效果的基础。因为其连续性，所以是否施肥，施多少肥，还须见势而定，人们总结出的施肥经验，应该加以利用，以养好树桩盆景。

～树木吸收养分的条件～

树木吸收养分是有条件的，用肥也必须根据环境条件和自身条件进行。与树木吸收养分有关系的环境条件有光照、温度、水分、土壤，以及有树木自身的条件。盆景植物摆放、陈设的地点环境条件差异很大，有的在楼顶，光照强，温度升降快。有的在阳台、窗台，光照少，温度变化不大。有的在室内，通风不良，光照差，温度高。具体的摆放环境对树桩吸收养分有一定影响，尤其是光照的影响最大。栽培中人们重视肥水土而轻视光，实际上光是肥、水、土、气、温等诸因素的决定因素，光和温度与肥水平衡才能达到良好的综合作用效果。

光照和营养条件与树桩生长关系有以下情况：

1.光照较少和肥分较高时，会使植物体内碳水化合物减少，引起徒长，导致落花落果。在阳台、窗台上培植的树桩，较少开花结果，即属此原因。

2.增加光照或适量控制供肥，使树体内碳水化合物和营养水平接近平衡，树能旺盛生长，但体内碳水化合物不多，花果少，观叶较好。

3.继续增加光照强度或减少施肥，促进碳水化合物的合成，能保证开花结果。这是观花、观果树桩所需的光照养分条件。

4.进一步增加光照和减少供肥，因养分不足，会使树叶变黄，变小，植株易早衰。因此，应根据光照强弱控制肥料用量。即光照弱应适当少施肥；光照强，光合作用剧烈，供肥水平就可适当增加，以保持树木体内代谢的平衡。光照强弱对各品种树木生长影响有一定差异，落叶树需光多于常绿树，落叶树、乔木树需光多于灌木树。

树木对主要营养元素氮、磷、钾的吸收明显受到光照的影响，光照差，光合作用减弱，运送到根部的物质减少，从而会影响根系生长和养分吸收。光照虽然会影响植物光合作用及养分吸收，但在光照不足时，多施钾肥，也能促进光合作用。这是因为钾能促进光合磷酸化作用，产生的能量增多，因而就为二氧化碳还原提供了较多的能量，从而使植物能更有效地利用太阳能量进行营养同化作用。

温度高低影响肥料的分解，同时影响树木对肥料的吸收。树木在低温时，自身活力也差。通常温度低，肥料分解慢，树木吸收肥料少。随着温度上升，肥料分解加快，容易被树木所吸收。温度高低不同，土壤微生物分解转化土壤的肥料有差异。无机氮肥需转化为硝态氮。有机肥也需一定的温度，才能增加土壤中的有效氮。温度较高的夏天，不宜施肥。

水在土壤中，可加速肥料的分解溶解，促进树木对养分的吸收。水在土壤中不可过多，尤其是盆土。水分过多，使土壤透气性含气量变差，不利于树木对养分的吸收，而且还会引起养分流失，降低肥效。所以雨多不能施肥。水在土中过多为潮，适量为润，土宜湿润而不宜潮湿。水在空气中含量多为湿度大，湿度大有利于树木生长。

土是盆景树木吸收肥分的介质条件，施肥及土中固有的肥分，是通过土壤为树木所吸收的。肥料在土壤中所起的变化及树木对养分的吸收，均与土壤性质有关。土壤的供肥性能将自身所含的肥分供

■光肥要均衡，肥效更好，长势更强

给植物吸收，盆中有一半的肥分是由盆土提供。土中养料分为潜在养料与有效养料，它们在土中能互相转化，形成动态平衡。能被树木吸收的有效养分盆土中含量少，所以不能满足树木各生育期的需要，需人工追加。土壤保肥性是土壤吸收、保持一定数量肥料物理和化学性能的结合程度，土壤一般带负电荷，它能吸收附带正电荷的铵、钾，增加土壤的肥力。吸收容量大，土壤的保肥力好。土壤氧化还原能力是指土壤的通气状况，土壤有机质分解速度、土壤中养分形态以及树木吸收养分的综合指标。土壤氧化还原性质与施肥有关，土壤积水，则有机质多是厌氧分解，会产生较多的物质如硫化氢、甲烷等，对树木的毛细根是有害的。防止积水，创造良好的土壤氧化还原反应条件，有利于树木生长。土壤的酸碱度直接影响营养物质的吸收和树木的生长。同时还关系到土壤中各种养分的有效性，一些植物对它也有一定的选择。大多数盆景树木喜欢酸性，少量喜欢碱性。酸碱度与树木逆反时，有时会产生树木黄化、花色变化等现象，可加以利用。

水肥管理的原则

1. 避湿防燥达润，枝叶可湿可燥，根却需润，是最佳的用水状态。

2. 不干不浇，浇则浇透，见干见湿，不浇半截水。

3. 薄肥勤施，施肥前松土，施肥后还水，是盆中最佳的用肥方法。

4. 肥多伤树，肥少亏树，适量养树，防止肥害和水害。

5. 光、肥、温度均衡，才利于树木吸收利用，分树桩阶段按季节施肥，有利于树木生长。

6. 注重肥水效益，防止盆面径流，减少环境污染。

盆土拌炭灰、锯末好

有人在常规的泥土中拌一定的河沙，认为效果好。河沙质重无肥，虽可改善土壤通透性，但不及炭灰、锯末的作用好。

炭灰、锯末质轻，具有小微孔，透水透气保肥保水作用优良，且质轻可减少盆景的重量。浇水施肥时，水肥能均匀渗透于整个土中。吸水与干燥时，膨胀收缩系数小，干燥时盆土不易与盆壁发生收缩，导致水分沿盆壁流失，而中部得不到水肥湿润。

烈日下能浇水吗

许多人认为，烈日下树木不能浇水洒水，需日落以后浇水才不会蒸死树木。

浇水洒水能使植物较快降温，土壤蒸发水的过程可带走部分热量降低温度。蒸发的水分能增加空气湿度。其降温与蒸发的温度，均在气温与土温以内，不会高于土温与气温。树木在当时温度下能够生存，适当降低温度也不会有太大的影响，自然也能生存。

实际经验中，烈日下许多人都在浇水洒水，并没有见到蒸死树木植物。本人更是经常在午时午后浇水洒水，对树木带来许多好处，而未产生不良作用。烈日下浇水无害有益，有经验可作证明，用试验也可证实。

■ 烈日下不可以浇水，是一个养护管理上的认识误区

点滴法养桩

人病了用点滴法给药、给水、给血、给营养，是行之有效的好办法。盆景树桩为了达到某种或几种目的，或在特殊情况下，也可采用这种实用高效的方法养桩。

点滴法养桩可节省时间和工作量，可以合理用水和用肥，延时浇灌，肥水共浇，促使植物加速生长，快速成型。还可以用于难以管理的生桩、成品树桩、叶土比过小的超小盆景、无盆沿之盆景、全附石盆景、挂壁盆景的日常管理，使这类难于管理的盆景变为极易管理的盆景。

在树桩生产现场，将水源用细塑料管联结起来，分布到各个养盆上，逐渐滴水，可保持盆土的湿与潮，加速盆树的生长。夏季烈日下使用此法，简便了管理，而且可以在烈日下保证肥水不断，促使植物旺盛生长。如果盆景数量少，可用 2 ~ 5 升的厚皮塑料包装桶壶，扎入医用输液器，置于高处，调好滴速，即可长时间供水。尤其适用烈日下气温高时的浇水，也适用时间较少的人，平日保养树桩盆景可极大地简化管理，节约人力、物力、时间。喜湿的树种小叶榕、黄葛树、金弹子、紫薇、赤楠、黄荆采用此法，生长迅速，可提前成型。

点滴法也可用于施肥，有机肥与无机肥都可使用，化肥又称为无机肥，溶解后按安全比例，每次 1∶100 进行滴灌，十分有效。农家肥即有机肥，可过滤后对水使用，以免堵塞水孔。用腐熟尿液对水滴灌，可免于过滤使用效果尤佳。点滴法用水用肥比较节约，肥水混合好，肥水利用率高，可长时间保持肥水供应，又不会使土壤板结，还不会造成肥害。使用点滴法结合全日照，可使树枝增粗，叶片增大，叶质变厚，叶色变深，常绿树出芽次数增多，金弹子每年可多达 4 次发芽，仅盛夏与冬季不发新芽，

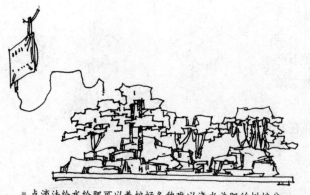

■ 点滴法给水给肥可以养护好各种难以浇水施肥的树桩盆景形式

能养成枝繁叶茂的树冠和枝盘，使用截枝蓄干的修剪法造型时，也可有枝可蓄、可截。培育小苗造型者，可加快成材。

点滴法可应用于各种树桩盆景的管理，可用于各种场地的树桩盆景的管理，更可用于特别难以浇水的类型的树桩盆景的管理，如挂壁式、无盆沿的砚式、全附石式、浅盆无水口枝多土少的盆景、水旱式盆景。无水口或水口极浅浇水十分不方便，下渗速度慢，极易造成盆面径流的盆景，用点滴法浇水不致使肥水往外流淌、污染环境。有的树桩盆景盆面已作地貌处理，树桩枝叶太多而用盆太小，叶土比悬殊，如我国港台地区、外国的盆景树桩，普遍叶多土少。夏季室外烈日下放置，水分蒸发极快，一日三浇也只少不多，偶一疏忽，必致掉叶焦叶，只有连续供水（滴灌和浸灌）才能适应。否则必须移入室内阴凉处或冷室。另外无盆的砚式、挂壁式、全附石式、异型盆景，它们非常出景，有较高的观赏价值。只是直接浇水留不住水分，不好浇水，必须有另外的浇水方法，才能保证其不是只能在展出或图片上才能见到，而成为平日常见的树桩盆景形式。滴灌依靠土壤的毛细作用，水的重力作用，将水分传到泥土各处，长期保持土壤的湿润，而保养好最难保养的树桩盆景中的任何类型的盆景。

点滴法浇水，水肥从上往下传递，水肥全部经过泥土。泥土的过滤作用可将多余的水滤去，将肥留下，肥料的保持较好，因此肥料的总量必须控制在每盆每次尿素2克以内，以免肥料富集，烧坏树桩。使用点滴法，此原则必须严格，以免坏事。点滴时滴速不宜过快，以使肥水横向传递与向下传递接近匀速，滴灌的效果好一些。滴速太快时，水分受重力作用，出现两种情况，一是在土松软时，快速向下传，横向的土壤受水少，不能满盆湿透。二是土壤较硬时，沿表土漫浸，渗透速度慢，有可能漫出盆沿。长条盆因为长度比例大，不易浸透到边缘，可用两条滴水管同时滴灌。

滴灌的水源肥源，要进行总量控制，盛水容器较大时，只加至所需水量即可，不一定要太多。水太多达到饱和度后往外渗，同样污染环境。水量要与盆土的含水量、气温、树叶的多少，也就是蒸发的快慢相结合，进行控制。桶大时只加所需的水，集中供水容器不大时，可将自来水慢速滴入桶内，保持水源不断。

❧ 浸盆法养桩 ❧

点滴法浇水，水从上往下输送。坐盆法浸水浸肥从下往上输送，也可以盆上盆下一起往泥土中输送，一次性达到饱和程度，减少浇水的次数，并可延时浇水，节约时间和劳动，促使树桩快速生长。尤其适合夏季、生长季节、生长旺盛的盆桩和难于浇水肥的成品观赏期树桩。最适合应用于在一定时间无人管理的情况。

浸水与浸肥结合，可以达到安全用水和用肥。浸盆时由于水的压力和张力，土壤的毛细拉力可以满盆浸透，使盆内土壤湿度达到饱和。不会出现因干燥泥土板结，浇水时水肥沿盆壁流失，内部泥土仍然干旱的情况，影响树桩生长。浸肥时肥分从下往上输送，土壤的过滤作用可阻挡一部分肥分向上传递，不易产生肥害。浸肥时水肥混合，比例偏淡，经常使用也无疏漏，能预防肥害的发生。

浸水容器可采用各种能盛水的物具，塑料盆、旧搪瓷盆、工业废弃容器、水池、水泥容器、铁盆铁桶等。水桶类高盆，可用来浸悬崖式签筒盆，或将其锯截，可浸圆盆。有条件者可购买一些价廉耐用的容器，进行浸盆。总之利用一切可以利用材料，创造条件，采用浸盆法保养好各类树桩盆景，将树桩养好养精。

平时采用浸水法，可解决浇水不方便的问题，需要浇肥，可在水中加入一定的肥料，水肥一起进行。浸水浸肥相结合干湿交替经常进行，对后培育期的树桩，能够促使增强树势，快速成型。能育成枝繁叶茂的枝盘或树冠，能维持叶多土少的叶土比，能小盆养大桩，能保养无水口及无盆之盆景。如"不屈的少女"培养期就用小盆，盆小土少叶多需水多，常规浇水无法浇进去，用浸盆法解决了日常浇水难题，最后育成如图的状况。浸盆法与滴灌法相结合，可创作出尽可想象的设景方式，而无保养管理方面的后顾之忧。包括砚式盆景、挂壁盆景、景盆法盆景、树石盆景，都可满足日常保养，保证植物茁壮生长。

如果盆景爱好者要十天半月离家，无人或无可托之人帮助浇水，尽可采用浸盆的方法。将盆浸透水使盆土达到饱和状态后，再加满水，放于室内或阴地，可维持到容器内水蒸发完后，再经历 5 天以上。如果水多，还可延长时间。

有人担心采用长期浸盆法浇水，会造成树木烂根，危及树桩的生命。这种担心缺少实践经验，缺少对花草树木的真正的认识。试想老天爷连续十天半月，甚至一个月以上的连续阴雨，盆内的花草树木岂不是在浸盆吗？浸盆在植物的生长期进行，在植物需水时进行，不是在冬季植物休眠期进行，生长期湿些不会烂根。似无土栽培一般，有利而无害。尤其是夏季高温时，采用浸盆法保养树桩，干透后浸透，生长效果十分理想，根部极其发达，换盆时看到盆底满盆是根感受更深。本人对一些好桩、成品树桩、盆小土少之桩、无水口之桩，采用了浸灌的方法，效果好又减少了劳动量，免除了夏季浇水的麻烦和辛劳。有的树种，如金弹子、黄荆、紫薇、山葡萄、火棘、石榴、凤尾竹，从 7 月初到 10 月底，一直浸在水池中，免除了浇水。山葡萄全年浸在水中，落叶后也未取出水池，冬季也没烂根，其根飘在水中，肉眼可见。生桩金弹子我也在盛夏时养在水中。有顾虑者，可用小桩做试验，有了亲身体会，才有认识。植物的适应性到什么程度才是临界点，经过试验，才能认识到。本人用浸盆法，达到了快速成型的目的，尝到了浸灌法养桩的甜头。

滴、浸、喷、浇四法用水

树桩盆景用水，不单要养活树桩本身，还要养活配景的植物花草，还要能达到培养中的各种目的，如生桩养护，快速成型，树的生长势态调整，根叶枝花果的培育，有时还需抑制培育。必须采用多种方法用水，以达到多种培育造型及保型目的。滴、浸、喷、浇四种方法，即是最适用，最能达到树桩培育养护目的的基本方法。

滴是滴灌方法，其作用持久，效果突出，尤其适合夏季高温季节，达到快速培育。更适合不便浇水的盆景形式。

浸灌方法其作用持久，浇水可达到饱和程度，尤其适用促使成型的盆景，夏季使用效果尤佳。可在夏季中，持续三五天浸盆，然后干燥 1~2 天，干湿交替，培育效果更佳。

喷水是许多爱好者普遍坚持使用的方法。采用水龙头喷水，喷壶喷水，盆景园可用自动喷水。以利于保持桩体、叶面、环境的湿度。是生桩、熟桩皆宜的一种用水方法，又能很好保养盆面的缀景植物苔与草，达到盆面浇水的均衡性。也有爱好者采用此法做主浇水法，可节约时间及体力，效率高，适合大面积浇水。需有自来水或给水设施作水源。

浇水是传统的应用器具浇水。水壶、水瓢直接向盆内浇淋，少量及无自来水时，可采用此法浇水。

四法浇水除了有常规作用外，还可将其用于难于管理水分的夏季伏天生长季节，减少浇水的繁杂，增加供水数量。可达到大水大肥，快速成型的效果，促使树桩快速成型，成型的效果优良，达到较佳的观赏效果。能根本解决难于养护的盆景的养护方法，任何难于养护的盆景形式，如张氏砚式、贺氏景盆法、戴氏挂壁，都可很好养护，还能促进难于养护的新形式诞生创造出来。

四法结合用水，在生长季节应用，无论是用于培育期或观赏期的树桩都适宜，应该推广提倡。

7 生桩种植技术
SHENGZHUANG ZHONGZHI JISHU

生桩种植需要什么条件

　　树木生长需要一定的环境条件，养植树桩必须选择一定的场地，满足培育期间树桩的生长需要，达到成活容易、成型好的目的。

　　栽植树桩宜选择向阳、通风、温度较高、湿度大的地方。向阳处光照好、能量大，有利于树木吸收太阳的能量进行光合作用，积累大量光合产物。温度高生长时间长，养分积累多，生长周期增长能增加长势。通风有利于空气流动，帮助植物呼吸，防止病虫害。湿度大是树木原生地的基本条件，有利于树桩的生长成活发育。场地以较宽敞为好，宜稀疏，能单盆独立摆放最佳，便于观察造型观赏。能满足这些条件的有地植和楼顶，阳台、窗台也可利用，同样能培养出品相不凡的树桩盆景。

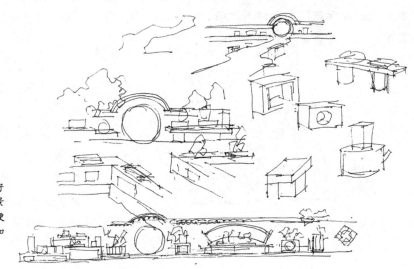

■ 光照强、通风好是养植树桩盆景的基本条件。硬件设施好可增加环境效果

■ 楼顶是养桩的场
　所之一

　　城市爱好者利用阳台，有的甚至住在北向，无法选择场地，可因地制宜，选择耐阴植物，如金弹子、六月雪、杜鹃、岩豆等。少选择火棘、紫薇、松柏等阳性类植物。只要加强管理，也能培植出精美的作品来，"蛇形悬崖"就是这样培植出来的。

　　树桩养植场地最宜宽敞，单盆独立摆放，才能时常精细造型管理，加工制作出精细的盆景作品来。

地植养桩

　　树木生于土地上，在地球上占据一片空间，生根、长叶、开花、结果繁衍后代。群体成为树林，个体成为古木大树。地植树桩顺应了这一天然特性，与盆钵养桩相比，地植树因土壤多、自然条件优越而好于盆植。

　　地表土内因水的张力，在一定范围内能均衡水分，地下水能够上升供植物吸收，因此地植的保水条件大大好于盆植，可减少浇水，减少劳动力的耗费。地植暂时无需购置盆，减少资金 3～5 年的积压。

■ 地栽的生桩

　　地植树桩的根系传得很远，营养作用面积大，土内的矿物质、微量元素的吸收优于盆植。地植生理上的优越条件相对于楼顶、阳台都好许多，因地制宜进行地植养桩，能节省费用，节约劳动力，树桩生长成型快，运输、植物保护、管理方便，不受场地限制，大桩小桩都可培育，能大规模商品化发展树桩盆景，降低成本和售价。用较长时间地植培养树桩，可出佳品。

与盆植相比，地植根系分散而过长，上盆时根须损失较多，需一个生长季节的恢复期。可于地植时采用断根炼根的方法，多次截断较长的粗根，促发须根，使根系回缩，集中在树础周围，上盆后可缩短缓苗时间。

⚘ 阳台养桩 ⚘

城市阳台除了生活功能，也可用于养植花木树桩。不少树桩盆景佳作即出自阳台。阳台有东西南北之分，以东南向养桩最好，西北最差。阳台很多只有半天日照，上有高楼遮挡，承受阳光雨露风霜少，因此阳台养桩必须因地制宜，扬长避短选择耐阴植物，同样能养好盆景。只要管理得法，处理得当，也可出好作品。

适宜阳台种植的常见盆景树种，有金弹子、岩豆、檵木、雀梅、女贞、黄杨、黄荆、榔榆、杜鹃、山茶、枸杞、胡颓子、罗汉松等。

阳台养桩因受光面与背阴面明显，易造成向光斜向生长。发现枝条有倾斜时，定期转动盆的方向，改变受光方向，可克服斜向生长。

为了增加放置盆的数量，可创造条件搭设飞台，还可创造越冬的条件。阳台养桩设施必须牢固，并需设置安全护挡，较高的盆和桩要固定牢，以防大风造成意外损害。浇水时需仔细，不要向下过多流淌以免影响他人生活。

■阳台养桩

⚘ 楼顶养桩 ⚘

城市楼顶面积较大，顶上光照强烈，通风条件好，不影响楼下人的生活，有了水源就可取土养桩。因其方便，便于管理，不易失盗，楼顶养桩受到人们的重视，出现了不少爱好者，也产生了不少好作品，目前有不断扩大的趋势。

一家人的楼顶面积有 50 平放米以上，可养植上百盆盆景，布置成梯级台阶，还可放置更多。楼顶砌台堆土，与地植相似。将水管装上楼顶，浇水直接用水管喷淋，保养树桩十分方便。甚至可装自动喷水龙头，自动喷水浇灌。

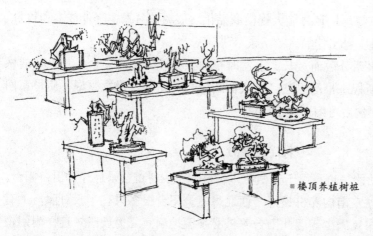

■楼顶养植树桩

楼顶搭架种上葡萄、瓜类或其他藤蔓植物，可在盛夏遮挡强烈阳光，有利新桩的生长，熟桩也可减少蒸发。无需遮光则可于强光下炼根，十分有利于根叶旺盛生长。楼顶积肥沤肥、施肥也不大影响楼下的卫生，人工条件和自然条件都很优越，笔者本人就是楼顶养桩造就出的爱好者。楼顶栽桩可大可小，根据自己的爱好选择。

楼顶砌土台不要靠墙，而要独立修砌土台，才可防漏。靠墙筑台在连续大雨时，雨水顺墙往下渗透，容易漏水，影响生活。

直接上盆养桩

直接上盆养桩，为越来越多盆景爱好者所采用，最适合城市居住的爱好者。与阳台、楼顶结合，形成了城市盆景养植者群体。城市人平均文化素质高于农村山区，出精品的概率大于乡村盆景专业户。山区树桩资源丰富，有些山民将好桩留下自己栽植，具有潜力。

盆钵养桩，盆壁四周能接受阳光空气的热量，春季升温比较快，有利生桩、熟桩

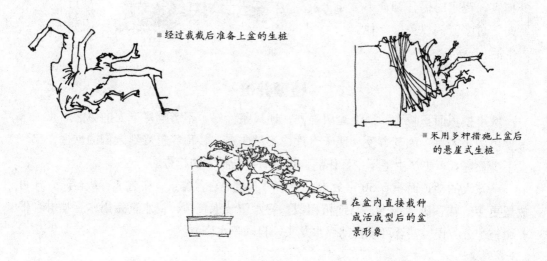

■经过裁截后准备上盆的生桩

■采用多种措施上盆后的悬崖式生桩

■在盆内直接栽种成活成型后的盆景形象

的苏醒发芽生长。花盆不易受其他物体的遮挡，受光好，盆可以移动，防冻防暑方便。盆内泥土虽少，用少量很好的土就可满足。地植使用人工配制的优良培养土的较少，不注重选择土壤。盆土体积小，肥水利用好，浇水施肥时，肥分集中在盆内，不会散失到更多的土层中去，便于被吸收，肥水利用率高。

盆子移动方便，可摆在离人最近的地方，随时可观察到树桩的有关情况，浇水施肥、除草除虫、剪枝松土、喷水造型，采用各种技术，都十分方便。在恶劣的情况发生时，可转移到更有利的地方去。根干枝造型时可四面移动，或上工作台操作，方便顺手。思考时，可借助于盆作各个方向的摆布，确定最佳的构图形式和经营位置。

树桩在盆内养植，根系生长集中，有利于根的培育、蟠扎、提露、换盆炼根及观赏。根系长期收拢在根基附近，能出观根的作品。

城市众多树桩盆景爱好者的活动，只能在阳台或楼顶上进行，盆植从各方面看，都适宜直接养桩。盆内养桩培育了不少精美的作品。

盆植与地植比较，不利的是浇水工作量大，盆内无地下水上升，如果不下雨只能靠人浇水，夏季浇水十分辛苦。从长远上看，树桩的主干生长速度不如地植快，培养大型桩受限制，培植数量、规模不如地植。

生桩套袋养植

得到好桩后，爱好者都千方百计要将其养植成活，套袋养植是一个办法。

套袋养植是用大小适宜的塑料袋，将树桩或盆遮盖起来，使树桩生活的小环境内的温度和湿度优越于外界条件，给树桩创造一个人工条件的小环境，安全度过冬季寒冷季节。套袋能防止树桩失水和增加它的湿度，从皮层上获取更多的水分，较好地维持内部生理功能，有利其成活。

套袋可用各种材料和方法进行，其实质是一个小温室，只是十分简易罢了。套袋培植时，要有一定的通风口，通风和增加光线漫射，经常打开袋子接受阳光和新鲜空气。套袋后泥土不易蒸发掉水分，要防止过度潮湿。经常喷水，也要保持盆土上下一样湿润，避免上湿下干。

春天气温回升或发芽后去袋时，要避寒风和强光直射，放于避风阴处过渡半个月或 1 个月，以免环境改变过大不适应，造成嫩枝回缩。有人说套袋易成假

■ 生桩套袋养植，有利防寒，更利于保湿，还有利于发芽

活，即只长芽不长根、无二次枝发生、枝叶生长慢、不能越夏而夭折等状况。这是生桩的先天不足造成，只要去袋适时，处理得当，套袋的方法是可以用的。

小温室养桩

温棚养植为植物提供优越的环境条件，其优点是温度适宜，冬可保暖夏可降温，延长生长时间，保湿条件好，不易受外界病虫、杂草等为害，方便人的操作管理。条件好的高级温室，可人工升温和降温，常年将温度保持在适宜树木生长的范围，并能保持较高的空气湿度。树桩在优越的条件下延长了生长时间，夏季和冬季都能生长，树相能达到枝繁叶茂、葱翠苍郁，生机蓬勃的景象让人叹为观止。我国台湾、香港及日本一些成熟作品，即是温室之作。生桩进入温室也有利于成活与发育。

搭建温室需要一定的材料，要有较好的条件，一般爱好者用塑料布搭建暖棚，防止冬季温度过低，冻伤南方树种。重庆冬季福建茶就需入室才能越冬。刚栽不久的生桩及1年生桩，树势较弱的桩，入温棚越冬有利于成活。

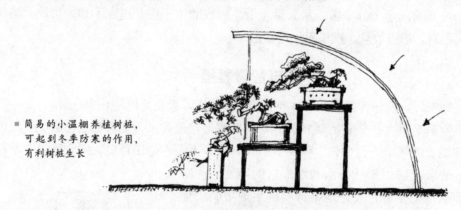

■ 简易的小温棚养植树桩，
可起到冬季防寒的作用，
有利树桩生长

生桩栽前外形处理

得来的生桩，栽前要对坯材的外形按形式景象意韵进行加工修整。栽前树桩形状最直观，好构思立意，加工修整操作最方便，去枝留根，一目了然。锯截砍凿随意放置，大刀阔斧随心所欲，细部修凿造型得心应手，无损伤根系的顾忌。一时半会确定不了去留的，可暂时保留，待胸有成竹后再进行。

外形修整包含构图立意，方法是去枝去根，实质是留根留枝，去留得当，可将原坯的美充分体现出来，化凌乱为曲节，化粗俗为神奇。毛坯外形处理，去留得当是施展技艺的重点手法之一，是自然类树桩盆景创作的第一个步骤。外形修整是结合立意构图，因形赋意进行的，赋予作品一定的外形和内涵，是决定一件作品成功的基础。

修整外形的方法是去除粗野杂乱多余的附生根枝，利于上盆和观赏。去除后的断面要用利刀修圆滑，可用凿子、电动刀头作枯朽状的造型处理。锯截留下的伤口粗野不修整会产生造型粗俗的印象，上盆后再处理不好操作。有病虫害发生的，要用药、水、人工等方法去除。寄生在树干上的菌类用刷洗的办法，有病害的部位要去除，干内长虫、白蚁的，用药液处理，也可将树桩浸于水中，经4小时以上，淹死虫类。

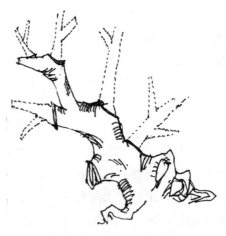

■ 除去不符合造型要求的枝条，裁截为斜干式的生桩外形处理方法

无用的枝条必须全部剪除，以免与造型枝条争夺养分，抑制有用部位的发芽、生长，这是外形修整在生理上的功能作用。可以留做神枝的则宜少留下，免使与桩争夺水分、养分，影响其他枝干的成活。

生桩生理处理

新植生桩，为了确保成活，要进行一定的生理处理，以提高成活率。

常见的处理方法是浸水处理、药物处理、直接尽快栽植。

山野树桩经过采挖运输上市到栽植入盆，有一定的周转时间，有时长达半个月，还有更长的失水比较严重。"龙眺嘉陵"的龙头形桩采挖上市经过13天时间，买回用水浸泡16小时后，整理埋栽入盆中。经过浸水处理，恢复了生理功能顺利地栽植成活下来。浸水处理根据树种进行，硬木类树种、薄皮类树种适宜浸泡，岩豆、厚皮多浆类树种浸泡时间要短，1小时左右即可，以免流汁造成危害。金弹子、火棘、赤楠等可浸泡3天仍能成活。浸泡时，要露出树梢。一定时间的浸水处理，增加树桩含水量，使运送水分的输导组织畅通，有利成活。此法简便易行，不会有危害。

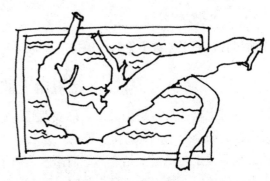

■ 新桩生理处理方法之一——浸水处理

生理药物处理是用植物生长刺激素，如赤霉素、生长素、萘乙酸、吲哚丁酸等类促根生长激素制剂浸树桩，生根粉剂也有使用。生长激素应该在生长季节严格按剂量进行，不到规定剂量不产生作用，超过剂量甚至事与愿违。桩上有病虫痕迹则应进行消毒除虫处理，在水中加入高锰酸钾等药一起浸泡达到消毒除虫作用。

直接尽快栽植也是满足其生理需求的一种处理办法。

小盆养大桩与大盆养小桩

直接用盆养桩有时无合适的盆，又由于初植考虑不仔细，容易出现小盆养大桩与大盆养小桩的情况。小盆养大桩的较少，大盆养小桩的较多。小盆养大桩由于土少，盆土易干，生桩失水极易死亡。桩坯发芽后，枝叶多时便会出现水分和养分供不应求的矛盾。进入观赏期盆小可反衬树桩的高大，但树叶蒸发量大，少量盆土经常干白变硬，浇水次数增多，劳动量加大，给保养带来较大的困难。进入夏季伏天后，水分的管理更麻烦，阳光下一日两浇还嫌少。要继续用小盆养大桩，保持景观，除经常浇水，就只好借助于其他有效的保养措施，如滴水浇灌、浸灌、套盆保湿，度过高温季节。或者将盆移到阴地、室内，减少蒸发量。

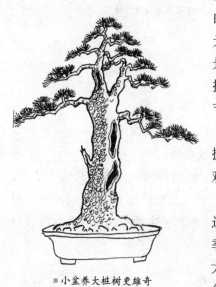
■ 小盆养大桩树更雄奇

小盆养大桩重量轻移动方便，便于老人和妇女搬动，改变观赏地点。小盆能养活大桩，直到进入观赏期，说明管理精细，保养得当，具有相当水平。

大盆养小桩与小盆养大桩相反，土多树小容易过湿伤根。必须将水分控制在干湿相当的程度，冬季遇连阴雨，应加强排水，疏于处理易出危险。盆大土多，夏日可减少浇水的频率。大盆养小桩比小盆养大桩好管理，但盆树比例不当，成景不美，盆重而树轻，甚至见盆不见树，是初学者的常见病。

栽桩用土的干与湿

树桩上盆、换盆是个关口，移栽性好的树种换盆技术要求不高，怎么换都不会有大问题，如金弹子、黄葛树、黄荆、紫薇等。而火棘、檵木、赤楠等换盆时稍不小心，就会因原根土与新根土结合不好而吊水，严重时能将树吊死。重庆的盆景人对火棘换土十分谨慎，谈换土而色变。其实只要解决了技术问题、技巧问题，换土也不难，生死关是可以度过的。

翻盆换土关键在根与土的密切接触，要达到根土密接好，土的干湿很重要。干燥的土、颗粒细的土，流动性好，在盆内稍加振动，便可自己流到根隙中去，与根紧密接触，使根不脱离土壤。湿度大的土，黏性增加，土成团块，易与树根产生间隙，根皮不能大量接触土壤，操作困难，也不利树桩成活，或成活后缓苗期极长。

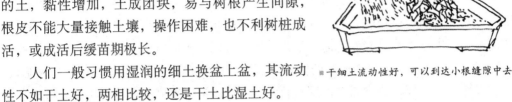

■干细土流动性好，可以到达小根缝隙中去

人们一般习惯用湿润的细土换盆上盆，其流动性不如干土好，两相比较，还是干土比湿土好。

生桩的栽植和养护

山上采挖到盆内栽种 1 年内的树桩，称为生桩。生桩从山上采挖出来，根系和枝叶几乎损伤殆尽，又经多天的周转运输，失水较重。要将其栽活养护好，必须讲究适宜的方法，才不会损失好桩，浪费钱财。

栽植要用半黏的土壤，树林中的腐叶土最好，耕作过的熟土较疏松透气可直接使用，再加 1/5 的炭灰、锯末或河沙更好。上盆使用时，成干燥粉末状，流动性好，能充分填入根缝隙中去，使根土紧密接触。根土不能紧密接触的面积大了，会因根皮部吸收不到足够的水分而"吊死"。填土应宁实勿虚，埋土量达到树桩表面积的 2/5 即可。盆浅土不易堆高时，可用木块、铁皮、塑料等物加套堆土，以增大树桩根皮吸水的面积。栽种时填土至 1/2 时浇水，浮土下沉后，再填土浇水，固定其根基。

栽植后的养护是件长时间的工作，必须有信心、有耐心、有毅力。经常给树桩喷水保湿一天两次以上最好。盆土应保持不干不湿，特别是不能干透，干透易使生桩失水。放置地宜半阴，环境空气宜高湿。可对干部采取套袋保湿法，附着物保湿法，喷水保湿法，千方百计保证成活。这是精细的管理，如时间不够、条件不好，粗放地管理，种后只浇水或少喷水或不喷水也能成活。树木的生存能力强，成活率也不会低，只是少了一个过程，心里不踏实。经过一段时间的养护，气温适宜，树的活动恢复，就会生根发芽长枝，供人们进行艺术加工。

■未发芽的生桩

～✿❧ 生桩沙栽的利弊 ❧✿～

有的爱好者用沙栽植生桩，以为河沙松软透气性好，保水也好。河沙干燥时流动性好，水多时流动性也好，能进入树根的大小各种缝隙中去，与树根紧密接触，这是河沙栽桩的有利方面。

河沙成分单一，无土壤胶质体，保肥不好。矿质成分单一不利于被水分、空气分解氧化转变为能被植物吸收的养分状态。沙中微生物缺乏生存的营养条件，对养分的转化不够。生桩栽植对养分的需求不多，河沙可以用，而且有利新根的生长。生根发芽后进入生长阶段，河沙对肥料的供给较差，本身无肥提供，必须依靠追肥带来肥效。河沙养桩生根较好，缺少肥力，没有后劲，可辅以适时追肥的办法解决。栽桩时盆四周用土，靠近树桩根皮附近用沙，可补其不足而扬其长。下雨时河沙水分含量高，怕湿易烂根的树种要注意排水。

河沙可单独使用，也可按3:1的比例混合泥土使用，改善泥土的松透性。混合泥土使用，则不及炭灰与锯末。后两种材料质轻透气结构好，混入土中培植效果超过河沙。锯末经分解后，还有一定肥效。有的文章介绍沙埋的好处，认为发根好，这是有条件的，离了树桩先天的生理条件和保养得当，沙埋排水不好时，也有烂死树桩的情况。特别在雨季，沙中含水量饱和，枝叶蒸发量不大，对生理功能差、不耐湿的树桩危害极大。沙埋宜用底部排水良好的盆钵、砖台、木箱或地植。

～✿❧ 落山树桩成活难吗 ❧✿～

许多未亲手养过生桩的盆景欣赏者和爱好者，总有一个疑问，无须根、无枝叶的光秃树桩能养活吗？他们没有亲身经历和经验，不知道树桩天生的适应性有多强，人的栽培技术程度有多高。

植物的再生能力非常强，截断主干、主枝多数种类能够再生新根新枝，它的一个器官组织如枝条，可以栽插再生为一个新的个体。人的高超的栽培技术可以促使其迅速生长发育，提高其成活和快速生长的能力。

落山树桩，根干枝尚余，移植它只要采挖季节适时，砍伐合理，运输周转时间在10天左右，栽种得法，栽后注意保养，一般树种如黄荆、紫薇、火棘、胡颓子、赤楠、女贞、六月雪、榆、对节白蜡、石榴、金弹子等都能成活。山采松柏类成活较难，需较复杂的办法才能成活。随着科技水平的发展，植物生

■ 许多树种的盆景下山树桩可以顺利栽活

长激素应用于生桩栽培，更加提高了生桩栽培的成活率。只有山采时间过长，树皮损伤严重，内部有病虫害，砍后未保湿的树桩，养植成活较难。有经验的养桩人，可以判断出来。

生桩发芽的时间

从秋末至冬春，重庆都能新植生桩。冬季栽种的各种树桩，都要经过一段时间的休眠调整，到春后陆续发芽，从3～6月，3月初始发，4月中旬到5月旺发，6月晚发。另有少量金弹子一年后才发芽。春季栽植的生桩，从栽植到发芽，调整所需的时间短，栽后20～30天，即能发芽。

生桩发芽的早晚与温度、光照和个体生理情况相关，而不与栽种时间长短有因果关系。生桩在春天气温15～30℃，光照时间每天12个小时以上开始发芽，随温度和光照的增加逐步转旺，温度达到35℃以上后，发芽开始停滞，孕芽而不出芽。

生桩发芽早晚因个体生理情况不同而有差异。有的树桩从采挖到出售周转时间短，树桩失水不严重，成活容易，发芽早而快。有的树桩侧根多而好，还伴有少量须根，发芽也早而快。有的树桩原产地气温较低，出芽也比较早，如冷地型金弹子可在3月下旬出芽，早于其他品种1个月。有的树桩种植时间虽然长，但采挖到出售时间太长，失水较重，虽然根好，发芽也晚。有的树桩内部损伤和受病虫为害，输导组织受损，发芽也较晚。有的树桩先长根后出芽，发芽时间也晚，但长势好有后劲。有的树种先出芽后长根，根叶能互相补充。有的只长叶不长根，后期长势不好，靠根干蓄积的养分假活，成为弱势树桩。弱桩养护必须精细，养护时间极长，所需条件要好，十分磨炼养桩人的性格。

同一棵树桩上发芽也有先后，一般顶部先出芽，中下部后发芽，出芽先后时间在一个月到一个季节。经后期的生长，顶部芽长势好于中下部芽的成活、成型都快。而中部长势好的，成型更快。先发下部芽后出上部芽的少见。

因树种不同发芽时间也有不同，火棘、胡颓子、南天竹、黄杨等耐低温，20℃即能发芽。发芽时间早，生长时间长。金弹子、榕树、罗汉松等需25℃以上才能开始萌动。

■ 生桩栽后经过自身一段时间的调整，在温度适宜时就会发芽

生桩发芽后的成活判断

重庆由深秋至冬春栽植的落山树桩，在春后都能陆续发芽，能发芽有成活机会，但不等于成活。因树桩个体的条件不同，有的采挖时间过长，有的根或皮损伤严重，有的疏导组织受破坏，有的有病虫害，有的机理过于苍老、再生力差。发芽后成活与否，成活后生长快与慢，可以根据发芽生长的情况和经验作出判断。

发芽快，发芽大又多，生长速度正常者，容易成活。生长状况好，即叶色好，由淡转深快，叶质厚，节密枝粗，枝条经两三个月的生长，颜色由浅转深，木质化快的，成活把握较大。能尽快在春或初秋发二次芽的，成活把握更大。这类生桩属强势生桩，有新根生长，或根叶同时生长，或先长根后长叶，或先长叶后叶能促根生长，根叶互补性强。只要无管理上的疏漏，必定能够成活，而且加强肥水管理，可较快成型，5年后可出枝条美观的作品。

弱势树桩虽有枝叶发生，但无根或少根发生，根叶不能互补，靠根皮和干皮吸收土中和空气中的水分供养，枝少叶疏，叶片色淡质薄无灵气，生长呆滞，无二次芽发生，甚至枝梢入夏后回缩，度夏极难，生长明显滞后于强势生桩。入夏后伴有新叶发黄，虽能度过夏天，秋季仍不能长新芽（常绿树），多不能越过冬天的摧残，开春后枯死。有的弱桩依赖树体蓄积的养分顽强越过了严冬，春后仍发出晚春梢。此类弱势树桩要加强管理，土壤不能缺水，金弹子和赤楠类耐湿可偏湿。放置地宜阴，常喷叶面水、干部水、地面水，保证干部高湿，促使树皮吸水保叶，可挽救其不致夭折。入秋后要及时加强光照，增加光合作用才易成活。如管理仔细和得法，可逐渐恢复树势，弱桩十分磨炼人的耐心。养桩之人必须有坚韧的性格。

生桩什么时候剪枝

当年生新桩一般不宜在春季剪枝、抹芽、摘心。因为此时根叶才恢复生长，剪枝摘心无异于断其部分炊粮。仅有的数条枝叶要养活硕大的桩体，非常不易。剪枝势必造成苟延残喘，气息奄奄，后期长势差。春季不剪还有一个原因，春季枝条未充分木质化，春后至秋能迅速增粗伸长，剪早了就不能增粗，使枝干粗细过渡不好，于造型审美也无益。

强势树桩发芽大而多，叶密枝粗，叶色转深快，叶质厚，它的营养同化面积大，能为根部提供充足的养分。对于这类树桩，准备要造型的枝条，可在夏末根据造型后的长度剪枝摘心，并剪去其他枝条，促发造型枝上的秋芽，早日育成枝片的骨架。用截枝蓄干法则需更长的时间养粗枝条，才能有枝可蓄再截。秋梢经秋到翌春的生长，开春发芽之前又可剪留一次，这样养分集中到了造型枝上，于造型、成型帮助很大。

值得一提的是有的树种，如金弹子无须根的老桩，几年不长根，每年只发一次春梢。这种弱势树桩，无根或少根，无法承养自身，靠根皮和干皮吸水维持脆弱的生命。它的叶小色淡，枝条木质化极慢，这种弱势树桩剪枝后极难再发芽，不能剪枝，只能耐心蓄养，逐步为其恢复树势。

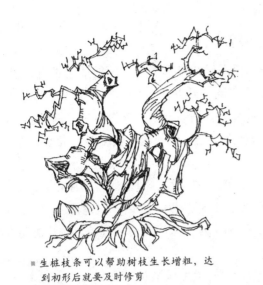

■ 生桩枝条可以帮助树枝生长增粗，达到初形后就要及时修剪

生桩用水

生桩新根系统未生长形成时，全靠树的根皮和干皮吸水供养，对水的依赖较强。缺水时桩坯干燥脱水，会危及生命。水分过多时，有的树种易腐烂，必须掌握干湿得当，才不会脱水，也不腐烂。金弹子、黄荆、黄葛树等耐水湿，偏湿比偏干易成活。

因为生桩的特殊情况，水分管理的措施要做到根要干，干要湿。干不是土内及表土不保持湿润，而是呈游离水不呈饱和水状态，不使土内缺少空气。这就要在浇水时，心中有数，什么时候该浇水，浇多少水，严格掌握。浇水依据气温、土壤含水的多少，树种耐水性、树叶的多少及阳光风力的程度来判断和掌握。

树干部位保湿应用于生桩的水分管理上很有效。供给树干水分能促发芽、长叶、生枝，改善小气候，加快生长速度。干部保湿的方法是干部缠物，常喷干部水增加含水量延长湿润时间。大型树桩可用慢速滴水法，保持干部的湿润。

用小盆养植生桩应防止喷水产生的表湿内干现象，造成树桩脱水死亡。用大盆者注意防止水分不能过湿，烂根死亡。

■ 生桩用水施肥均应严格，不可过多，不可过少，才能养护好生桩

～❀ 生桩施肥 ❀～

生桩上肥要谨慎，一定要判断准确，根系已初步形成后，才能适量进行。根系是否初步形成通过枝叶的生长速度可以观察判断，凡叶色较深，枝条粗壮，叶柄有力，叶腋处有芽孕出者，新根已经长成。有时松土能见到土中有细根长出。这种长势的树桩，晚春到初夏即可上淡肥。新枝生长呆滞无生气，生长速度较慢者，根系发育不好，可至秋凉再施。无根生长的弱势树桩可不施肥。

生桩上肥忌化肥，以有机肥为好。掌握熟、薄、勤、随水而行的原则，一定不浇浓肥。稀释比例达1:10较安全。用肥时气温在30℃以下。第一次用肥4小时之内要及时观察，看叶面有无失去光泽或生气、叶柄下垂、呆滞无力的现象，防止肥害发生。第二天及时还一次水，以利吸收。

掌握好熟、薄、勤、随水而行的原则，即使根系很稚嫩，也不会产生肥害。有机肥在土内继续分解，能逐渐培肥土壤，增加土内有机质，使盆土疏松透气，在较长的时间里有利树桩的生长。

用肥无把握者，最好不用，待翌年春季出芽时再用比较保险。

新桩用肥还可采用叶面施肥，叶面肥以氮为主，用尿素1/500浓度喷施。也可配萘乙酸溶液达到长叶保根的效果。花店出售调配好的生根剂用于树桩，也有一定效果。

～❀ 新桩埋土高低 ❀～

重庆冬春生桩栽植期，常见植桩人将树桩用土深埋，恐其浅埋不易成活。好桩得来不易，如因种植不当而死去，耗费人力、财力，确实让人可惜。不少人利用深埋法养植树桩，不失为一种栽植新桩提高成活率的办法。

深埋并非成活之道，有的树桩深埋易在表土附近生根，桩的下部反而不易生根。等1～2年后解除表土，下部无根，上部有根不服盆，不得不重新将土堆高继续深埋。更有甚者，深埋之桩下部腐烂，表土附近生根成活。上盆操之过急，表土解除较早，还易导致树桩生长成为弱势，不死不活延长成型时间。为克服此弊病，我用金弹子浅埋，1米长的百年老桩，无须根、无侧根、无较长根头，仅有根础头部与干相连的树桩，只将础头埋入养盆土内，表土再加套堆土，增加接土面积，干上缠以草绳经常喷水上保持湿润。于当年3月中旬定植，5月初金弹子生桩出芽高峰期未萌发，中旬开始萌发，出芽点位好而多，芽大枝粗，为先长根后出枝的强势生长树桩，当年又发秋梢，生长一直很正常。以后每年生桩，采用堆土适中偏浅，加强保养的办法，成活率较高。

老龄树桩干长根短，浅埋仅及体积的25%也能成活。一是某些树桩的适应性强，易服盆；二是从采挖到栽种时间短；三是栽种方法与保养方法得当。这种浅埋成活的树桩，直接上盆或今后上盆，根础部分易出露，成型时间不低于深埋，树的根、干、枝叶三部分结合过渡好。浅埋有利于生长发育形成根系，生长稳定，观赏效果好。浅而大的盆逐层加衬套增加埋土量，既透气又保水，有利桩头下部出根。

浅埋成活的发根机理是：土壤表层处透气性好，土壤中营养物质与空气作用后，易于为根部吸收。表土层空气多，有利植物的新陈代谢。春季阳光照射，土壤上层温度升高快，最先适应根的苏醒与生长，根就从表土处长出。根的生长也有顶端优势，先长出的根要抑制后长出的根的生长，下层就不易出根了。本人深埋的树桩即是如此，桩的表土处根系好，土深的下部根少，给上盆增加了困难，为了成活影响了审美构图。

采挖不久损伤少，基隆部有较好侧根及须根，根部入土面积比较大的树桩，最好采用浅埋法栽植。采用浅埋时再辅以树干保湿法。用草绳、棉纱、海绵、布块、塑料布、苔草包缠干部，经常喷水保持湿润，对新桩成活有较大的帮助。现在用保鲜膜包缠树干，可以有效提高生桩栽植的成活率。

新桩深埋有其弊端，浅埋又担心不活，简易省事的办法是中等深度的掩埋，掩埋达到树的 1/3 左右较为适合。对一些较特殊的树桩，可根据情况决定深埋。采挖时间较长、树皮疏导组织损伤较大、有病虫害发生的树桩，可采用深掩埋，增加接土保湿面积，可提高成活率。成活后去除较多的堆土，便于处理上盆。

生桩出芽部位的判定

树桩盆景讲究出芽的部位和方向，才有利于立意构图造型出景。生桩出芽部位不尽能满足人的意志，希望发芽的部位它不一定出芽，不希望发芽的部位它倒可能长枝。

生桩发芽的部位也可作出一定的判别。一般在老干着生的树枝交叉处易出芽，皮层组织健康处易出芽，桩的顶部易出芽，树干的中上部比树干下部易出芽，次级枝修剪后的基部上分生组织活跃易出芽。灌木类树种金弹子、火棘、黄荆等，干的下部能萌生不定芽。

某部位上出芽与否与树桩自身的条件关系最大，与外部的光照、温度也有相应关系。光照可人为适当改变，温度不易控制。可将希望发芽的部位放置于光照强、光照时间最长的方向，有利于在该部

■ 老干和新枝结合处、新枝的前端是发芽的部位

位促其发芽。判断出树桩上芽点少难出芽的部位，希望在该部位出芽，可放置于向阳方向，增加该部位出芽的可能性。

树干保湿

■ 树干套袋可以长时间保湿、保温，促使尽快发芽

树干保湿是培植生桩、保养熟桩的常用办法，在栽培养护中有十分重要的作用。

生桩因为在采挖运输、剪裁处理过程中，根、皮、枝损伤极大，供水系统受到严重破坏，依靠残存的根皮、干皮吸收水分和养分。因而尤其需要树干保湿。有的树种易烂根，有的树不服水土离不开高湿的生活环境，根要润、干要湿，才易成活。盆中栽种的生桩埋土较浅就更依赖于干部保湿，来养活和养好落山树桩。

树干保湿的办法有喷水法，常在干部上喷水，增加干部的湿度。有缠物保湿法，用稻草绳、棉布、海绵等缠在干部相应的部位上，经常往上面喷水，保湿时间更长。如果在缠物上再抹上泥土，保湿效果更佳。在干部上刷泥浆等，也可增加树桩干部的湿度，由于无包缠物，新芽易长出，不会闷芽或挟芽。夏季气温高，湿度不易保持，需水又多，可采取滴水法保湿供水。

干部保湿有利于生桩成活，特别是树龄长、根系损伤较大的好树桩，为保证成活，要尽量采用。干部保湿在生桩养植实践上，起到了非常好的作用而被养桩人普遍采用。在熟桩的培育成型上，也对树桩有促进生长、改善环境的作用。

喷水每天多次进行，要防止表土湿、底土干的现象。因为喷水时，水分只能湿润盆面表土，而底土含水量与表土不一致，不容易观察到，不好掌握底土的状况，易产生上湿下干的现象。在温度较高、耗水较大时，浇水间隔时间太长或有疏漏时，容易导致弱势生桩失水、枯梢落叶，很难挽救。生桩初养的第一年，无经验者，尤应注意喷水过多时产生的表面现象。盆土含水量的估计要根据每次浇透水的时间、气温、树叶多少、表土软硬程度综合判断，而不应只看表土的干湿来判断盆水的多少和决定浇水的时间。

弱势生桩的养护

弱桩指已有枝叶，未生树根，当年无二次芽或隐芽产生，经不起干旱、日晒、伤害、霜冻的生长势衰弱的树桩。其叶偏小，色滞，无生气。受干旱、病虫害、肥伤、药伤、气息奄奄的树桩，也是弱桩。

弱桩养护，必须加倍小心，放置场地需阴凉湿润，经常松土，保持盆土通透性好。盆土要湿润，不潮不干，尤其不能干透失水。夏季必须避免强光照射，减小蒸发量。必要时应保湿保水，增加树干含水量，维持树体生长。弱桩枝叶少，不必生理剪枝，更不能浇肥。冬季应注意防冻，加强养护措施，能度过冬季严寒，第二年能发春芽，如能发二次芽或秋芽者，表明有根产生，就有成活的希望，逐步生长正常，由弱转强。

■ 弱桩生命力量微弱，必须加强常
规养护

强势生桩的养护

强桩指已有新根生长，并能为枝叶提供肥水，保持不断生长的当年生桩。强桩枝条生长粗壮，伸长快，有二次芽或秋芽生长。叶色深，叶片大，有生气，能经受光线直射和高温。

强势生桩因为生长时间短，新根未形成体系，夏季需适当遮阳，冬季防冻，加强正常的养护管理。但可适度剪枝、造型、修剪、施稀薄肥液，以促进生长。

生桩度夏

夏季伏天气候炎热，蒸发量极大，对处于生长恢复期、新根系统未成熟的生桩威胁极大。为了保证生桩的成活，特别是上佳品相树桩的成活，应将其置于阴凉无强烈阳光直射处，避开正午和午后的阳光灼射。

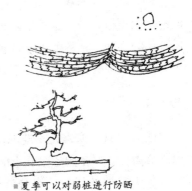

楼顶有条件者种植葡萄、瓜类、藤类，可作绿色遮阳，有利于生桩度夏。没有绿色阴棚，可用塑料遮阳网。有树荫的地方，也可利用。

夏季更应多洒水喷水，一日数洒更好。有条件

■ 夏季可以对弱桩进行防晒

者可自动喷水，短时人工降雨。这类器材商店有售，价格不太贵。

少量生桩还可搬入空调房内降温度夏。有人认为空调房空气憋闷，不利于树木生长。本人经验，空调房温度适宜，白天上午开窗通风，盛夏高温期一个月时间在空调房内度过，不会影响生长。

夏季喷水多时，盆土上湿下干，外湿内干，无经验者判断发生错误，易致树桩脱水，必须高度注意细心管理，确保树桩安全度夏。

生桩迎秋

生长正常的新桩，秋季将进入一个营养生长的积累期，为越冬准备条件。

初秋就应加强肥、水、光照管理，使常绿树促发早秋梢，落叶树让其充分积累养分，促使当年生枝条木质化。同时要注意常绿树仲秋以后不要抽发晚秋梢，以利树桩蓄积养分、孕育春芽、及时休眠，有利越冬。晚秋梢发生后，应该及时抹芽或剪枝，控制长势，促其积累养分和休眠，以利春季生长。

生桩生长势头好的，秋季要逐步转入全日照，增加光照时间，不再放于阴地。生桩生长势头好的，已经有了新根系形成，光照增加可积累更多养分，可以帮助根系生长，生成二次根、三次根，形成更加强健的新根系统，能用根系吸收足够的水肥，支持树桩和枝叶的生长，顺利越冬。只有顺利越过寒冬，树桩生发春梢后，才能保证能成活下来了。越冬是衡量生桩成活的重要依据。

肥水的管理也应加强，可在秋凉时候进行施肥。未施过肥的生桩先进行试肥。用腐熟的有机肥，加5倍水稀释后施入盆土。2～4小时后观察，无叶色暗、叶柄下垂软弱者，即可正常施肥。3～5天进行一次，可加快生长，早日成熟。生桩最好不要用化肥，用时必须很少才不会发生肥害。肥害发生后，发现及时，采取洗土洗根的办法，可以挽救树桩不死，但伤树太重，成长速度会大大减慢。

有人认为秋季树木生长不长根，这是不正确的。只要管理得好，秋季常绿树照样大量生长须根，本人已用实践证明了。一年秋季我买了2棵金弹子半成品桩栽入养盆，经一秋的管理，初春上景盆时看到秋根已分布全盆新土中，生长量很多。

新桩秋季管理是重点，不应有丝毫放松。抓住了秋季，就抓住了以后的快速成型。

生桩越冬

秋后气温变凉，天寒地冻，对植物来说是一个较大的考验，特别是露天越冬的盆内新植树桩，严冬的考验甚于酷暑。

盆内栽植的树桩，水分管理多依赖人工，水分过多时，盆内排水不如地下，不能向四面扩散，水分不足时不能从地下得到。处于冬季休眠期的树桩，水分蒸发缓慢，新桩根少、叶少，正常的蒸腾作用减弱，不注意水分管理，加上严寒的冻害，伤害作用极大。有实践的爱好者会有这个体会，冬季管理难于夏季管理。

■ 北方生桩冬季要注意防冻

冬季生桩防冻与防水应结合起来，干冻与湿冻都易造成伤害。南方将盆放置于阳光强、通风好的地方，以利水分蒸发，定期松土，增加根系的透气性。连阴雨时，注意盆底排水孔的畅通，更应注意防止盆土过湿闭气。楼顶低洼的地方，也易造成冬季伤害。肉质根的树种，如山茶、罗汉松、银杏、梅花等，更应注意防止过湿受冻而烂根。有条件者，可将盆移于避雨处，雨后移出，严寒时入室放置更好。生桩越冬期间最好不要用肥料。

冬季管理切不能掉以轻心，以为树桩处于休眠，万事大吉而放松管理，铸成错误时会延缓生长与成型时间，甚至死亡，十分可惜。

一年生桩迎春管理

生桩度过寒冬后，迎来万木复苏的春天，这对养桩人来说，无异于是一个收获的季节。春天新桩给人一个崭新的姿态，令人心情舒畅，也有许多工作要做。

许多树种春季发芽前，需进行一次造型修剪，留下造型有用的枝条，去除于造型无用的枝条。发芽前的修剪对树木来说不易受到生理伤害，能在无叶的老枝条上发芽。其他季节这样进行修剪，是很难在老枝无叶基干上发芽的，易造成枝条枯萎。

早春根据造型的设想或设计修剪以后，可进行一次蟠扎，蟠后马上进入生长旺盛季节，即使蟠伤了枝条，也能生长愈合，还可在今后较长的时间里产生愈合组织，发生好的突变，如鸡腿枝、水线、孔眼，增加了造型审美的内容。蟠扎后进入旺盛生长期，蟠扎的形状容易定型，也容易在迅速生长期间，体现出技艺的美感作用。

一年生树桩迎春管理要在常规的松土、施肥、光照、通风、预防虫害方面着手，尤其注意施肥和预防虫害。有的树种第二年的生长不如第一年的生长，更应注重日常管理工作。

生桩最易和最难成活的树种

树桩栽植成活的难易因树种不同有较大的差异。在重庆栽植生桩最易成活的树种，当推黄荆、黄葛树、紫薇。其成活之易有栽了就活的感觉，本人栽植这几个品种，无死亡的记录。且生长较快，造型容易，适合做片和剪枝造型，极耐修剪，萌发力极强。同为落叶树，观骨甚佳，但其品位不高。各地都有一些十分容易栽培的树种，如湖北的对节白蜡、云南的红榕、岭南的榕树等。

生桩最难栽种的树种是山松、山柏、山杜鹃、野茶树，十栽九不活。很难看到这类有品相的好桩景露面。这类树成活极难，且生长慢，成型极不容易。我国香港、台湾及日本这类树桩很多是从小育成，难度极大，价格不低。尽管这类树种品位很高，但只能望其项背。要想从野外得到可栽活的松柏类树桩，可采取先断主根，辅以生根剂，原地长出细根后，再带土移植，成活可能更大。

比较容易培活的树种有金弹子、火棘、赤楠、石榴、罗汉松、雀梅、榆树、中华蚊母等。只要采挖时间不过长，一般都能成活。金弹子、罗汉松、石榴成活后生命力非常强，不易死亡，也无严重的病虫害发生，只是生长较慢，成型时间长。

生桩出枝时蟠扎

生桩出枝后有一定长度，就可及时造型了。许多人认为应在木质化时，即生长 6 个月后才开始造型，这是常规的传统方法。硬枝生长减缓，枝条变硬，出不了难度和老态。不及新枝时造型，老态更强，定型更快，难度更大。

采用嫩枝造型的人极少，新技术的推广没有实物作说明，人们不大能接受。有心者，采用备用嫩枝造型作一试验，就会看到嫩枝时造型的效果，希望有心者一试，试后自会有结果。如果采用的人多了，中国树桩盆景的造型效果会产生一个飞跃。其优点是省时、省材料、效果好、能改变传统造型的效果，缺点是枝脆易断，必须谨慎操作，有时要分步调整，间隔 10 天后分作二次弯曲。蟠后的枝生长速度不及自然枝。

无根生桩成活机理

下山的裸体生桩为什么能够成活，能不能成活，这是养桩人关心的。生桩虽无细根，生理机能活力尚存，根基和树干具有在适宜条件下再生的能力，内源活力在温度、水分、光照适宜时，就能再度生长，产生不定根芽，生根长叶，成活下来。

植物具有再生能力的特性，许多树木被砍去主干后，枝叶全无也能萌生不定芽，发育为新的个体。一些种类的树木根干被砍伐掘起后，又能萌生不定根芽，移栽重新成活，人们利用它的这一特性，培育树桩盆景。盆景树桩采挖移栽成活的大量实践，提供了范例，落山树桩完全可在人工栽培的条件下，提高成活率，生产出更多树桩盆景，走进千家万户，美化人们的生活。

■ 山采老桩精心养护发芽造型成景

ᔆᘎ 成熟树桩的判别 ᔆᘎ

在养桩与购桩中，经常要对树桩成熟与否作出判断和识别。

成熟树桩的判别比较直观，盆内不好动手掏看根系时，直接看生长的态势。枝粗叶茂，开花结果，这是必然的成熟树相，只有根系形成以后，树木的枝才会增粗和长出老态，叶才会茂密有生气。如果是一株开花又结果的树桩，说明它的盆龄已在 3 年以上，新根系已经形成，除了能满足它的营养生长，还能满足它的生殖生长。

根与叶有一定的相关性，形成一定的比例。判定一般成熟的树桩，就要先从外观形态上进行。有的树桩盆景的造型风格，枝叶比较稀疏，如岭南盆景截枝蓄干的造型手法，梅桩的贵疏不贵密，都不能从枝叶繁茂上去衡量，但可从枝叶的形态上作出判断。枝条粗壮，叶色好，叶质厚，树叶坚挺有力，有灵气者，是树桩已在盆内生长成熟的标志。反之，树叶质薄、叶色偏黄、叶柄无力、毫无生气的树桩，则不是成熟树桩的表现。有的树种在根上产生根蘖芽，任其生长能形成新的植株。能产生根蘖芽，也是根已形成并长好的树桩。

至于经过造型，枝片已经完成蟠扎修剪定型，根系已提露出来的观赏期树桩，那是显而易见的成熟作品了。成熟树桩要看不易观察到的问题，如病虫害。病害对树的威胁较大，防治比较困难，如果防治不当，树桩有可能从成熟走向衰退。

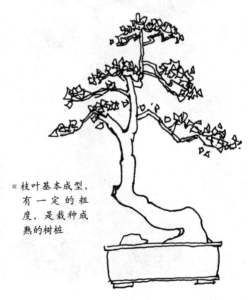

■ 枝叶基本成型，有一定的粗度，是栽种成熟的树桩

中小型的树桩盆景等盆土干燥时用手提树干能连盆提起来、泥土丝毫不松动者，可断定为根在盆内成熟，而不是刚栽上不久的树桩盆景。

嫦娥奔月

制作：范正礼　树种：海石榴

形式：异形式

以树根代替树干形成异态的多曲干形式的石榴盆景，用树根制作处理形成了盆中弯曲律动、斜升层叠的主要观赏部位，又展示在最佳的视觉范围中，尽情地出露在欣赏者的目光前。展示的是线条的弯曲、流畅、律动、变化、穿插。表现出生命变化的多姿多彩，出人意外。以最佳的一个部位突出作品的特点，这也是一盆好盆景的制作特色，提出了利用最佳观赏角度的方法。

苍　松

制作：孙德拄　树种：雀舌罗汉松

形式：直干式　规格：树高80cm

根、干、枝、叶结构完善，过渡比例合理，造型简洁，突出骨力，骨重于叶，技术处理和培育的难度大。有直干大树苍劲、阳刚、正直之气，是具有形式美、自然美、生命美、变化美、结构美、技艺美、意韵美的树桩盆景作品。

8 树桩的栽培管理
SHUZHUANG DE ZAIPEI GUANLI

~ 树桩盆景的冬季管理 ~

秋去冬来，进入一个残酷的季节。对树桩盆景来说，严冬的考验胜于酷暑。夏季虽然气温极高，但只要水分管理适当，稍加遮阴，树桩只会休眠，不会危及生命，也不会出现枯枝败叶。夏季甚至也会积极进行光合作用，积累养分，气温一旦降到 30℃以下，马上可发芽生长，将其积累的光合产物充分释放出来。而冬季则不然，常可见到秋季生长正常的树桩，到冬季管理稍有不当，必有枯枝出现。弱桩（根少、叶少、质薄、色淡、无灵气者）更是如此，往往会危及生命，或者后期会出现生长势弱、长势不佳、恢复树势极慢等情况，需特殊护理。因此，树桩盆景的冬季管理是四季管理中最难的，对栽培时间短的新桩尤其如此。盆树不能放松冬季管理，应采取相应的措施健康越冬，迎接春天的到来。

树木在冬季大多处于休眠状态，体内树液流动性差，新陈代谢功能极低，落叶树依赖体内蓄积的养分维持生存，等待来春。

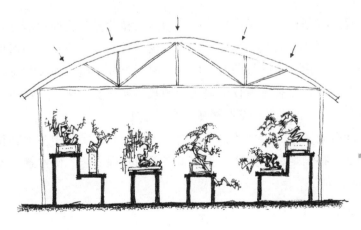

■ 温棚可有效提高环境温度，利于北方寒冷地区树桩盆景的越冬

树桩冬季管理是在秋季管理的基础上进行的。顺利越冬首先必须使树桩在秋天时，营养生理系统健康，根健叶旺，小枝木质化。不能木质化的肉质枝条在严冬的摧残下，最易干枝枯叶，严重影响下季的健康生长和成型时间。

冬季管理要在水分、光照、通风、留枝等多方面采取积极措施，将有限的条件最大地综合利用。室外越冬的盆景要放在光照强、通风而又无寒风侵袭的地方。最好不要放在低洼、不通风之处。光照强、通风好的地方，土温高空气流动好，适合树桩的生理需要。遇连阴雨能加快树体的循环和泥土中水分的蒸发，避免冬季烂根。冬季防止烂根和干冻是冬季管理的重点。可采用套塑料袋或建简易小温棚的办法，防冻保温，防湿促长。新桩套袋尤佳，但需防止土壤过湿和增加透气功能。管理上做到干部高湿、土壤见干见湿为好。冬季蒸发慢，经常喷水后土层表面较湿，容易出现表土湿底土干。浇水也易只浇及表土使树桩干冻缺水，极易伤树，冬季管理浇水宁可多量少次，也不可多次少量。成熟树桩根系群集盆底，底土无水造成干冻，危害严重。

盆土要进行物理疏松，增加土气比，以利根系透气保温。已作地貌处理的成品盆景不好松土，可用签子竖直或倾斜扎数个小孔，达到增加土内空气的效果。居住条件好者将一些盆景搬入室内越冬，既可欣赏，又可防冻，还可方便日常管理。成熟的树桩冬季放置在室内向阳处，气温高的时候开窗通风，可放置一冬而不会有危害。一些南方树种（如福建茶），越冬必须放置室内或温棚，不得已放置室外必须套袋和加强管理。

冬季未见提倡用肥料。本人试着在冬、夏用过农家肥料，只要掌握熟、薄、勤、随水而行的原则，对常绿或落叶树都有益无害。即使休眠期植物不吸收肥料，泥土也能将肥料留下，将水分滤去，逐渐培肥土壤，化学松土，为植物从苏醒过渡到生长创造条件。用肥薄、熟、勤是长时间逐渐进行的，植物耐肥的临界点远未超过，不会有害。

冬季常绿树不宜过多剪枝，较多的枝叶能增加蒸发和营养吸收面积，可有针对性地防止冬季烂根。落叶树冬季是观骨佳期，枝条仅仅消耗养分，应作适当修剪。剪枝时间应在中秋时节为佳，使留下的枝条有一段生长时间充分木质化而又免发秋芽。仅部分树种生长期伤流严重，专在冬季休眠时进行剪枝，如松类、桃树、铁树等。冬季蟠扎伤枝后无法愈伤，宜谨慎行之。落叶树冬蟠直观方便。

盆景的冬季管理有效实用的措施还很多，爱好者们只要在实践中多动脑和手，一定能摸索出许多办法，特别是在北国冰天雪地条件下的管理办法，使盆景进入千家万户，丰富人民的文化生活。

❧ 树桩盆景的夏季管理 ❧

夏季阳光强烈，气温极高，树桩蒸腾作用快，给管理上带来许多困难；同时，光合作用强，又能为生长提供充足的养分。只有掌握植物夏季生长的生理特点，满足其必需的生长条件，才能保证树桩的生理生长。

夏季盆水管理是首要工作。树桩盆景盆小土少水口浅，浇水过程中水肥易外溢，每天大量浇水，土壤极易板结。浇水费工费时还不易浇透，效果效率都不好。为提高水肥效率，除了传统的盆面浇水，可用浸盆法或滴灌法。浸盆法是将树桩盆景连盆一起在水中浸泡1～4小时，如液面超过盆面，浸水时间应短些；反之则长，需半天左右。用浸盆法能一次灌透，水分维持时间较长。在高温地区，伏天只需一日一浸或两日一浸，如浇则需一日两浇才有些效果。采用滴灌法浇水，水中可加入腐熟过滤的有机肥或化肥。烈日下用此二法进行管理，效果及效率极佳。应用在养桩上有利其枝条增粗，二次芽、三次芽多且壮，叶质厚。

夏季浇肥宜在傍晚或降温之时，夏转秋时要及时浇肥。由于夏季浇水多，土壤板结，宜常松土，以利水肥气的全面渗透。

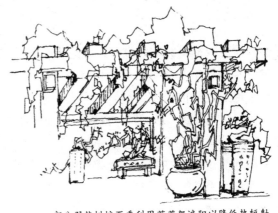

■部分弱势树桩夏季利用葡萄架遮阳以降低热辐射

❧ 成活在水、成型在肥 ❧

盆景树桩的栽培与其他植物的栽培道理一样，成不成活在于水，长好长坏在于肥。

有的公共绿地种植的花木，管理较差，靠天吃饭，极少浇水、松土、施肥，只能成活而极少开花结果。如遇上大旱或严重病虫害，则生长更差，甚至走向衰败。遇上风调雨顺，可逐步兴旺。

许多人购买或栽植树桩，总担心能不能栽活。树木有一定的适应能力，常见盆景树种经过人工筛选生命力较强，成活不太困难。那些不易成活的树种如形状较好的山杜鹃，当属例外。常见树种，成活之关键在于水分，水分能使空气和土壤湿润。尤其盆内栽植，无法向地下传输多余水分，全依赖人工掌握。时干时潮或只潮只干，树木无适宜的条件，成活便会产生问题。地植树木，雨水过多时，水会向地表深处渗透，一般不会出现过湿的现象，短时间干旱，地下水上升，可缓解旱情。水分调节较好，

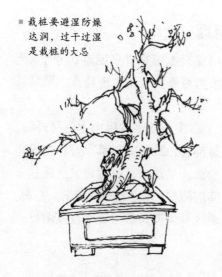

■ 栽桩要避湿防燥
达润，过干过湿
是栽桩的大忌

不易出现过涝过旱，不会致死树木。盆内人工给水，有些人关心过度，盆土长期偏湿，树根不能透气，造成窒息，将其爱死；有些人粗心大意，经常忘了浇水，将其害死；有些人正确掌握浇水时间和数量，树木则很好地成活下来。水的掌握可关树木的成活。

长好长坏，则在于肥，树木与人一样，仅供饭吃无肉类、蔬菜、水果、无营养品人就只能维持基本生存而不能体格强健、益智延年。树木要长好，必须经常施肥，满足其自身发展的需要，而不是满足其生存的需要。好的标准除了叶色深、叶大、枝粗、干壮、根好外，还要能花繁果硕。没有较充足的肥源供应，是达不到此效果的。常常见到一些盆景树，树叶色淡、叶少，不能正常开花结果，一旦有花果，便觉稀奇，其实这连正常的肥源管理也没有达到。地上生长的树木，尽管没有人工施肥，但它的根系伸出几十米，超过自己的树冠，用庞大的根系广泛吸收各种养分，叶色浓郁、生气旺盛、花果不断。人们感觉盆树长不好，关键在于盆土肥效不够，追肥太少，没有掌握到够的数量标准。也有人担心盆内用肥过多，造成疯长或肥害，损失树桩，因而不浇肥，就不能出现长势好的树相，很难快速成型。

肥源不够时只有适量增加供肥。采取熟、薄、勤、随水而行的原则，在1～2个月能使盆树叶色、叶质发生很大变化，一年后可望开花结果。担心肥害的，则还可采取根外施肥，即使发生肥害，也只会危及树叶，不会危及整个树的死亡。如担心用肥会使外形变大，可采用控水不控肥的办法，增加光照、透风，树形同样不会变大。许多盆景资料介绍，保持成型的树相，要减少肥料，这是片面的，肥料减少盆土奇瘦，叶色偏淡，不能维持树势，所以还是以控水不控肥为好。

～✿ 盆内松土 ✿～

松土是园艺栽培的重要工作，通过松土可以改变土壤表层的物理状况，团粒结构好，防止土壤板结，增加透气性，有利根系呼吸生长，能阻断土壤毛细水蒸发，保水保肥力增强，容水力提高。经常松土能使土壤与空气、水分、养分、矿物质发生作用，改良土壤，增加土壤的生产能力。土中空气多有利于微生物对养分的分解，转化成能被植物吸收的状态。

盆景植物在盆中有限的土中生活，完全依赖于人工浇水施肥，在不断的浇水过程中，受重力作用及土壤毛细拉力作用，土壤极易板结。生桩处于培植期间，地貌未作处理，松土还可照常进行。已作铺苔植草布石配景物的观赏期盆景，松土不能照常规进行，以免地貌被破坏，应采取更好的办法，将物理松土与化学松土结合起来进行。

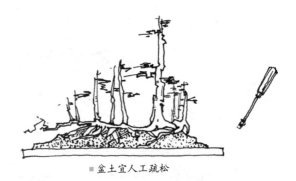

■盆土宜人工疏松

常规的物理松土可用不太尖锐的铁签插入土内各处，略作撬动，改变土壤的板结状态，增加透气孔道。这样松土不破坏地表的苔草布石配件。少量苔草受破坏，可在较短的时间内生长恢复，青苔春秋季1个月可以恢复，夏季高温苔草休眠，需秋凉后才可恢复。冬季松土可防止土壤过度潮湿烂根，夏季松土有利于水肥的渗透，水能充满盆土中心部分，起防冻、降温作用。春秋松土，更有利植物生长。如果采用有机肥和其他方法，可达到化学松土的目的。农家肥与土、水、空气共同作用，可以泡土，生土与熟土的疏松性是已被农业耕作实践证明了的。盆景长期施用有机肥可以减少松土，夏季用水太多，极易板结土壤，期间可用浸盆法浇水，防止土壤板结，另外结合物理松土来改变土壤的状况。

盆景松土应在土内含水量适中的情况下进行，过干土硬不利于操作还易伤根。过湿土内饱和水还原，等于没松土。用植物油适量，施入土内部，再用少量水扩散到土内各处，待发酵后即可泡土达到松土目的，还可作为长效肥，此肥对观叶、开花、结果具有全效，用于农作物其味更佳。

怎样培肥盆内土壤

树桩盆景为了以小衬大构图出景，用盆浅而小，容土量少，有限的土壤肥力供不应求，可用培肥土壤的办法克服肥力不足。

培肥土壤一是加强施肥，二是采用农家肥。人尿畜粪、植物茎叶、动物肉渣、鱼肠鸡肠、油饼油渣、蛋奶残汁、油脂等，都可经发酵沤制。施肥时要熟、薄、勤、随水而行，经常施用，可以明显提高土壤肥力。

也有人将蛋、奶残物用水清洗出来后，直接浇于盆土中，在土内经微生物分解发酵，可以起肥土泡土的作用。但每次不能过浓，当土面有白霉生长时，应松土或人工清除，防止霉菌封闭土内空气，造成对树桩的伤害。

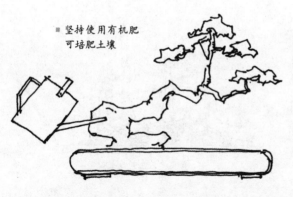

■ 坚持使用有机肥
可培肥土壤

在使用农家肥时也可配合少量化肥一起施用，尤其是磷钾肥。切忌化肥过多，少而多次最好。

更有将牛粪干、油饼拌以细土撒于盆内或埋于土中。或制成颗粒，播于盆面，由水分溶解带入土内培肥土壤。

培肥土壤忌用生肥，必须用生肥时须十分谨慎，盆内土壤有限，生肥发热烧根或浓度大夺取树内细胞中的水分，极易伤树致命，盆内最好不用。

经常施用有机肥，因肥液浓度大土面会产生结膜。疏松表土、改变土面平滑的状态，就不会产生结膜，肥液、水分和空气的渗透性就能加强。

盆内用水、用肥的特点

盆景树桩长期生于盆内，与盆结下不解的缘分。盆内用水用肥与地下植物用水用肥有不同之处，具自己的特点。

地下浇水施肥，因为泥土多、根系分布广泛，用水用肥不易发生伤害。地下根吸收面积大，肥料利用率不高，浓肥不易对树桩造成伤害。

■ 盆土有限，水肥全部作用在树根

盆内树根无法四散分布，聚集生长于盆壁四周及盆底，时间较长时，根可充满盆底，根土分离。

盆内施用肥料过浓时，大部分作用在根上，无法扩散出去。且泥土有保肥力，将肥留下而将水滤出去。因此盆内肥料的使用必须熟、薄、勤施，才能既有肥效，又不伤树。

在生长季节，水分较多无碍树的生存，在冬季休眠期，盆水蒸发不了又无法扩散，要注意防潮，以免烂根。

克服盆面径流，提高水肥效率

树桩盆景因为用盆较浅，表土多需作地貌处理，因而盆沿水口很浅，有的甚至没有水口。此类盆景，日常浇水施肥，容易产生盆面径流，浪费水肥，污染环境，延长浇水时间次数，水肥利用和劳动效率都不高。

盆面径流是盆土浇水时水流动的方向之一，指由盆土表面向盆沿四周流淌的水。此时水流在水多而时间短时，容易往盆沿外流失，盆土内部得到的水肥较少。一般在表土较满、表土较干吸水差时，发生盆面水肥径流。

克服水肥径流的方法必须对症下药，采取相应有效的办法，让盆面径流变为土内下渗。首先是增加水口，盆土不必平于或高于盆沿，在盆沿上设水线，用盆沿筑起一道挡水墙，让盆内水肥径流变为垂直向下的渗透，增加土内持水量。盆土要经常疏松，防止土壤表层板结产生闭水层。使下渗水作用力增大，径流水减少，土表的透水力增强。长有苔藓配草的盆土，如不便松土可采用扎孔、撬动表层土的办法进行疏松，有利透气透水。

春肥作用显著

春季是植物生长最迅速的时期，这时气温适宜，光照增加。树木在体内内源生长控制物质活力刺激下，开始苏醒，大量发叶、长枝、开花、结幼果。体内储藏的养分消耗极大，新枝叶新根提供的养分还需结合施肥，方能满足盆树的春季生长。尤其是处于培育造型期的树桩，需要充足的养分支持其快速成长。正如谚语所说：一年之计在于春，成形快慢在于肥。

春肥好，树桩春季生长就会旺盛，生长机理强健，促使枝条粗壮，枝条木质化加快。叶质厚，养分含量高，叶多营养同化面积大，积累养分多，为下一步生长创造条件。能促发晚春芽快而多，成叶快，有利初夏的强烈光合作用，产生更多的光合产物，积累养分，帮助根系枝干长粗长壮，促进夏秋梢生长。达到从生理上培育健壮的机理和树势，使其一季又一季延续强壮的树势，达到良性循环。根促叶长，叶促芽生，春叶促秋芽，秋叶孕花芽。

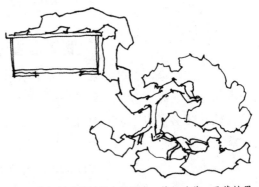

■春肥好可使树桩生长旺盛，枝壮叶茂，开花结果

周而复始，生生不息，强壮不止。

盆内一年生的树桩，因根系较弱，施肥应偏淡，有机肥、水肥 50∶1 以上。二年生的可稍浓，水肥比 10∶1，熟桩也不能淋浓肥，都应加水稀释后浇灌，这样比较安全，一般不会产生肥害，不致危及树桩的生命，有无经验的人使用起来都放心，无需其他防范肥伤的工作。

春天使用肥料的次数可以较多，生桩培育以速度为重，必要的肥料是加快成型速度的保障措施。隔三差五地浇一次肥，是措施之一。还可将肥料稀释过滤后用滴灌、浸灌的方式进行。特别是高温太阳强射时，用这种方法施肥，作用明显，可加快成型。

🍃 树桩要炼根 🍃

夏季伏天骄阳下，盆内土少含水量有限，在剧烈的叶面蒸腾作用下，根部为了满足叶的蒸发，必须尽力吸收水分。根所吸收的水分不够供应叶面蒸腾时，便会加剧生长，以达到根叶平衡，顽强地生存发展下去。而强烈的阳光，会使植物积累大量的能量，叶通过光合作用，制造大量光合产物供应根部及其他生理机构的生长发育。根叶互相支持，互惠互利，共存共荣，才能本固枝荣，有正常的树干、枝条、花果的产生。

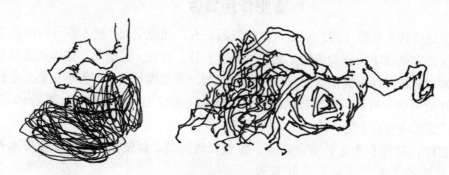

■ 炼根后树根多而粗壮

🍃 骄阳适度干旱炼根 🍃

成活后的树桩，夏季如果长期放于阴地或冷室且水分供应充足，受不到骄阳烈日的锻炼而养尊处优，必然会不求发展，造成根的发育和增粗不充分。尽管经过多年的栽培，枝叶旺盛了也不能达到根的苍老蟠结、虬曲悬立。我们看到的许多海外盆景，枝叶繁茂，制作时间很长，始终无根可露，除了对根的认识不足外，估计有此原因。

炼根是水、肥、光、气交替发生剧烈作用促进生长的过程。炼根必须与水肥结合起来，干湿交替，使其有一段时间的干旱饥渴状态，迫使其根寻找水分，而不是等待水分。水分供应平衡充足的树桩，通常根系不好，包括小叶榕这样的树种。正常的根叶比也达不到，虽枝叶葱茏，根却相比之下少而细，作根的处理都不行。

　　夏季炼根，必须与水肥结合起来，干湿交替。炼根期间盆面土已干白后，要保持一天的干燥时间，使其处于饥渴状态。春秋季干旱时间还可更长，达 1 ～ 3 天。炼根期间要注意定期施肥、熟薄肥、随水而行，每周一次。在水、肥、阳光、空气的交互作用下，经过炼根的树桩根部比长期偏湿的树桩发达，不但有利于树桩的生长和蟠艺的培育，也有利于露根蟠根，出悬根露爪和盘根错节的观根作品。

■ 骄阳适度、干旱可锻炼和有助树根生长

　　炼根期间用盆由小逐步换大，树桩在盆内逐步提高位置，可使根系在土内各个层面空间都分布广泛和密集，时间达到 8 年以上，金弹子、罗汉松可出观根的佳作。

　　炼根是在人的有目的控制下进行的。炼根后生长效果会明显地反映出来，如叶片色深质厚、枝条粗壮、新芽旺盛、花芽分化好、能结果实、生机活力旺盛等性状。一个成熟的树桩盆景爱好者，要在根上下工夫，以提高作品的生存能力及观赏性。

树桩夏季休而不眠

　　盆景界部分人有这种认识，树桩在盛夏高温季节，生长停止，处于高温休眠。夏季树桩不再发新芽，但不等于处于休眠状态，伏天高温，植物叶面蒸腾作用剧烈，光合作用也强，容不得一些树桩休眠。外部环境容不得树木休眠，内部条件看，树木叶质增厚，叶色变深，枝条木质化，根系增加，养分积累多，表明夏季休而不眠。不能认为不发芽即是休眠，春芽和早夏芽发生后，植物体内养分消耗大，需要一定的时间来积累养分和增加生长激素，支持新芽的再次发生。夏季阳光强烈温度高，正是植物在阳光的帮助下，进行能量蓄积的过程。许多植物是利用夏季进行生殖生长，为果实积累养分，就证明树木与夏季关系密切。利用好夏季高温条件，是合理种好盆景植物的重要环节，不可轻视夏季管理的重要性。

　　有一部分植物冬季生长，夏季休眠或枯萎，如水仙、郁金香、仙客来、吊钟海棠。现有的盆景树种，尤其是落叶树很少有夏季休眠的。偶有木瓜海棠、贴梗海棠在夏季高温期落叶，不适应夏季的伏季高温，有休眠现象。

ᴥ 夏季遮阳 ᴥ

夏季阳光强烈，水分蒸发过快，生桩、喜阴树桩、成品树桩，可以为其增建遮阳棚，提供优越的条件，保持生长的最佳状态。

遮阳棚下，水分蒸发减弱，环境湿度增加，气温可降低10～15℃（由阴凉处气温与阳光照射下气温之差测得），能保持植物生长的适宜温度，可使生桩与树叶过多的熟桩，顺利度过高温期，并生长良好。

遮阳棚材料可因地制宜，用竹、木、铁条、水泥杆、绳索、塑料物搭架，覆盖物用遮阳膜、纺织布、竹帘或栽种藤本植物遮阳。生桩遮阳效果较好，最为适用。因为生桩采挖根系损失殆尽，新根长出不多，还不能完全维持硕大的树体的生长需要。只有适当遮阳降温多喷水才能减少水分蒸发，保证生长正常进行。

■ 弱势树桩夏季要遮阳

熟桩进入观赏期时，因为叶多土少，供水与需求发生矛盾，也可进行遮阳处理，以减少水分蒸发，延缓树叶的生长，保持良好的成型树相。熟桩数量少，可直接进入室内，既便于陈设欣赏，又达到降温遮阳目的。熟桩遮阳是为减少伏天浇水的工作量，并不是惧怕太阳。如果保养条件好，最好不需遮阳。

进入遮阳棚的树桩，一到秋凉后，要适时移于阳光下，增加秋阳照射，以利秋芽生长。光照有利于植物生长，不可一味遮阳，耽误树桩的生长。

ᴥ 熟桩夏季摘叶 ᴥ

熟桩做成的造型叶太多时，夏季每天都要大量浇水。如果放置地是阳光下，蒸发的外部条件无法改变时，可从内部减少水分剧烈蒸发，降低劳动强度，减少工作量。

适合夏季摘叶的树桩主要是阔叶树的树种。紫薇萌发力特别强，新叶生长快，造型期无需观花时，可强度修剪再摘叶。黄荆、石榴萌发力强，摘叶修剪后，几天就可出芽。火棘叶小，萌发力极强，摘叶后10天即可出芽。银杏盛夏时摘叶，秋凉发出新叶，新叶叶小美观、漂亮，落叶时间延长，有利于欣赏。金弹子摘叶后新发需半个月以上，需时较上述树种长。金弹子根系好、耐旱、生命力强，可用脱衣换锦的方法，任其干旱2次，出现轻度脱水，叶片无力时才浇水，它自己会落光叶片，再发新叶。

摘叶后，枝条裸露，十分便于观察，能检查出小枝造型的优劣，可进行一次修剪和造型补蟠，便于操作，有利出形，且不易伤枝死梢。摘叶后可以赏骨，是常绿树难得的观赏机会。全树新叶长出后，满树嫩绿的生机，似又一个春天的到来，也是进入人工创造的最美的观赏时间。

■ 熟桩夏季可摘叶减少水分的蒸发，有利观赏。但采用时要谨慎

夏季摘去全树之叶，会影响光合作用，必须在生长定型、根系良好的桩上进行。需继续培养生长的树桩、育根的树桩，不要在夏季摘叶，只宜在初春进行。针叶树包括罗汉松，摘叶后难于发芽，甚至衰亡，只宜摘心。

夏季摘叶，可促发一年只发一次叶的树种，如银杏、枫树、蜡梅、黄荆再次发芽，所出之叶形小而色美，保持时间较长，而且还可延长落叶的时间，比正常落叶时间更晚。

在摘叶时，进行一次修剪或蟠扎，可使树形紧凑，芽位回缩，保持良好的盆景树形。

上盆、换盆、翻盆

上盆、翻盆与换盆是三个不相同的概念，各有内容，时有应用，不宜混淆。

上盆是指已经蓄养造型好的树桩，需上入盆中进行构图成景的技术处理步骤，不是制作完毕的最后一步。上盆带有原创性，需作整体布置处理。

换盆是树桩与原盆的比例不当，配景与容土不能满足树桩，需换另外或更好的盆盘，以满足构景和生长需要。或桩发生部分损毁，原用盆已过大，需换小一点的盆而适应树桩的操作方法。可对原作进行一定的修改、处理。

翻盆是在原盆进行，是盆中泥土使用过久，根系已集结盆底，甚至根底已无泥土，不能满足树的生长需求，必须进行根泥处理的技术方法。翻盆地貌面积不变，较多的是还原处理，也可适时进行根部蟠露的技术处理。

翻盆换土的时间和方法

1. 为什么要翻盆换土。树桩在盆内有限的土中生长多年后，土中养分消耗过大，

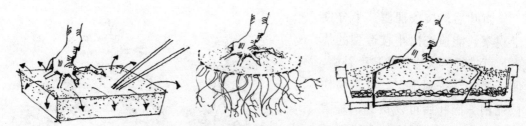

■换土的过程：左图脱盆；中图疏去底土；右图重新用新土栽种于盆内

采用追肥法可增加盆土的肥力，但树的根系盘结于盆底，已无土与其接触。此时还不翻盆，就可能出现衰退，影响树桩的长势，就必须要翻盆换土。

翻盆换土时，可结合蟠根进行。将粗长的根进行蟠曲，作为出露欣赏根或将来出露欣赏的根。这一技艺处理在翻盆时比较重要，也是为什么要翻盆的一个重要原因。

长期大量浇水，土会板结。翻盆可使盆底部土壤疏松透气，达到较好的物理状态，有利树桩生长。

翻盆换土的作用是帮助生长，结合蟠曲根系，有利出根叶共观的作品。换土后可保持 2～3 年好的生长势态。

2. **翻盆换土的方法**。翻盆在于顺利脱盆和回栽成活。脱盆有多种情况：一是飘斜口的盆，易于顺利脱盆；二是凹口鼓肚盆，难于脱盆；三是悬崖式高深小肚盆，更难脱出；四是大型盆，重量大，不好操作。

飘斜口的盆，在土壤湿润不潮的情况下，翻转盆身，按压盆孔或叩击盆沿，即可顺利脱盆。鼓肚盆先用器物去除部分表土，然后用水冲击盆内壁周围的泥土，形成土与盆壁较大空隙后，即可翻扣脱盆。难于脱盆的悬崖式，可用水浇浸至饱和状态，用水冲击盆壁土，成一定的空隙后，可顺利翻扣出来。较重的大型盆，需用各种泥土去除办法，去除表土后，配合绳索吊拉脱盆。

脱盆瞬间，泥土过潮或自重大会引起盆土垮塌，容易折断新桩主要根系，引起树桩衰竭，所以必须注意保护根系。

回栽时可将原土适量去除，蟠根时需大量去除泥土。回栽用干细土，其流动性强，能填满根部空隙，填后需扎紧，浇水防止虚土，就不易产生翻盆危险。翻盆后放置阴处，1 月后进入正常养护。

3. **翻盆时间**。生长成熟盆龄四五年以上的熟桩，春、夏、秋均可翻盆换土蟠根，但最好的时间在春季，发芽前后直至晚春。翻时气温适宜，树生理旺盛，翻后有春、夏、秋三个生长季节恢复生长，对树伤害较小，缓苗期后生长恢复好，移栽性不好的树种如火棘、檵木、赤楠等，更需注意掌握翻盆的最佳时间和操作方法，以防功成身退。

4. **翻盆换土注意事项**。①利用翻盆调整树桩在盆内最佳位置；②上提根基实现构图的改进；③注意根与泥土密切接触，扎紧盆土，以防不能正常供水而吊死；④干细土法、泥浆法等可以保证成活的方法，都可调动使用；⑤新填土较松软，要切实压紧，防止树桩歪斜。必要时加支撑，待土干后变硬，可紧固树桩。

～ 翻盆用土法 ～

栽植新桩与熟桩换盆、翻盆其用土比较讲究方法，关键在于土与桩体和根密切接触好，以防吊死。只要土与桩皮、与根接触好，即为正常的用土法。只要其他养护措施不失误，就有成活的希望。

要使用土与根、皮接触紧密，办法很多，本人常使用一种干细土法。即将应用之土，晒干后碾压细碎，过筛，备用。栽桩或换盆时，盆周围用普通土，桩或根周围用干细土。干细土多时，全部用干细土。

干土，流动性极好，细土能进入较小的根隙中去，干细土栽桩换盆，操作十分方便。确定好桩的构图位置后，用干细土堆埋，上填到 2/3，桩能站稳时，震动盆体，干细土自己会流入各个缝隙中，十分可靠。再辅以木签穿插，贴实沉盆后，将泥土加至盆面，浸水或浇水。水将泥土坐实下陷后，填土至盆沿或需要的高度，栽种即告结束。

干细土法安全可靠，操作方便，适应类型广，凡盆栽、地栽都可应用，可提高生桩栽植成活率，预防换盆死亡，特别适合于不利于操作的深盆、小盆，根系成笼中间不易进入泥土的树桩。

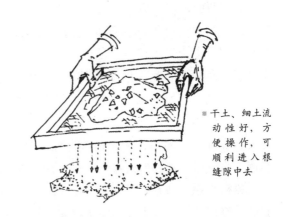

■干土、细土流动性好，方便操作，可顺利进入根缝隙中去

～ 根的培育 ～

根是树木生长的基础，没有根的生长，就没有其他部位的生长。树根的生长要求温度适宜，最适生长温度在 15 ～ 35℃，以 25℃ 最好。根的生长一般早于树叶的生长，也有叶的生长早于根的生长的树桩，但其势弱，依赖的是树桩自身的养分。先叶后根的树桩生长方式较少，其长势不如先根后叶的好。

根在早春时首先苏醒，较早萌动，吸取养分后供给树叶发芽生长。本固枝荣，根深而叶茂，树叶长出后进行光合作用，从阳光中吸收能量与二氧化碳作用，用根部吸

■ 根叶比例大，叶多树根好

收养分和水。通过新陈代谢作用，将能量用于消耗与积累。养分充足、光合能量多，树才能快速生长。根系不健全，地上部分就不可能繁荣；地上部分不繁荣，根系也不会发达。根叶生长具有相关性，即根叶比，根多叶多，叶多根好，根的培育离不开叶的培育，叶的培育离不开根的培育。

树桩盆景根的培育有两种含义：一是为了树桩的生存吸取营养物的根系，主要是活力强健的毛细根；二是具观赏作用的支持根，主要是侧根、粗根，它基本失去吸取营养的主要功能，只有分生新根、疏导养分的作用。侧根在树桩的结构上，作为露根、赏根的结构部分而有重要作用。毛细根在生理上有不可缺少的作用，是维持树桩生命的命脉。随着树龄增加，毛细根膨大变粗向前延伸后，可转变成支持根被提露，而在结构上被加以利用。这两种根都是树桩盆景需要的，二者不可或缺，必须重点加以培养。

根的培育与叶的培育同时进行，方法程序也相似，都是以加强光照，提高温度，用肥、水、土、气等促成方法进行培养。干湿交替炼根则是抑制方法。冬春应尽量提高土温，夏季全日晒。用水干湿交替，干透后再浇透。隔三差五地施用熟薄肥，经常松土，有利空气肥水的分解转化吸收。这样根系必将培育得生理强健，能为树桩生长提供充足的养分、水分、矿物质，促使树桩早日成型，成型后丰满健茂，极具生机与活力。在细根长粗后，便于蟠根造型，提根露根，使生桩在5～8年后有根可赏，从结构上与生理上完善树桩盆景作品，达到根、础、干、枝、叶共存共美。

树桩根系初成后，要经常进行炼根。盆树要置于全日晒条件下，加强光照，增加施肥、浇水，干湿交替。浇水后夏季要有8～24小时的偏干状态，让树根寻求发展，水分长期充足供应，树叶会很多而根系不会好，就像人一样，条件好了养尊处优不求发展。地植树桩要经常翻栽，不能翻栽，要每年生长季节将一侧的长根用利铲截断，让根系回缩到主干周围，有利将来上盆和出露欣赏。盆内育根要经常换盆，从小盆换到大盆，使根系盘结在盆内树础周围下面，无需蟠根，自己也能盘曲。

地植树桩根系回缩法

土中地植的桩头或小苗培育的树桩，在土中经多年的生长，其主根深扎，侧根横走很远。黄荆、石榴、金弹子、黄葛树等尤其如此。过长的根已不大适宜上盆，需在计划的上盆或出售之前 2～3 年，将主根侧根截断，使侧根既能增粗，又能再生细根，根系能容于盆中，上盆的成活率高，能随时起土上盆，利于经营。

回缩大根时间在每年冬末或早春时节最好，截后有春、夏、秋三个生长季节，有利新根生长复壮。截根应留好备作上盆的出露根，长度要与预计的用盆相应，以成为树桩的观赏结构根。如能将较长的根挖出，进行蟠根，效果更好。

每次截根不能四周一次性截完。一次截完会影响生长。每年只短截一侧或两边的侧根，以保持树势。较粗壮的根，还可分两次截完，尤其侧根较少的树应这样操作。有条件者，截后用生根剂涂刷，生根效果更好。

另外还有翻栽法，将土中栽种了较长时间的桩坯或苗子，在冬春季节将其换地翻栽一次，既可回缩树根，又进行了轮作，有利于上盆或保证出售后的成活率。

枝的作用与培育

树桩盆景的枝又可称作骨，是干与叶过渡、叶赖以生长的着生结构。分为主干枝和多级侧枝及次级枝。叶的分布靠枝支撑，传送树液靠枝内的筛管和导管，上达树叶，下通根部。枝健才能将根吸收的水分养料送到叶上供叶蒸腾和代谢，叶才能将吸收制造的光合产物送到根部，进行新陈代谢，促使树木生长繁殖，生命不息。

树桩盆景对枝的要求，根据其生理功能与观赏作用作出。一要有较好的枝来维持树桩的生长；二要有枝支撑树叶，分布于各个观赏部位上；三是作为一种观赏对象存在，要能观骨；四是有一定的形态，粗壮有力，分布位置好，曲节合理。这些需要通过培育、修剪造型等手段来达到。

枝的培育是在根和叶的基础上，由日常管理进行的，通过对土、温、光、肥、水、气的调节，结合修剪进行塑造。要使枝条粗壮，与干和次级枝粗细过渡好，再生能力强，有多次枝发生形成大树风姿。因此必须加强光照，生长季节多施肥水，见干见湿注意透气，促使枝叶生长。修剪上要在枝条蓄养到一定的直径后再修剪，而不能修剪过早。修剪过早，枝条无较多的叶提供养分支持，不能较快增粗。尤其是骨干枝，其粗度有决定性影响，修剪早了，以后多年也不能尽快增粗。次级枝组修剪则要适时，枝条木质化增粗停止后的生长期，要随时修剪，有利产生

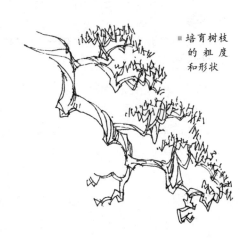

■ 培育树枝的粗度和形状

■ 放长后回缩才能
塑造好树枝的各
种形状

下一级枝组。纤弱的细长枝条较多时，要在萌发强的生长期，进行缩剪，促使新枝回缩，保持良好的比例。如果在需要出枝的部位，没有枝条，则应将该部位放置在向阳处，多受阳光，加强肥水，经一二年后，该部位有望出枝。

枝的塑造要用人工的方式结合自然生长进行。自然生长的主枝走向一般不符合盆景的要求。要使枝条依树桩盆景的审美方式进行，就必须采用人工方式来改变枝的生长分布形式。目前还没有不用人工蟠扎能形成盆景主枝的，只是或以扎为主，或扎剪结合，扎与剪所占的比重不同罢了。扎的方法有棕扎法、金扎法、金棕并用法。主干枝为增其美感、难度和技艺，用削、刻、击、伤、凿等办法，促其产生水线愈合体、孔眼、皱纹、斑痕、疙瘩，增加枝年代久远的感觉和观赏性。

枝的培育和塑造，要突出主干枝，加强侧枝，产生次级枝。每级枝要形成粗细和长度差别。主枝长且粗，能产生侧枝、次级枝，形成美观耐看的枝盘。

怎样在树干上育新枝

树桩为了完善造型构图，需要在无枝的部位促发新枝，以达到取势出意境，产生精益求精的效果。

需要培育新枝的树桩，要充分调整好树势，在生长季节尤其是初春，加强肥水，使生理机能旺盛，一些易在树干上产生不定芽的灌木类树种，可因此萌发不定芽，供造型利用。金弹子、火棘、黄荆、小叶榕、黄葛树、赤楠、杜鹃、蚊母、胡颓子、榆等春季可在树干基部产生不定芽。

不易产生不定芽的乔木类树木，可用以下办法促使不定芽产生。一是可将促芽部位向东，在增加树势的基础上加强光照，可诱发生芽；二是施以物理刺激，用刻伤、击伤韧皮部，促使养分在该处积累，有时可促使该部位发芽；三是在诱导发芽处涂生长激素，如赤霉素、乙烯利、维生素 B2、生长素等，可诱导出芽；四是将原桩树枝全部剪除，全树重新发芽，无芽部位可产生新芽，供造型利用。

无论应用何种方法促使新芽的产生，都需在生长势态强健的基础上进行。新芽产生后长势较慢，需平衡长势，抑扬结合，加速新枝的发育，抑制老枝的生长。

不能促发新芽者，可用代枝法，借用其他部位的枝来弥补无枝的部位，这是川派的借枝造型手法，俗称立代枝。代枝处理好了，枝的走势更有观赏价值。

～ 几种典型的枝 ～

树桩盆景，注重在枝上下工夫，出技艺，尤其自然类树桩盆景，更是在枝上体现风格特点，否则千人一面，一无特色。枝的造型要打破常规，体现技艺，需抓住各种典型的特点，用一种风格统领全树，才能耐人寻味。因此必须分析多种典型枝的特点。

具有典型特点的枝有：平枝、上扬枝、下跌枝、平斜枝、曲斜枝、扭旋枝、波折枝、鱼刺枝、鹿角枝、鸡爪枝、风吹枝、龙蛇枝。

平枝与树干夹角呈90°左右，前粗后细，收势有节，次枝分级排列。人的加工作用不明显，较为自然纯朴。比较好塑造，调整好主枝角度，自然培育，辅以修剪去枝留枝即能形成。迎客式最为典型，为壮年树风味。

上扬枝与树干的夹角小于90°，要有粗细过渡、蓬勃向上的精神，主枝宜粗壮，次枝互相配合要好。

下跌枝是经历了风雨冰雪袭击后的树相，顽强不屈，生命不息的精神较强，有苍老大树之姿。岭南用作下探枝，川派用于大弯垂枝。

平斜枝、曲斜枝有多种，枝的主干斜向生长，可直可曲，较有动感，取势要好，可以有多种变化。

扭旋枝形态复杂，有扭曲旋转的变化，可围绕自身的轴线扭旋，可在枝干上任意方向扭旋，难度较大。

波折枝主枝一波多折，线条变化曲折，较有姿态，可平折、可立折，以立体波折最易出露欣赏。应用较多，是规律类树桩枝片造型的常见形式。自然类也有应用，最宜用以突出主枝。

鱼刺枝有树的自然枝的形态，主次分明，主枝定型后次枝用剪育成。成平面布枝，用作薄片和观骨较宜。

鸡爪枝、鹿角枝，主要为岭南派用于落叶树叶落以后观骨，为自然树相与人工塑造相结合而成，主枝统领小枝，成多级分枝。鹿角枝比鸡爪枝长，分枝略少，枝梢较上扬。鸡爪枝短粗，分权扬角。主枝用扎，次枝用剪，重在培育，育出分级枝组，育出粗壮苍老之感。加工不难，培育难，尤以粗壮的多级枝更难育成。一枝方成，耗时数载。需注重培育之法，修剪适时。

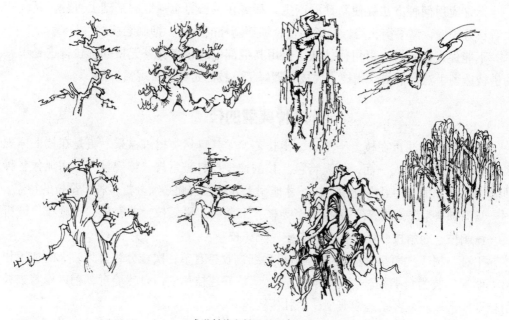

■ 多种树枝和树冠的形态示意图

　　龙蛇枝如无数游动的大龙小蛇，主枝为大龙，次枝为小蛇，弯曲游动，布满全树，以粗壮短胖为佳，多见于传统古典式树桩。培育耗时超长，加工复杂，需见枝蟠枝，逐年补蟠。辅以精心培育，耐心修剪，稀叶密枝，透叶观骨。多种技法结合，最见技艺与功力，是枝技的较高境界。

　　在各种典型的枝式上，又有多种组合的枝式。如下曲枝下垂与曲斜相结合。平曲枝走向与树身垂直与人视线平行，在平中成大小弯曲，平看一条线，斜看似蚰蜒。多式的组合枝更趋变化和复杂。自然类树桩盆，枝是制作者的创作重点，将枝的各式有机结合，设计出更美更难的枝形，达到天工人能成、人工天不如的效果。

꧁ 叶的培育 ꧂

　　叶的培育在植物种植中居于重要地位。只有植物的叶长好以后，才有较大的光合作用面积，为根、干、枝、花和果提供能量。在树木中，叶能将光和空气转变为能量，制造出养分，供树木生长。根、叶有很强的互补性，而干、枝、花、果是营养的储存器官、消费者，不能制造只能储存消费养分。根与叶相辅相成，谁也离不开谁，根深才能叶茂，叶茂才能根深。根深叶茂才能枝壮、花繁、果硕。因此树桩盆景必须十分重视叶的培育。

叶的培育与温度、水分、肥料、阳光四个变动因素密切相关，与湿度、通风、土壤及其酸碱度、各种微量元素也相关。叶的培育要做好温度、光照、水分、肥料、土壤及养分的综合平衡。

温度适宜时，叶生长迅速，枝梢能不断分生新芽，促使新叶生长，有时一天中能观察到从芽开张到伸展成叶的全过程。新叶最适生长温度在18～30℃左右，因树种而有差异，同树种也有个体之间的差异。温度较高和温度较低时，树叶、树根都会停止生长。根据这个道理，可以利用温度的变化来培育树叶。低于15℃时，可用增加温度的办法，搭建温棚，放在温度较高、光照好的地方，可促使芽的生长。高温时放于冷室，可继续生长，延长生长时间。当树叶刚长出还未变大时，用低温或高温进行控制，20天左右即能终止其生长，保持小叶状态。对温度这一特性加以利用，可延长或停止叶的生长，得到观叶的各种效果，可培养成健康茂盛型，也可培育成稀疏潇洒型，可将大叶培育成小叶，塑造出需要的形象来。

生桩采用促成培养，应充分施肥、供水、经常松土，给以较多的光照，使光、肥、水、气均衡，可使树叶增多、叶色好、活力强、易萌发，较快地增加营养同化面积，充分吸收能量，满足枝、叶、根的生长需要，达到快速成型。施肥供水可采用多种方法相结合，春季用浇水施肥法，结合滴灌、浸灌进行。夏季用滴浸法较多，以增加供水量，支持树桩大量积累养分。生长季节用叶面施肥法。生长激素可调整树木的生长功能，从内部激发树桩的活性，既可刺激生长，也可抑制生长，可以根据需要进行选用。刺激生长可采用赤霉素、生长素、乙烯利等，诱导根系生长可用萘乙酸类，抑制生长可采用2，4-D、矮壮素、多效唑、脱落酸等。利用好了生长激素，可以达到较好的塑造效果。

叶的培育离不开日常管理，要增加光照，保持生长温度，松土，施肥，浇水，剪枝，调整各枝的长势，防病除虫。肥宜熟、薄、勤、随水而行，水应见干见湿，注意浇透。光照一定要充分，通风也要好，环境不宜灰尘太大，经常保持叶面清洁，才能培育好树叶。有条件者创造条件采用温室、冷室、滴灌、喷灌、浸灌、叶面施肥、生长激素处理、遮阳、增加人造光等办法，更有效地培育树叶。叶的培育，主要是促成方法，离不开各种先进技术的应用。为了得到小叶时，可控制水而不

■ 根深才能叶茂，根叶互补，加强日常管理是叶的培育的基础

控肥，就能既保持叶色正常，又能有花果孕育，达到优良树相的状态。有的树种减少光线的照射和降低温度，可使叶内叶绿素减少、花青素增多而改变叶的颜色。如杜鹃、十大功劳因光照减少温度降低时，就会出现叶色变紫的现象。

有的部位叶长得不好，而有的部位叶又很茂盛，树叶与枝的长势不平衡，影响造型和欣赏。这在培育老桩时经常遇到，必须采用抑弱扶强的措施，对强枝进行摘心、强度修剪，并在春、秋用摘叶的办法，控制其生长，弱枝不剪不摘，放任其生长，并置于向阳处。调整树的长势，使强弱得到合理转换，叶的培育就会平衡。

促使树桩苏醒与休眠

冬季过去光照增加，温度逐步回升，树桩经过本能的冬季休眠后，控制树木生长的物质开始活动，促使树木苏醒，进入又一个生长循环周期。秋季光照减少，温度降低，控制树木休眠的物质开始活动，促使植物进行休眠，迎接下一个生长季节。

树木的苏醒与休眠，是植物长期生存发展、适应环境而形成的本能。它们在体内产生了适应环境冷热改变的遗传信息物质，现在已知的有脱落酸、赤霉素、RNA、生物酶等。这些控制植物生长与休眠的物质，在外界环境条件，主要是阳光和温度作用下，发生周期性的生长变化。秋季日照减少温度降低时树木知道严冬就要来临，体内脱落酸增加、叶片开始衰老、蛋白质含量减少、RNA 含量也下降、叶片光合能力降低，这些生理生化和细胞的变化过程，促使植物落叶或者休眠。冬季过后，日照时间增长，环境温度增高，植物体内控制生长的物质开始活动，赤霉素增加。在赤霉素作用下，一些能打破休眠以及萌发所需的酶活动，而且合成 RNA 的禁锢也慢慢得到解除，从而促使了蛋白质的合成。另一方面温度增加，使植物休眠芽或细胞的原生质水合度增大，使其胶体状态发生改变，从而使树体所含的水解酶和氧化还原酶进入活动状态，促使有机物的转化和呼吸活动增强，从而导致植物具备了萌发的内部条件。外部环境温度、光照、水分条件一旦符合生长需要，植物就会立即生长。而植物打破休眠及进入休眠所需的日照和温度条件与自然季节恰好一致，这是植物在漫长的进化过程中，对相对稳定的季节变化形成的一种主动适应性。

■ 提高温度可以促使树木内源活力增强

盆内种植的树桩，尤其是精品树桩，要使其发育健壮，必须顺应其天性，才能在生长季节加速生长，为休眠期积累充分养分，在休眠期正常休眠，达到生理平衡，顺利度过休眠期，按时苏醒，健康发展，生生不息，成为永不凋谢的好作品。要使树桩及时休眠，必须在中秋停止施肥，控制新芽生长。晚秋梢生长时间短，即进入冬凉，枝条不能及时木质化，枝叶不能充分积累养分，不利于越冬，也不能产生花枝开花结果。常常可以见到金弹子、罗汉松、小叶榕、岩豆等常绿植物的秋叶明显小于春叶，即是日照与温度所致。

在培养期的树桩，为了增加生长时间，取得较多较粗的枝条，可采用促使苏醒与延迟休眠的办法。促使苏醒在早春时采用增加温度和光照，提前给肥的办法，促使其体内的赤霉素等生长促进物质早日激活，支持树体复苏和生长。提高温度采用温棚增温、人工加温、余热利用等办法，将环境温度提高，树桩就能较早进入生长状态。农业生产用的大棚及地膜覆盖能达到低温时促使植物生长，取得较好的生长效果。本人将黄葛树、银杏放置于有热源的室内环境中，促使其提前2个月发芽，较快地进入了生长状态。近几年重庆冬季黄葛树、刺桐等落叶树冬末仍不掉叶，几乎成了常绿树让人惊讶，就是气温偏高使然。秋季要延长树桩的生长时间，可采用增施秋肥的办法，促使其秋芽萌发，延长生长时间。犹如人喝了浓茶，睡眠时间到了但仍精神亢奋。另一种办法是在夏末，将落叶树或常绿树叶全部摘掉，促发满树新叶，新叶中生长激素含量多于老叶，掉叶的时间晚于老叶，可以延长生长时间及观叶时间。

采用增加光照和减少光照的办法，也能对树桩生长产生作用。有人观察到上海路边的法国梧桐树，在路灯下的落叶时间晚一些，就是因为光的作用。光敏素增加和减少，能一定程度促使树木生长发育，延迟休眠和提早苏醒。

秋季施肥促芽促花

经过春夏营养生长，树桩有了营养同化面积，积累了较多养分，新梢已木质化。秋季小阳春气候，光照气温适宜。在养分充足的情况下，能够进行生殖生长，开始花芽分化，为翌春开花结果创造生理条件。冬季结果开花的胡颓子、冬珊瑚、雀梅、梅花等，秋季更是管理的重要时间。火棘冬季能生长，秋肥更重要。

观花、观果类盆景树桩，秋季是一个重要的肥水管理季节。秋季肥料管理跟不上，没有物质保证，花芽分化不能正常进行，就会无花原基产生，花芽分化质量不良，数量稀少，

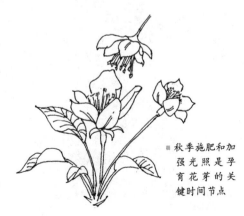

■ 秋季施肥和加强光照是孕育花芽的关键时间节点

甚至无花芽分化。也就在开花结果季节，无花可开，无果可结。果树管理中，提倡将冬肥提前到秋季施用，这是管理上的进步。冬肥提早施用后，有一段生长时间，从9～11月（重庆地区），有利早孕花芽。无需观花的常绿树种，则可以促发秋芽，并使秋叶生长旺盛，枝条及时木质化。落叶植物虽不发秋芽，但可使花芽和叶芽的隐芽或芽原基分化壮实，来春发芽整齐，长势强健，有利越冬。

施用秋肥要注意早施，初秋及中秋施用效果好于晚秋。晚秋气温低，树木吸肥能力降低，施肥作用不大，较多的是只能培肥土壤。如果促发了晚秋梢，造成秋梢迟伸，影响树势，嫩枝也不能正常越冬，易受冻害。

怎样预见树桩的衰竭

树桩在栽植过程中，受不良因素的影响，有时会出现异常，产生衰退是一个较长的过程，如果早期发现，采取有效的措施，可阻止衰竭，挽救于未然。

树桩的衰退现象，通过观察可以及早发现。衰退的现象有以下表现，叶色不正出现黄而偏淡，久不转深。叶无生气和光亮，叶质变薄，甚至叶片无力。盆土久不干水，表明其根系和叶片已失去正常的呼吸功能。树的发芽时间和数量变化，春天久不发新芽，春后也不发二次芽。无花无果，大量黄叶掉叶，都是衰退的表现。

树桩衰退的原因有多种，一是生理上的衰退；二是病虫害造成的衰退；三是药害肥害造成的衰退；四是管理上光照不足、水涝烂根、肥料不足等。这些都会出现生长势弱，造成衰退。有的衰退不致伤命，会致势弱，可以救治。有的衰退尽管很缓慢，也会枯枝失片，甚至死亡。肥害与药害造成的衰竭危害最大，难于救治。

生理造成的衰退原因有：久不换土根系盘结，吸收功能变差，养分不足，不能维持树桩的生长，枝叶太多，未及时修剪，失去自疏树叶的能力。盆土长期偏干或偏湿，或受肥伤冻害，造成根系坏死。病虫害造成的衰退现象比较直观，叶有缺损、病斑、有虫痕、掉叶、黄化等症状。药害和肥害发生时，造成植物组织细胞液失水，发生时间快，危害较大。

日常应该经常进行综合观察，及早发现，对症治疗，防止和挽救树桩的早期衰退，使其生命常青，传世不衰。

■ 加强养护和管理，培育好树根是防止树势衰竭的根本

脱衣换景与换锦

脱衣换景与脱衣换锦，一字之差，内容存在差异，相同处在于产生观骨效果，不同之处在于自然落叶与人工脱叶；脱叶以后的景与锦不尽相同。脱衣换景是自然落叶，在严冬中观其枝干的骨气、枝式、技艺、走势。自然落叶形成的观骨佳景，带给人们另一种美，有别于枝繁叶茂、花红果绿，尤重骨气，成为盆景的一种观赏形式，是观赏方式的一个进步。人们对这种美的追求往往不能满足，又再创造各种形式来再现美。脱衣换锦就是在自然的脱叶观骨的基础上，在生长季节中，对落叶树和常绿树实施人工脱叶以先观其骨，然后再观新芽新叶的锦绣，所以又能称脱衣观骨换锦。

脱衣观骨突出了落叶树的优势，使只重常绿树的人感到了落叶树的优势；使只重枝片的地区盆景派别，感到了骨干的力量在欣赏中的作用。开始探寻观骨与观叶的结合，注意对骨的培育塑造了。现代观骨方式起源于落叶树，又将其应用于常绿树，从自然落叶到人工脱衣，再从叶骨共观上努力。

叶落之后或脱衣之后，树的枝权一览无遗，交叉重叠之枝，无藏身之处；纤细绵长之枝，无地自容。实施剪扎，格外醒目，这样反复剪成的枝骨，必然优于常绿树遮遮掩掩、杂乱无章的枝条。透过枝骨，可看到主干和根蔓的自然走势和美妙姿态，整个树形让人淋漓尽致地看透，不被遮掩半点。不美的树枝，自会羞愧而去，好的树枝，则会以优美的根、干、枝形成的美，留下伴君。叶落之时光线透射好，利于观干，用于摄影，将其美好的最佳观赏效果之一留下，也是最好的时机。如其叶长出后，透光不好，则会影响干的摄影效果。

观骨难度较大而美学价值又较高，逐步在人们对树桩的认识上重起来，应用多起来，将其纳入审美、评定、鉴赏的标准中去。要达到观骨的效果，枝条必须粗壮，分枝呈鹿角枝、鸡爪枝、龙蛇枝、鱼刺枝等，多级自然排列，每级有角度变化，有自然曲节，弯曲中自然缩小，比例与走势合理，不违背自然规律。需要用较长的时间、恰当的方法来塑造培育。

观骨要有粗壮的枝条，粗壮的枝必须要有强健的根系支持，有较多的枝叶为其增粗创造条件。盆中养植的树桩，要有几年以上的生长，才能形成较粗的一级枝组，才可开始二级枝的修剪造型。骨上

■ 脱光全部树叶，新叶初出，重新焕发锦绣景象

的弯曲也可采用人工蟠扎进行结合修剪促使形成弯角枝。如一味地用修剪成型，则所需时间可能太久，很需耐心等待。骨是培育长出来的，也是人工制作出来的，二者结合，更能出骨。

观骨枝要培育修剪得法，剪早了新枝不易增粗，剪晚了枝条延伸太长，不形成枝组，难以成型。常绿树的枝片往往掩盖了观骨，而且一般爱好者在小枝处理上不到位，其骨架不如落叶树美观粗壮，相互关系好。树桩观骨效果源于落叶树对人们的启示，还源于古老大树苍劲枝干的启示，也有人们对它的认识和理解在其中。

在生长时期的春夏季节，脱衣观骨以后，又会进入新芽新叶生长为中心的观赏佳期，换了一种生机盎然的"锦"象，所以又可称其为"脱衣换锦"，是岭南盆景应用较多的手法，具有岭南风格，对现代盆景欣赏风格影响较大。

脱衣的方法可人工摘去全部树叶而脱衣，也可用干旱的办法脱衣。干旱法不易掌握，对树桩生命会产生危险，无经验者不要采用。脱衣时间应在春到夏末这段生理生长旺盛时间。脱衣树应选盆龄在 5 年以上、根系好、无病虫害的树上进行。落叶树与常绿树都能应用，以萌发力强的树上应用为好。脱衣换景是形成最佳观赏效果的一种方式，最适合的树桩造型方式是风动式、截枝蓄干式。适合景深为近景、中景。

室内养护树桩好

树桩通常是在室外养护，但对较重要的精品树桩，利用室内条件进行养护，可收到良好的效果。

室内可避免暴晒霜冻，气温冬季高于室外，夏季低于室外，有人工光源，可增长光照时间，也可缩短光照时间。室内这种有效条件利用好了，可延长树桩的生长时间，有良好的促长作用，是室外无法具备的。将室内与室外结合起来，用于精品及弱势树桩上，于环境残酷时期应用更为实际。熟桩入室还可结合观赏，一举两得。

树桩入室在漫射光下生存，适宜期可达 2 个月，休眠期可以更长。夏季高温期入室，冬季低温入室，在树桩的安全时间内，减小了夏季浇水不足的干旱威胁和冬季严寒的冻害威胁，只是夏季熟桩的养分积累少于室外。

■ 室内窗台养护和应用树桩盆景

❧ 哪些树宜冬末强剪 ❧

冬季过去，树木开始逐渐萌动，即将进入新一年的旺盛生长期。春季植物竞相生长，长枝出叶，是生气最强的时期。导致植物春季旺长的不单是温度一个原因，还有树木本身的遗传特性，能适应外界环境的变化，形成了一种休眠与生长的生理机制。在春季即将来临之时，对树桩有的放矢地整形修剪，抑制或促使某些部位生长，抑放结合，更能达到培育和造型目的。因此，在冬末春初进行强度修剪，是培养树形和控制树形的一个极好时机，造型不能忽视这个有利时机。

■ 冬季强剪可回缩树枝，利于春季发芽

冬末强剪的树有生长势弱的常绿树，冬季修剪时无枝叶支撑，易伤树势。落叶树冬季休眠，可提早修剪，落叶后即可进行，以减少养分消耗。需要缩剪的树，可在冬末时，强度修剪，不留树叶也能发芽，这是冬末春初修剪的优势。

❧ 迎春管理 ❧

树桩度过严冬后，初春乍暖还寒，盆事活动就开始了。需要进行的工作有：剪枝、松土、施肥，需换盆者也可在初春进行。

剪枝是迎春管理的主要工作，因为初春后树木生理上进入旺盛季节，萌发力量最强，此时剪除冗枝，可在常绿树的无芽枝条上萌发新芽，形成新枝强枝，对树的生理刺激作用较大。其他季节修剪，效果不如春季剪后易萌发和生长增粗快速。1～2年育龄的生桩，则可在初春剪除与造型无用的助长枝，将养分集中到造型枝上产生良好的过渡关系。

■ 早春管理之计可以得到周年的生长效应

早春要进行松土，使进入萌动期的根系得到较多的空气，有利于肥水渗透到盆土内部，达到均衡土内肥水气的效果，也有利于土内微生物活动。

早春适时适度施肥，可促进树的生长功能，早日苏醒停止休眠，尽快进入生长。也可增进土壤肥力，为春夏生长创造条件。

需翻盆的树桩，可在早春温度达到稳定的15℃以上时进行，早春换盆缓苗期短，比较安全。需进行嫁接脱胎换种的树桩、改变雌雄的树桩，早春是最佳时机，必须抓住季节，不失时机地进行，这样成活率较高。

需改头换面的树桩，早春剪除全部枝条后重新萌发强枝较好。

树干、树叶保洁法

因为空气污染，城市内降尘量大，新叶维持鲜活翠绿生机勃勃的时间比较短。重庆地区经常叶面冲水条件下，不超过2个月，叶面就布满尘埃及其他污物，非常有碍美观，并且影响树叶的光合作用和生长。只有经常冲洗叶面，才能减少叶面灰尘的堆积与凝结，防止叶面污染。在连阴雨时冲洗污物，效果较好。经常冲洗，仍然产生大量污物凝结的，就需用棉纱、海绵等类软物对叶片逐片擦拭。擦拭时用一手垫托在叶下，一手进行轻轻擦拭，到恢复清洁。经过擦拭的树叶，精神焕然一新，观赏效果更好。遇到展出活动，就必须进行清洁整理。

树干上的污物及附生的绿色藻类植物，可用牙刷轻轻擦刷，刷后用水清洗，可恢复树干的本来颜色和面目。如树干上长有青苔等附生植物，有一定原始风味，美观者可予保留，增加野趣。

盆内除草

有泥土的地方免不了产生杂草。杂草与盆内树桩共生，过多过长则影响美观，必须人工清除或整理。一些生殖能力极强的杂草根系发育极强，与盆内植物争夺养分，争夺空间。野苋菜根还能从盆底孔进入泥土，是又一种杂草为害盆树的形式，导致盆内干旱缺水少肥，必须彻底清除，以早拔除尽为好。否则年复一年种子变成草，除起来麻烦，会增加不少工作量。

盆面配草

配草是增加盆内景观的手法，以小草枝叶作远山大树、近山小树，或作配景处理，增加野趣和自然气息。如产于江浙的一种闲草，其外形极似西北旷野雪松，配植于盆内地貌上，与树、山、石、水烘托对比，不失为造景的一种手法。配草要求草的体形小、匍地生长，或能反映大树风格，成辅助之景，体现树、山的高大、连绵。

常见的配草有满天星、金钱草、五星草、虎耳草、钱菖蒲、翠云草、半枝莲、地钱，另外也不难发现一些叫不出名的造景野草，加以利用，可增加盆景的构景效果和艺术感染力，给人以自然、纯真、丰富的感受。

■ 盆内土面栽草有利于养护和提高观赏效果

树桩形态的整理

树桩形态整理的提出，是因为树相（主要是枝叶）经常会随着生长发生变化，有时有展出或活动，有时是有重要的客人到来，有时是为了自己欣赏，都需要有较好的树形树相，这就必须用整理的方法。

整理主要是枝叶的整理，采用修剪的各种方法，剪除过长的新枝、多余的杂乱枝、交叉的重叠枝，从形态比例上保持美观的树相。

盆面的杂草、枯叶、异物，也要进行清除。布养的苔草，残缺后要补种整齐。布石及摆件脏污的，也要刷洗干净。

树形的整理，是树桩盆景展出前的必需工作，也是成型树桩经常要进行的工作，拥有树桩盆景的人，必须适时进行。

■ 在树桩盆景的形态景象比例多方面保持树相的美观和韵味

四季修剪的特点

培育好的树桩，四季都需修剪。但各季修剪有不同程度的作用。

春剪，能使剪后无叶的枝干有效地发芽，出芽后枝条有春、夏、秋3个季节的生长。增粗较快，并能产生花枝和果枝。需重剪、缩剪的树最好在春季修剪，以早春进行为宜。

夏剪，可使已木质化的当年生过长新枝回缩，保持有良好比例的树形。常绿树也能促发夏梢和秋梢，是保形修剪的重要时间。夏梢一般当年不能形成花枝和果

■ 四季修剪是保持树形比例，形成鸡爪枝、鹿角枝形的基本措施

枝，只能产生营养枝，第二年以后可形成花果枝。

秋剪是保形修剪，也是抑制修剪。剪后常绿树能出芽，秋叶由于日照短、温度降低，叶常小于春叶和夏叶，是常绿树塑造小叶的良好时间。需在早秋进行，晚秋梢不能木质化，养分积累少，越冬比较困难，枝梢易受冻枯萎。秋梢生长时间短，但可大量萌发，弥补无枝的部位芽。落叶树则可促使芽原基产生，为春季萌发打下物质基础。

冬剪短期内不能促使剪口下生芽，但可减少树体的消耗，有利越冬。落叶树最适宜冬季修剪，此时树枝裸露，修剪或蟠扎方便，剪后可以观骨，是落叶树的最佳修剪和欣赏时间。生长季节剪后流脂严重的，如松、柏、桃树、铁树等，可在春季伤流期前修剪，减少溢脂。常绿树冬剪，可减少冬季水分消耗，减少浇水工作量。但冬季雨多时，盆土长期不能收干，剪得太多，不利盆土水分蒸发，影响根的呼吸，容易导致烂根。

树桩快速成型

盆景制作者都希望树桩能够快速成型，以完成制作过程，进入欣赏阶段。生产者则希望能快速成型，早出产品。快速成型能提高新产品产出率，降低消耗和成本，增强竞争力，是生产制作者追求的目标之一。使树桩快速成型的方法有多种，有管理养护上的、有技术上的、有环境上的多种措施。

盆中直接养桩。直接在盆中培育，有利温度升高，方便日常养护及造型，需移动时方便，嫩枝开始造型，可提早定型。盆中养植，肥水利用率高，有利于生长，有利新根新叶在盆内按比例定型生长。减少了养桩后的中途上盆环节，不会出现缓苗期，可节约半年时间，最少也可节约3个月，而且减少了上盆生理不适的死亡危险。

对环境进行改造，实行冬季增温保温，防止寒风侵袭，夏季遮阳降温，增加湿度，加强光照和通风，可使生长势头强劲，提前发芽生根，延长生长时间，达到快速成型。

将新桩连盆埋入土中，得到地植的条件，水分湿润，不会过潮过干，减少了浇水及浇水不当产生的危害，生长势头强劲，也可达到快速成型。

修剪方法得当，留枝有方，可增加光合面积及光合产物，为根部输送较多的养分。

较大的根叶比对新桩有帮助生根、长粗枝条、多次发芽的效果，实际上也就达到了快速成型。方法是当年生新枝一律不剪，有用的部位枝进行造型。第三年春天发芽前，才作修剪。进入第四年，根系已经基本形成，可只留造型枝，无用枝条剪除，造型枝能进入快速生长。

管理中，对根系已形成的树桩，可用促成法大水大肥、大光大温、大土管理。大水大肥是指水肥充足，每周结合浇水施1次肥，土壤干透1次，用充足的水分和肥料，保证和促使树桩的营养生长加快。放置场地要光照充足，照射时间长，有利于生长，为提早成型的条件之一。采用滴灌、浸灌、喷灌等多种方法在生长中综合进行水肥管理，可达到提早成型。用较大的盆，增加叶土比，土多、养分多、水分保持久，也有利于快速成型。

生长过程中，花果较多的树种，应控制生殖生长，促使营养生长。施肥以氮钾为主，花芽分化期基本不施磷肥，以免引起花芽分化，开花结果，徒耗树体养分。开花之前，要摘去全部花蕾，以免继续消耗养分。疏蕾比疏花、疏果效果更好。

采用先进的管理方法，用生长激素，叶面施肥，施用微肥、生物肥料等有效措施，也可以促进生长，达到快速成型目的。

为了加快枝干的生长，在有的树种上，用主干主枝合成法，或采用多株小苗多条枝组绑压合成，形成较粗壮的主干和主枝，能较快地增加成型速度。

快速成型是人们追求的目标，尤其是在树桩盆景上，慢是普遍现象，快就更有意义。但快速成型只是相对而言，不可能几倍、十倍的快。

树干埋土法也是快速成型方法之一。有的树种树干上能够生根，还能与干自然愈合成一体，如小叶榕、黄葛树、杜鹃等。有的树种、树干接触泥土后就能生出不定根，支持树体生长，如金弹子、黄荆、罗汉松、紫薇等。造好型的细干，用土堆高掩埋，使其树干多生根，加速其增粗生长，根干愈合，更能增加直径，达到一定粗度后，再行切根或其他技术处理，实现快速成型。

 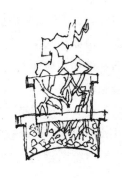 

■ 套盆养根多土利于树
桩的快速成型

■枝条放长是树枝快速成型的基本方法

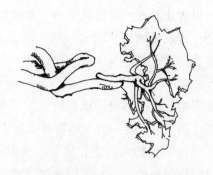

■嫁接大枝可快速得到成型的枝片

采用嫁接换种法，用无性繁殖的办法，取得大枝成为桩头，也是快速成型的方法。将树种性状低劣而形好之桩，用长枝嫁接法靠接，脱胎换种，可快速成型。用一、二年生的造型长枝嫁接，成活后就有一定长度、骨架的枝片。

快速成型的手法多种多样，但其基本的方法是物理方法和化学方法：嫁接换种、无性繁殖、枝干合成，是物理的方法；大水大肥、微肥等属于化学的方法；修剪是物理与化学相结合的方法。二者都是促成培育，会造成叶大、突长等不良性状。成型后，可通过控水控肥，强制干旱，应用生长抑制剂如矮壮素、多效唑等控制，形成小叶。

水旱树石盆景养护办法

水旱盆景成景优美，格调清新隽永，应用题材宽广，有广泛的群众基础。怎样让它走进千家万户，养护简单化是重要因素。

水旱盆景水在景之中，用盆极浅，土石结合用土少，盆浅土少无水口，浇水易形成盆面径流，往外流淌，就增加了养护上的困难。浇肥外淌浪费肥料，造成污染。

看似麻烦费事，其实可用简单有效的办法进行养护，既可省时省事，又可使盆内的树木生长茂盛。浇水只需往景中水域舀进一瓢清水，任其往土内渗透，浇肥则可将肥液过滤后混于水中即可。

这种简单高效的办法，只要求在制作时，将堤岸坡脚石在一定的地方和高度，留出透水的缝隙，在盆内水位一定时水即可由此渗入盆土滋润植物。所留缝隙的高度、大小数量，应根据盆土多少、盆内植物需水量和水域面积的大小而定。植物少、水域大者缝隙小，植物多、水域小者缝隙大。缝隙渗水是持续进行的、作用时间较长，所以缝隙不应太大。春秋冬缝隙要小，夏季骄阳下要大，或保持连续高水位才能满足对树木的供水。需控制水分时不向盆内给水，就可减小湿度，防止枝叶快速生长，扰乱树形。

用这种方式可在水中加入肥液，各种肥料液汁均可混合于水中，渗入盆土供养盆中植物。有机肥需过滤去渣取用肥液。无水域无水缝隙制作条件的树石盆景作品，可用滴灌的方式进行浇水、施肥，解决养护问题。

采用赏水作养水和滴灌法，由于树桩不再难养，如布以奇石，可做到只见树石水、不见土。从根本上解决了水旱树石盆景养护问题，其应用就可普及，难度就可提高。

■ 在盆底和石头的结合处留好水缝，赏水随隙渗透到土壤中，不需特意浇水，即可满足树桩的生长需要

硯式盆景养护办法

硯式盆景要走出盆景园，成为日常欣赏的盆景，进入千家万户，首先要解决养护办法。

传统的浇灌法对硯式不适用，极易流失造成环境污染和水肥浪费，水肥利用和工作效率都低。当然用较多时间去浇灌，也是能浇透的，但时间耗费太多。

夏季应将其移至阴处，甚至有空调的室内，以减缓水分的蒸发。无论怎样遮阴，也要蒸发大量水分，少量的土壤持水在夏季不能保持水分的持续供应，只有靠增加供应才是根本。

增加供应用滴与浸二法比较好。另外可用渗吸法，用一小容器盛水或经稀释过滤的肥液，将其置于土堆附近，位置略高，用棉织物一头放入容器中，一头置于泥土上，经过一定时间，容器里的水就会逐渐渗到泥土中。此法吸水，需处理好织物，否则可靠性不如滴灌。滴灌用于硯式，需注意控制水的总量，过多会造成流失。

在非观赏的养护期，如浸盆移动不方便，或容器不适，可用黏性强的泥土，在盆上加土围子，困水渗入土中，也可简化浇水方法，节约时间，增加养护效果。

■ 滴灌可满足见石不见土的树桩盆景类型的水肥管理

助长枝与助长根

有的树木干上易发生不定芽与不定根，或生有气生根。有的枝和根于造型无补，甚至有碍，但于生长有利。

这种有利生长而无益造型的根或枝称为助长根、助长枝，也有的称为养枝，在我国台湾地区称为"牺牲枝"。助长枝主要是枝上的叶，可起光合作用积累养分。助长根则能吸收养分，帮助枝叶生长。

根与叶是吸收养分、制造养分的器官，兼有贮存养分的作用。根与枝叶有帮助树桩快速生长成型的作用，根与枝叶越多，树木生长越快。根对地上部分整体起作用，但也有对应关系，尤其对根所处的一面的干和枝作用较大。有地下强根的方向，该侧树干树枝的生长更强健，容易形成树棱和强枝，仔细观察许多大树可反映出这种关系。枝主要对所处位置以下的树干、树根起促进作用，能加快干与根的生长，积蓄更多的物质。根与枝的对应生长关系比较明显。枝与枝以下树干生长关系更明显，侧枝能帮助以下树干生长或增粗。有目的培养某些部位增粗时尤可利用助长枝的这一作用。而某些部位苍老衰弱而又无需造型枝，则必留助长枝，才能保证该部位的成活。助长枝过多、过乱时留 1～3 节剪除，任其再发助活。

为加快树桩成型，尤其是小苗培育树桩，可利用助长枝与助长根。老桩的助长枝可放于桩的后面或下侧。待树桩根系强大后，于生长季节截除。有时为了增加景深，可培育后枝后片，不作截除。一些容易生根的树种，可在培育中，将助长枝育成有用的树形，待增粗以后，将其用无性繁殖的方法，扦插或高位靠接后，育成小型或微型树桩盆景。

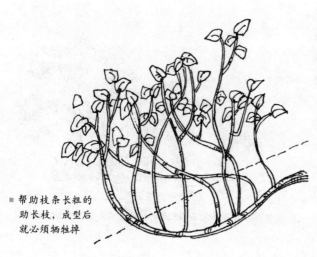

■ 帮助枝条长粗的
助长枝，成型后
就必须牺牲掉

助长根的培育，采用堆土法，将树干基部堆土垒高至干的更高处，促使树干生长新根，支持幼树或树桩快速生长成型。树干上新根经多年生长后，如于造型有用的可保留下来作悬根利用。如果美学效果不好，则可截除，用作繁育新的植株。有的树种，如金弹子、对节白蜡、火棘、黄葛树、银杏、石榴等树干上易萌发不定根，可实行此法。不易生长不定根的树种，则不适宜培土育根促长，如松、柏。

对不好利用或不需利用的助长枝与助长根，待大功告成后，将其剪除，完成制作进入观赏阶段。剪后的创面一般不会太大，经一段时间生长后，其创面会随生长而愈合消失，或成新的形象。养枝留下可助长，育根可成小型盆景。

抑制培育

有的成型树桩，已入画理，需保持其形在景中的比例，就需应用抑制培育法。

抑制培育既要维持树的生命延续状态，又要控制其枝叶不过分伸长变大，保持较好的枝叶体态及生长态势。用以观花观果者，又要有花果可观。是树桩盆景成型后的一种特殊养护技法。

抑制培育以控水不控肥、全光照半干旱为主要方法，必须达到叶小、色好、质厚、有生气的效果。

控水时需多观察，不致过于干旱和长时间脱水，只能达到适当干旱的程度。平时水分以湿润偏干为主，防止长期潮湿。尤要防止在春秋两季出新芽时水分潮湿，夏季水分蒸发极快，叶已生长定型，适当增加供水，不会扰乱树形。

在生长中后期可酌情用肥，以使叶好。花芽分化期、果实膨大期，增施磷肥。氮、磷、钾之比为 1:2:1 为好。如叶生长好，氮肥可减少，氮、磷钾比为 0.5:2:1，以防氮肥过多，枝叶抽长。出现枝叶过长的状况时，可辅以修剪，以修剪的物理方法，抑制其生长。

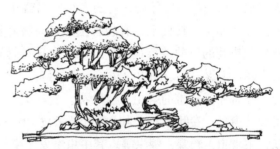

■ 成型树桩，根系枝叶已经定型，必须抑制枝叶的过度生长，防止树形变大突破造型比例

虫害防治

盆景树桩病虫害的防治具有积极意义，关系到树桩的生长发育、成型、观赏效果和长期生存，不可掉以轻心。好的树桩得来不易，资源有限，培育时间长，价值较高，盆中土少，经不起折腾，一旦致死，十分可惜。新桩栽种不久，幼芽刚发，枝叶不多，害虫虽少，稍不注意观察防治，幼芽可能会被啃食殆尽，失去营养同化面积，严重影响叶的功能发挥，不能为桩体提供光合产物，根系失去养料支持生长，导致树势变弱，延误枝条成型时间。熟桩的芽、叶、花、果都易被虫食，既影响生理生长，也影响观

■ 树叶被害虫吃掉，
 无叶可观，同时也
 影响树桩的生长

叶、观花、观果的效果。

虫害应早期预防，以预防为主、防重于治、防早防了，以免泛滥成灾。防治的方法应视对象进行，数量较少的应用人工捉除，以免造成污染和药害。大面积生产培育，人工不够，才采取药防药治。

地植树桩，受环境虫害发生率的影响，虫害威胁较大。城市阳台、楼顶养桩，时间长了，也有各种途径传播虫害，如不加以防治也会泛滥成灾。

虫害的防治是在观察的基础上进行的，应加强观察，随时发现，才能及早解除虫害的威胁。虫害的观察首先从外观上多看，有无异常，有无虫情发生。当发现树叶缺蚀形成天窗，必然就有虫害，还有的害虫卷叶做茧；二要从各种痕迹上进行观察发现，如虫粪掉于地面、叶面，就要循迹查找，消灭害虫；三是观察要仔细，有的害虫专门藏在叶片背后，有的虫卵产在各种不易发现的部位，如叶背枝杈上，有的害虫颜色与枝叶相似，不仔细观察较难发现；四是要带着发现虫情的目的进行观察。虫情发生具有时间性，每一代发生有固定的时间，掌握其规律，消灭虫卵及幼虫，防治效果较好。

危害盆景树桩的害虫有食叶类、食汁类、食干类、食根类。食叶类害虫最多，用啃食、窗食、卷叶等办法为害树叶及嫩枝。常见的有：凤蝶、尺蠖、萤火虫、毛虫、蚱蜢、菜青虫、粉蝶、蝗虫等。其中虫情发生率高的有凤蝶、尺蠖。食性较杂的有毛虫、蚱蜢。食叶类害虫食量较大，不停地取食。发生具有时间性，即每年春或秋温度适宜时，幼虫到成虫时间在十多天完成，一年可发生几代。

食汁类的害虫对盆景树桩危害最大，发生率高而普遍。常见的种类有蚜虫、介壳虫、军配虫、红蜘蛛、粉虱、金龟子、蝉等。蚜虫、介壳虫、红蜘蛛对多种树产生较重的危害，且发生率高，不易消灭。介壳虫不易被发现，待被发现时数量已很多。蚜虫一年可发生几代，春、秋都有。蝉、金龟子移动性强，不易消灭。

食根的害虫有地蚕、蛴螬、蝼蛄等，在地下咬食植物的根部，晚上还能到地上危害幼苗。地下害虫在盆内发生不多，地下稍多。

食干的害虫分为食皮和食心类。食心害虫有钻心虫、天牛幼虫、白蚁等，食皮的有天牛等。食心的蛀干虫危害极大，容易使枝干死亡，火棘发生较多。

冬季要注意消灭越冬害虫，树干、树叶、地下的越冬虫卵要消灭，做好盆景放置场地清洁工作，注意通风防止虫害发生。培养好害虫的天敌，杀虫时注意保护益虫。虫害的天敌很多，生物防虫省工省药、经济安全有效，有益环境，盆景生产中应用较少。害虫的常见天敌有螳螂、鸟类、益蜂、益蝇、蛙类，鸡也可以帮助消灭害虫。许多益虫与害虫形态上不易区分出来，被处死的时有发生，如食虫蝇类。地下害虫和蛀干害虫，可采用物理防治，将有虫害的部位浸于水池中，逼出或溺死害虫。小叶榕虫害发生时，叶片闭合，喷药进不去，可剪除虫叶或用药水浸进去。害虫防治有化学、物理、生物和耕作防治虫害，应注意综合防治，采用多种办法，达到安全、有效、经济、简便、无污染。

病害防治

植物病害的防治对树桩来说是死生之道，兴旺之路，不可不察。植物的病害时有发生，特别是通风不良、光照不佳、水肥条件不好、有病原侵入的条件下，发病率比较高。

致使病害发生的病原，分为有侵染性和无侵染性两类。受病原侵染的树木，表现为一系列变化着的病征，有的无明显的病征表现。掌握了解病征有助于鉴定病害的种类。植物产生病变过程中，表现在生理上的如各种组织成分失去平衡，呼吸作用和蒸腾作用加强，同化作用减弱，淀粉和糖类的转移机能受到阻碍。在形态上表现为凋萎、腐烂、腐朽、溃病、瘿瘤、斑点、黄化、花叶、疮痂、变形、枯焦、立枯等。

病变的症状往往互相联系，如根腐的植株在根腐的同时，地上部分也表现黄化、凋萎。植物的病原病变发生有一定的过程，分为侵入期、潜育期、发病期，到后期才表现出病害的症状。植物致病症状有各种表现，一是坏死性症状，是以植物的细胞和组织死亡为症状；二是促进性症状，是植物的机体受到病原刺激后，发生膨大或增生的症状；三是抑制性症状，是植株的生长发育局部或整体受到抑制，许多病害往往整体上表现为抑制性病变，而在局部上则表现为促进性病变。病害的症状在外部上常是颜色、形状、质地等症状的综合，盆景爱好者只能用肉眼加以判断和掌握。

病症的类型有：①粉，依据颜色不同，分为锈和白粉。②霉，由真菌的有色菌丝及子实体覆盖在植物表面，形成一种煤烟状物体。③蕈体，有时树干外部可看到帽状、蹄状、木耳状等形态的蕈体着生。④菌核，由真菌菌丝交结，形成的一种结构，小的如针头，大的直径达30厘米。病症类型的观察发现，有助于病原种类的鉴别。

盆景树桩的常见病主要有根腐病、斑点病、白粉病、锈病、煤烟病、叶枯病、炭疽病、根癌病。

■ 病菌对树叶造成的危害
通过肉眼可以观察到

根腐病：树木根部腐烂，有些是属于浇水过多，根部呼吸不畅，窒息而腐烂，根腐病是由真菌中的镰刀菌、腐霉菌、丝核菌、菌核菌所引起的。防治要改善环境条件，增加光照和通风，调节温度和湿度，适时施肥，提高树体抵抗病害的能力。也可用 40% 的福尔马林 1：20 的比例稀释，浇入土中进行泥土消毒。

斑点病：树桩叶片形成各种颜色和环状的坏死性病斑，其病源较复杂，大多为真菌所引起，也有非侵染性因素。斑点生在叶片上，又称叶斑病，如银杏叶斑病、海棠角斑病等，比较普遍。另外还有疮痂病、溃疡病、穿孔病等。斑点病喷药治疗防治，药液在树上形成一层保护膜，使病源不能侵入树体。药为 120～160 倍等量式波尔多液，70% 甲基托布津 800 倍液，50% 多菌灵 500 倍液，都有较好效果。

白粉病：粉病在叶片上最为常见，主要危害植物的地上部分，除叶片外，也能危害果实、花和嫩梢，在其表面长出一层白粉状物，使植物矮小，生长势弱，叶片枝梢卷曲，出现异形花和叶。危害紫薇、枸杞、红枫、三角枫、罗汉松、小菊、月季等植物。白粉病是由菌中的白粉科的真菌所引起的，氮肥过多，光照过弱，容易导致白粉病的发生。硫素剂对白粉病有特效，通常喷洒 0.5 度的石硫合剂，100 倍等量式波尔多液，发病后用 500 倍退菌特或 800 倍代森锌喷洒，能起到防治作用。

锈病：是由锈菌所引起的，是盆景植物的常见病，如桧柏梨锈病、贴梗海棠锈病、松针锈病等。一般在春夏时叶面可见到橙黄色点，以后有黄色或黑褐色粉末，有的叶背可见到浅黄色丝状物，引起叶片卷叶、枯焦、提早落叶落果，使树长势衰弱。发病期喷药保护，用 120 倍等量式波尔多液、65% 代森锌可湿性粉剂 500 倍液、敌锈钠 250 倍液等，有一定的效果。

煤烟病：是由煤菌中的煤炱科和小煤炱科的病菌所致，也因蚜虫、介壳虫的分泌物造成。榆树、罗汉松、枸骨、紫薇、柑橘、黄杨、迎春、山茶、杜鹃等许多树种均会受害。严重时在叶表面及枝条上形成一层很厚的黑色覆盖物，遮阳光，影响光合作用，使盆景树木生长不良，还影响观赏。煤烟菌多从蚜虫、介壳虫的分泌物中吸取营养，同时也随蚜虫、介壳虫传播。煤烟病通过消灭蚜虫、介壳虫，改善通风透光条件预防，波美 0.3 ～ 0.5 度石硫合剂，能杀死植物表面的病源物。

炭疽病：由炭疽杆菌致病，病征为叶片出现白边、褐圆斑、斑点、斑中生有呈轮状排列的小黑点。危害紫藤、梅、桃、米兰、蕙兰、金弹子等。防治用 50% 多菌灵可湿性粉剂 500 倍液、甲基托布津 600 倍液喷施，有一定效果。

叶枯病：叶枯病症状为叶面中上部灰白并有黑点，叶枯死。防治用 65% 代森锌 600 倍液，每 10 天 1 次，喷药 1 周喷硫酸亚铁 1000 倍液。

病害必须注意鉴别，仔细观察病症，找出病原病因。病害的发生有时不至立即在短时间一月到半年死亡，但会造成掉叶，阻碍叶的功能作用使新芽迟发，新梢迟伸，影响越冬和度夏，造成树木生长势弱，逐步走向衰亡或治愈恢复期很长。对病株要清除多数病枝病叶，施行药物治疗，同时加强通风，调整光照，加强土、肥、水的管理，促发新叶。传染性强的病害，要采取隔离措施，剪去病枝以防蔓延。

生物防虫

一些害虫有自然的天敌，以虫治虫，利用生物防治害虫简单省事，效果好，防重于治，能防患于未然，作用时间长，无需成本，避免药害，不污染环境。

螳螂是多种害虫的天敌，能捕食蚜虫、青虫、尺蠖、避债蛾等。放养或保护螳螂，是防治虫害的好办法。

瓢虫、食蚜虻、食蚜蝇、肉食蜂等，可防治蚜虫及多种小型害虫。尤其是刚孵出不久的小害虫。

鸟类可捕食较大的害虫，如凤蝶、蚱蜢、金龟子、天牛等。

利用药物杀虫时，极易误杀益虫，应注意对益虫的保护，以虫防虫，达到较好的防虫效果。冬季消灭虫卵时要注意保护益虫卵，螳螂的卵最易被判定为害虫卵而消灭。有的益虫能自然传播，有的益虫可人工放养。

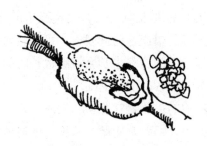

※ 越冬的螳螂虫卵，可加以保护

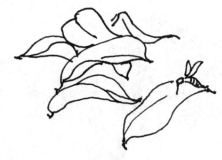

※ 正在捕食蚜虫的食肉蜂

❧ 怎样防治蚯蚓 ❧

蚯蚓有人认为有益，就它爱吃腐殖质而论，益处不多。蚯蚓在盆中过多时，造成盆土缝隙太大，影响根系生长。蚓粪堆积土面，影响美观。

防止蚯蚓入盆是首要的防治，平时应将盆放在干燥较高处，防止蚯蚓从底孔进入盆中。

钻入蚯蚓的盆景，放入较深的水中，淹没全部泥土，浸泡半天，可迫使蚯蚓逃出土中，或淹死于土中，成为肥料。此法还可防治其他害虫，如蝼蛄、地蚕、树干钻心虫等，如果水中混合30%的农家肥，或药液，效果更好。

有时施用中等浓度的肥液，也能杀死或逐出幼蚓。

❧ 肥害的预防 ❧

肥料具有两面性，使用得当，有利盆中树木的生长。使用不当，即会对盆中树木产生伤害。轻则焦叶失水，重则毙命，损失树桩。好桩价值高、存世少，被肥所害，令人心痛，必须重视对肥害的预防。

当施肥浓度大于树木细胞含水量时，植物细胞内的细胞液会产生倒流，使树木细胞失水而萎蔫死亡，又称"烧死"。盆中之树根集中，肥液全部作用在有限的盆土中和全部根上，不能向外扩散，易产生肥害。无机化肥浓度高，作用时间快，过量最容易产生肥害，应特别控制好用量。不熟悉者不宜在好桩、生桩上使用化肥，必需使用时应先试肥然后应用。

肥害发生时，有现象可观察到。其症状是叶色暗淡，叶片无光或无生气，叶片下垂，枝梢无力，时间较长有的出现叶片枯焦。用肥后2～4小时，肥害的症状即可显现出来。轻微者不易观察到，易慢性枯萎。肥害发生时间快易观察不易救治，应防重于治。

用肥后要及时观察，发现肥害的症状，采取正确的措施，时间及时，可挽救树桩不死。但造成的弱势生长会持续很长时间，需耐心调理树势，恢复生机。

救治的措施是在肥害初发时，采用大水浇洗泥土，稀释土中肥料浓度，使树体细胞内水分增加，浓度降低，挽救其生命。

肥害救治比较困难，需十分耐心。最好

■肥害造成的树叶萎蔫

不在 2 年生桩上使用化肥，可预防严重的肥害。有机肥熟、薄、勤、随水而行，既有肥效，又可避免肥害。

药害的预防

药物使用得当可消灭病虫害，使树桩健康生长。使用不当会对树桩造成伤害，影响树木的生长发育甚至死亡，称为药害。树木对农药有一定的耐药力，合理使用农药，不仅可有效防治病虫害，有的还可促进植物的生长。

用药不当，或浓度过高，或药物品种不当，或环境条件不适，如高温等原因，就会使树木遭受伤害，影响生长，严重时危及生命。

药害产生时间在用药后几小时到几天内发生。发生药害有下列症状，叶色变化，暗淡无光、无生气；枝叶无力下垂；叶片出现叶斑、畸形、焦灼、枯萎、叶腐、落叶等外部现象。严重时树木逐渐衰竭而死亡，轻者生长不良，成慢性症状，需较长时间才能调理好树势。

用药后要及时观察，发现药害急症现象，需马上采取急救措施，将盆倾倒，用大量清水冲洗树叶树干，有时需换表土或清洗泥土。

预防是最有效的防治药害的方法。用药要严格按用量进行，要用器具计算好药物与溶液的稀释比例。药物要有标签，利于识别，以防错用。无标签时要人工标识，标志说明不清楚时不要使用。非植物用的油剂、杀虫药不能应用于树木上。用药避开高温时间，夏季用药宜在降温时或傍晚。

家庭盆景数量不多，虫口少时宜人工捉除、刮除，剪去病虫叶，不必用药。人工除虫既安全又经济，对环境无污染，是预防药害的上策。病虫严重时，才采用药物防治。

9 树桩造型蟠扎

SHUZHUANG ZAOXING PANZHA

自然类树桩盆景造型的特点

自然类树桩盆景是现代盆景树桩的主要形式。它在取材、用盆、成景，尤其是造型上不同于传统的规律类树桩盆景。

自然类采用山野挖掘树桩，能得到有各种姿式变化，有难、老、大、姿、韵、意的桩坯，利用天然造就的桩坯造型成景，因而它的造型有自己的特点。

自然类造型没有规律的严格限制，出枝成型比较自由，只要配合得当，前后左右都可出枝造型，但它也有一些特点，需要服从。其基本的有：枝条造型要求更严格，因为它不育桩，只育枝与根，必须将枝与根达到较好的过渡状态，才有助于观赏。自然类的观赏枝，易出老干细枝的通病，必须加强培育，才能克服。

因其桩山采得来，一桩上有优有劣，应将其美充分展示，将不足用造型手段遮掩起来，藏露得体。其桩多是因型赋意，枝干才能因意赋型。

造型中更应注重取势，不呆板失衡，而要达到灵活、稳定，有透视感，有主次关系，有变化。因形赋意和因意赋形的构图造型，可出好的作品。

■ 自然类树干构图
取形式，枝片造
型服从形式

学习规律类树桩造型培育技术

现代树桩盆景进入了以自然类为主的阶段，自然类树桩盆景是在规律类的基础上发展演变来的。规律类树桩在人对树的赋形利用上，重技艺、重培育、讲格式，达到了炉火纯青的地步，步入了艺用树木的顶峰。

自然类树桩取材自然，造型自由，不受格律控制，是利用自然古桩，人对桩没有创造作用。但它的桩形变化大，古朴有姿，无重复，受人喜欢。将山采自然之桩与人的技艺塑造相结合，向规律类学习，更能在自然类造型艺术上有所作为。

提倡自然类制作向规律类学习，主要是在造型上要下大工夫，塑造过渡良好、有神态的造型造意枝，将蟠扎塑形与培育结合起来，扎扎实实下工夫，既突出树桩，又有树枝的功力体现，使其整体更趋完美。

自然类成型较快，也应像规律类那样，讲究技艺精深，造型完美，注重培育功夫，注重树的结构比例的表达，使其观赏价值更高，使作品步入艺术品的殿堂。

蟠扎季节

蟠扎时间选择在什么季节有利于蟠扎和蟠后的生长定型，说法较多，有人认为春季蟠扎好，有人认为夏季好，也有人认为冬季好，还有人认为一年四季都可蟠扎。

从蟠扎的生理效应来看，以春季为宜。因为春季温度适宜，植物新陈代谢旺盛，树液流动性强，导管、筛管生理功能活跃，蟠后树液对流好，树叶与根部制造和吸收的养分有助于蟠枝的生长定型和长成景枝。蟠扎造型中难免造成的折伤，在生长旺盛期能够愈合，恢复生长，不会枯死蟠扎枝条。只有严重损伤，才会枯死枝条。夏季温度过高，蒸发太快，蟠伤后的枝条养分补充不上，易枯死。冬季休眠期，损伤树枝后不易恢复生长，反而会冻死受伤的造型枝。秋季蟠扎时间宜早，夏末秋初进行最好，蟠后有一个生长季节恢复生长，能够顺利度过适应期，经受住严冬的考验，进入定型生长。秋季蟠扎时间晚了，生理功能恢复不好，蟠伤的枝条经不住严冬的摧残。冬季蟠扎宜在冬末，此时蟠扎，落叶树枝干全部露出，十分方便观察，确定造型方式，操作也很方便，不会漏蟠和误蟠。常绿树此时芽未长出来，操作时不会损伤新芽。结合冬末摘叶，蟠扎起来也很得心应手。冬末蟠后很快进入春季生长旺盛期，不影响生长，能够很快定型。冬季休眠期，有的树种枝

■ 蟠时不伤枝条，四季都可进行蟠扎

条特别柔软。

从不影响枝条成活生长与定型容易来看，以生长旺盛时蟠扎为好；从操作方便与否来看，冬季落叶和摘叶后蟠扎为好；从利用时间来看，只要掌握好技法，蟠时不伤枝条，每个季节都可进行蟠扎。实际操作中，不严格讲究季节，而是严格讲究技法，不蟠伤枝条，哪个季节都能进行。伤枝也并不可怕，只要是熟桩在生长季节，伤后一段时间仍能恢复，继续供人完成原来的造型意图。

棕丝蟠扎法

棕丝蟠扎法简称棕扎法，是应用棕丝等传统材料进行干枝造型调整，塑造各种树形、枝形的一种方法。棕丝棕绳蟠扎树桩盆景，是传统的办法，在树桩盆景历史上有过重要的作用，川派、苏派、扬派、徽派等都大量采用过，海派、岭南派也需一定程度的应用，如大枝拿弯、固定。规律类树桩盆景主要应用棕丝蟠扎进行造型。过去树桩盆景的蟠扎一词，就是指棕丝蟠扎法。

棕丝等传统自然材料蟠扎，是在金属丝未诞生或十分稀少的情况下，采用的一种常见材料，成功地创造了各派盆景风格，并产生了有 500 年以上培育历史的规律类桩头，它的历史作用不能否定，现在也仍然有棕扎法应用于树桩盆景的造型中。

棕扎法难度大，操作技术不好掌握，共有 20 多种棕法需灵活运用于蟠扎过程中。棕扎法枝盘不易整平，着力点不好掌握，力点单一，一丝不能蟠扎到位时需多次牵拉调整。棕扎法不易蟠成立体弯曲枝，转折虬曲枝，不容易极化造型。棕扎法不能应用在嫩枝上，造型开始时间较晚，蟠位不易出复杂的变形，蟠后定型时间也需较长，通常要一年才能定型拆丝，有时还更长。工作效率也不及金扎法高，导致棕扎法成本过高，市场竞争力下降。棕扎法优点是不易伤树，不易折断枝条，扎丝颜色与许多树皮颜色相近，不影响观赏。棕丝与树枝结合，导热系数相同，不会产生冷热剧烈变化，不会影响枝条的生长。

用棕丝蟠扎要选好着力点从力大的主干主枝上开始，才能支持蟠弯的力量，而且决定蟠枝时力的方向、大小、弯曲角度。着力点可从上下左右不同角度进行变化，才能从不同方向调整枝干的姿态，而又不发生枝条扭曲不随人意的情况。若发生蟠枝扭曲，可用上下搭丝进行校拉，以克服不良的扭曲变化。缠丝时，根据树枝弯曲方向，灵活改变局部着力点，控制枝条向上与向下的反作用力，就能蟠好枝的角度与方向。如枝条上扬力大，棕丝可在枝条上翻缠回结后，变成向下的反作用力，克服其上扬的作用力。反之亦然。

棕丝蟠扎的形式可以多种多样。主干有川派三弯九道拐、对拐、方拐、滚龙抱柱、汉文弯，苏派的狮式、六台三托一顶，徽派的游龙弯，扬派的巧云式。蟠扎枝盘有川派的平枝、滚枝花枝式，重庆的圆片式，苏派的云片；扬派的薄片及其他多种片式。应用于自然类树桩盆景可加以变化，丰富和发展造型方式，形成新的造型风格或个人风格。

枝片蟠扎要顺其自然，有人工而无匠气，弯曲自如，与主干配合得体，枝条一枝成片，粗细过渡自然，小枝分布均匀，抑扬结合，做到观叶又观骨最好。观骨胜过观叶。

棕扎要有一定的基本功，形成一定的技术基础，操作起来才能得心应手，运用自如。蟠、吊、拉、扎、绑说来简单，但要克服枝条的扭力，一气呵成的进行蟠扎，不是短时间能够运用好的，初学者要多练习，蟠扎中才能达到一寸三弯，蟠艺精美，打动人心。

棕扎只有两个着力点，力的平衡困难，枝条易发生扭曲不服蟠。金扎利用金属丝的机械强度，整体控制枝条，力较易平衡，蟠后不会扭曲，可顺利达到人的意图，比较服蟠。

棕丝扎法与金属丝扎法相结合，可以扬长避短，更加有利于操作，有利于树木生长，还可创出一定的造型风格。

棕丝蟠扎定型后，要及时解丝。棕丝几年都不会腐朽，随着枝干长粗陷入皮层，多年后造成鹤膝，甚至阻断形成层导管，使枝干成型后死亡，前功尽弃。

应用棕丝蟠扎要注意剪断丝头，不要使树身上"披麻戴孝"，影响观赏。

❦ 金属丝蟠扎造型 ❦

传统的桩头蟠扎采用棕丝进行造型，棕丝蟠扎在过去金属丝未出现或极少的情况下是合理的，随着生产力的发展，金属丝大量出现在生活中，并被应用到树桩盆景的造型上来，就出现了金属丝蟠扎法。金扎法较早在日本使用，国内则以海派应用较早，现已被自然类树桩盆景制作、生产而广泛采用，并有越来越普及的趋势，使树桩的造型达到了空前的难度，出现了近于质的飞跃，极化造型就是代表之一。

金属丝蟠扎法是应用铜丝、铝丝、铁丝等进行蟠扎造型的一种简单实效的树桩盆景造型方法。应用金扎法造型，操作方便，蟠扎时利用了金属丝的机械强度，蟠扎着力点易控制，蟠扎方向自如，可提早造型时间，可在嫩枝上造型，造型程度可达到极化，出难度极高的作品。最宜蟠立体空间弯曲变化大的枝、转折跌宕枝，精蟠细扎，蟠后一次到位，定型极化。利用金属丝的导热性和限制性能出难度较大的形状变异。

金扎法操作技术比棕扎法简单，易于掌握，只要经常操作，或用废弃树枝、大树的枝条进行练习，就可学会掌握，而且还可随自己的心得体会加以各种变化。所需掌握的是起点的固定，缠绕方向和密度，配丝的粗细，弯曲时的受力点，弯曲时的枝条保护几项简单技术。它利用金属丝的机械强度，蟠扎中不会出现棕扎法常出现的力不平衡，使枝条服蟠，屈从于蟠扎人的意志而较随心地进行弯曲创作。个别树种如赤楠、火棘、黄杨等枝条硬脆易断，可采用分步调整或嫩枝蟠扎的办法，也能达到较大的难度。

实效是由于金扎法操作简单，干起来容易上手，能利用金属的强度使枝条顺利变形，工作效率高于棕扎法。选准了应用材料和蟠扎对象，只管蟠扎弯形即可，一气呵成，工序简单。还可扎成极小的弯子，微型盆景枝条也可进行一寸三弯的蟠扎。

棕丝造型需在枝条伸长变硬后进行，弯曲的着力点在平面上，造型也多是在平面进行，缺乏立体空间的多维变化。从正面稍远的地方看枝盘，枝条的弯曲变化就看不到，必须在较近的地方从俯视的角度，才能看出枝条的弯曲、苍老。用金属丝蟠扎，可在嫩枝时就提前进行造型，边造型边生长。嫩枝造型柔软，可出难度至极的形状，特别是在枝片的基干上蟠成立体弯曲转折枝，任一观赏角度都可一目了然地见到，陈设欣赏时无需花费心思即可体现出来。金属丝规格十分多，极细到极粗都有，细可从稚嫩的幼枝开始使用，粗可制成模型再将枝条扎缚其上成型，各种直径的枝条都可找到适宜的金属丝使用。

金扎法造型时间早，幼枝定型也快，只需13个月即可定型拆丝。枝条较硬、生长较慢的树种拆丝后不会反弹，生长速度快的树种如小叶榕，在枝条伸长时，有拉伸作用，使弯度变大，需在生长过程中注意调整。

金属丝吸热系数与树枝差别较大，冬季可吸收阳光中的能量，传导到树枝上增加活动积温，阳光过去降温也快，造成较大的温差变化。夏季温度作用更大，温差更明

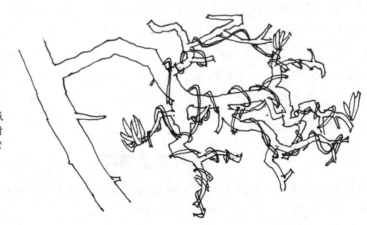

■ 用金属丝的机械
　强度蟠扎弯曲树
　枝，达到造型弯
　曲的目的

■ 金属丝造型的起始固定和绕丝后弯曲

显，重庆可达 15℃ 的温差。使被蟠枝条产生较大的外界刺激作用，影响枝条的生长变化。金扎法的枝条比自然生长的枝条皮层粗糙、更显苍老，还会在枝条基部或其他部位产生变异现象。幼枝蟠扎后，可以利用金属丝在造型上的这一特性，较长时间不予拆丝，使金属丝在树上与枝条发生作用，在枝条基部产生变形，出现鸡腿枝基、膨大扭曲枝基、异形变化枝基。枝条的基部出现变异的情况最多，可将金属丝较长时间保留在基部，尤其是稍粗的金属丝作用更大。注意定期观察，适时调整和改变陷丝，育出有姿意的变态枝基来。

金属丝扎缚时，注意旋扎的力度和密度。该密则密，宜扎得紧些，才好弯曲操作。要有意在将要弯曲的枝条后面，留下旋扎得较密的保护丝，弯曲时才不会跑丝，又对枝条有保护作用，防止力量集中于一点折断枝条。如果蟠扎较粗的硬枝条，还必须增加密集的缠丝进行保护。弯曲变形时，用双手食指护住弯曲部位的后部，缓慢用力，弯曲到一定的弧度不再回弹时为止。有的树种枝条硬而脆，如火棘、赤楠、海棠、杜鹃、松树，要谨防弯曲时折断枝条，前功尽弃，损失良好的部位枝，影响早日成型。

金属丝蟠扎法还可以用来蟠根，对根部造型后，埋入土中培育数年后，辅以炼根，可出各种形式的观根作品。尤其适应盘曲隆起四面辐射或悬根起伏转折的观根作品。

金属丝中，细铜丝、铝丝不易伤树，较为好用，铁丝硬度稍大，容易扭伤树皮，可退火后用。铁丝生锈后易污损树枝，造成锈蚀残留树枝，不甚美观。

金属丝蟠扎定型后，需要拆除，如用手工拆除相当费事，且易伤树。用电工斜口钳进行剪除，则与棕扎法相同，特别适合于枝叶密集处。手工解除在落叶、摘叶后进行，比叶多时方便。

树桩的结构

树干上部称树梢，中间为主干，底部为基隆，基隆下部是树根。干上生枝，梢上生冠，基隆连接根和干，枝上着生小枝和树叶，缺一不可。只是分地下和地面，地下是养根，地面是赏根。有赏根才成其为完美的精品，否则不管怎么雄奇苍劲缺根只能成为一级精品，不能为高级精品。如左图干、枝、叶均好，制作很完美，就是无根。不称精品会有人反对，姑且把它称为一级精品吧。没有最好只有更好，精品可以一级、二级、三级……往上发展，精品以下为上、中、下品，极品也在交流中出现，必须结构完善和制作精美。

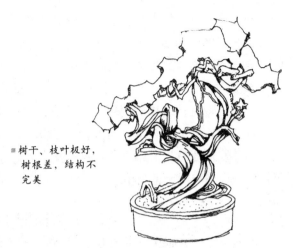

■ 树干、枝叶极好，
树根差，结构不
完美

一寸三弯见枝蟠枝

一寸三弯见枝蟠枝，是传统规律类树桩枝条造型特点的归纳，是一种造型方式的口诀式的总结。

在传统的川派、扬派、苏派盆景中，采用棕丝蟠扎树干与树枝。蟠扎树枝中，有一寸三弯枝无寸直的做法。川派重视对细枝的蟠扎，扎丝要用锥牵引，弯小成半圆弧形，谓之指甲弯。扬派巧云式对枝条的处理，达到了弯多弯细，犹如国画工笔的境界，一寸确有三弯。另可将一寸三弯理解为弯小弯多工整，蟠扎精细，做工巧妙。此法做成枝条后，经多年时间生长，可培育出无数游龙蛇枝，极为美丽、壮观，极富功力。一寸三弯是对具体枝条的蟠扎，为微观上的技艺处理方法。

见枝蟠枝，是枝条宏观的处理方法，即对所有枝条的造型把握。见枝蟠枝对主枝上的枝修剪较少，利用其增加厚度和密度，有利于保持较大的根叶比，促进树干的增粗生长，与其从小苗开始塑造相适应。如果修剪过多，则会迟滞树干的长粗，延缓成型的时间。

■一寸三弯见枝蟠枝

现代自然类树桩盆景，自带主干，无需蓄养根基树干。枝条追求自然风格，枝盘不大，采用蟠少剪多的造型方法，一寸三弯，枝无寸直，见枝蟠枝的方法较为少见，使其成为了传统。但其基本功的作用还在，追求古今结合的人还有，在一些讲究技艺，讲究风格，讲究基本功扎实的制作者中，还经常见到应用于精品上。

一寸三弯见枝蟠枝的制作较为费时，每年需补蟠或精心修剪。一般观赏者购去之后，维持原作的风格较难。与人们追求高快的生活节奏相背离。但树桩盆景是用于欣赏休闲养性益寿的艺术品，在其制作方式上有特殊性，有技巧，必须服从其艺术规律，保持传统风格与现代思潮相结合。

❧ 大枝的弯曲 ❧

较粗的树干树枝弯曲十分困难，必须采用各种辅助方法，才能进行。常用的大枝弯曲法有：

1. **拿子弯曲法**。拿子有螺纹调节，有支撑点与固定点，可逐步分步弯曲，操作简便，不易折断树干。也有简易的拿子，用杠杆将绳或金属丝铰紧弯曲枝或干。

2. **锯截剖凿弯曲**。在弯曲处用锯、刀、凿对树干作处理，减小弯曲的难度，达到弯而不折。处理的方式有与树干横向垂直的锯口法，在弯曲处施以树干直径的1/3 ~ 1/2的锯口5 ~ 8条，可弯曲较粗的树干。竖向处理可凿削掉1/3 ~ 1/2的树干，还可在干身中间竖向剖开一定长度的口子，以利弯曲。

3. **分步弯曲**。粗干一次不能到位，可在1 ~ 2月后再次弯曲，逐步到位，既可防止断裂，又可弯到较大的弧度。

4. **揉枝弯曲**。有的枝用反复轻微的用力方式可软化树枝，实现顺利弯曲。但需在生长季节的时间进行，这样揉伤了的枝才能愈合。

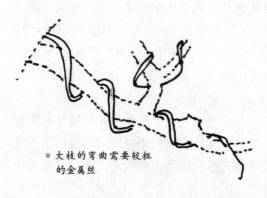

■ 大枝的弯曲需要较粗的金属丝

❧ 干和枝的调整转换 ❧

在作顶及上部主枝造型中，为强化顶下大枝的走势，突出其造型效果，可采用将干梢调整为强势枝，将干上的一枝用作顶干的方法。通过这种转换，造型后枝的生长态势及造型效果强烈。用枝形成的顶干，经过多年生长及顶端优势的转换，可达到收头有节，快速成型，实现良好的过渡关系。

此法在实践中应用于榕树、银杏、罗汉松、石榴、火棘中，具有良好的效果。最宜应用的树种是速生树，缓生树加强培育也可应用。最宜应用的造型枝为大飘枝、迎客枝、在桩上比重较突出的枝。

主枝与次枝的处理关系

树桩盆景的主枝在各个流派中都很受重视，而次枝的处理则不相同，但都体现出各自的技术风格。主枝由于其与主干的过渡关系重要，也由于它与主干的形态位置角度取势造型关系重要，因而注意下工夫。而小枝的重要程度次于主枝，多而分布复杂，处理费工夫，变化大，所以呈现出各种不同态势。有的复杂、有的简单，有的长、有的短，有的用扎、有的用剪，有的细扎、有的细剪，也有的流于粗疏。

次枝的处理较能代表各自的技术风格，传统的流派如川、苏、扬的技法均用蟠扎，在小枝的处理上突出整个枝片的大势，由于枝的逐年生长，补蟠修剪的工夫较大。而岭南则多用修剪法处理小枝，在小枝造型上有一定的突破，且其较为省工，达到事半功倍，利于构型、保型，观骨景深过渡关系也利于表达。

主枝与次枝的关系密不可分，但次枝的处理又有自身的特点。鸡爪枝其本质是小枝的处理，它可用于各类主枝上。而平斜枝、平曲枝、曲旋枝、转折枝等是对大枝的处理，龙蛇枝、鹿角枝则是大枝与小枝的配合塑造。

次枝的处理由于其枝细小、数量大，角度位置关系十分重要，空间狭小又难于处理好。好的作品小枝不可忽视，主枝体现大势，小枝更体现细致，精益求精的作品必是小枝处理较美的作品。

次枝的造型必须处理好主从关系、配合关系、前后上下空间关系，同样必须遵循制作的争让、藏露、疏密、动静、节奏、立意等各种原理，达到小中见枝的难、老、大、姿、韵、形的美妙，体现透视、过渡、景深等多种效果，上升到艺术品的境界。

小枝处理应精扎或精剪，在塑形出神上下工夫，要调整好生长势态，才能产生精美的形态。小枝造型不可忽视培育的作用，只有重视培育又重视造型技术，才能塑造好小枝的美妙形态。

枝片结构由多级组成，以主枝带动小枝，主枝重取势，次枝重过渡，小枝重形态，需多级强化出奇创新。

■ 处理好枝与枝间的立体方向位置关系

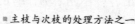
■ 主枝与次枝的处理方法之一

摘叶后蟠扎修剪好

落叶树叶落之后，骨架清楚，十分有利于观察，此时为最好的技术处理时期。常绿树叶不脱落，可在冬末人工摘除大部分叶后进行修剪、蟠扎、技术处理。

无叶时，十分便于观察，去枝留枝，枝留多长，枝的走势非常清楚，来龙去脉便于交待，修剪能看准确，不会误剪。蟠扎无叶阻碍，操作起来顺手快捷，效率较高。弯曲时无叶阻挡，无所顾忌，是一种得心应手的好办法，此法事半而功倍。最宜在精品上进行，也最宜见枝蟠枝的枝盘造型方式，其他造型方式应用也较好。

蟠扎中对枝干的保护

蟠扎过程中由于方法不当或操之过急，硬脆的枝条容易折断，需在蟠扎中对枝干进行保护，才能防止断裂。棕丝蟠扎不易折断枝条，金属丝蟠扎极化弯曲时，不加保护易折断枝条。火棘、黄杨等树种枝硬而脆，易折断。金弹子、榕树的半木质化枝易折断。主枝与分枝的交叉处易断裂，对这些应加以注意，必要时采取保护措施，可免于被折断，加快成型。

保护的方法有：①在枝干大枝与小枝的分杈处缠保护丝，以防拉裂枝杈，弯曲用力时再用手加以保护，以防撕裂。②在

■ 密集的枝条和树叶摘去后蟠扎修剪更方便

所需极化弯曲或易断处背后预留保护丝或加缠丝，可保护枝条在弯曲过急时不被折断。③嫩枝造型时，枝条为肉质茎，稍有不慎即会折断，也不能采用保护措施，只能在操作中留意力的均衡变化，凭感觉缓慢用力，减少折断枝条的概率。

枝条蟠扎后多久才能定型

枝条蟠扎后，经过一段时间生长，能够克服弹性变形，产生永久变形，不再回到原始生长状态。

枝条蟠扎后多长时间才能定型，是制作者必须关心的问题，只有心中有数，解除绑缚才不会过早或过晚。恰到时间解除，既不会复直，也不会陷丝影响枝干的生长。扎丝解除过晚嵌入枝的皮层后，会形成陷痕鹤膝，阻断形成层，使树液不能顺畅流动，严重时造成枝端死亡，影响美观，损失枝片。

枝条产生永久变形所需的时间，因树种和蟠扎的早晚而异。硬质杂木树，定型较快。枝条较柔软的小叶榕、黄葛树等速生树，定型后枝条机械强度不够，随着生长还能回弹复直，需注意及时调整。嫩枝早期蟠扎，定型较快。一般来说，嫩枝造型最晚 3 个月能定型。已木质化的枝条，则需半年到 1 年的时间。大枝造型，定型时间较长，有的 2 年不能完全定型，可对其矫枉过度，回弹以后恰好在所需弯度上。

■嫩枝造型定型快，硬枝造型定型慢

截枝蓄干

截枝蓄干是树桩主要通过修剪，进行枝干处理的造型方式，具有岭南风格，对树桩盆景造型方法影响较大，海外及国内各流派都受到其较大的影响，且其影响日益加大。

截枝蓄干，对主枝进行走势的调整固定后，基本采用修剪结合培育的方法。即以剪为主，以扎为辅，重在培育。

适合截枝蓄干方法有地区性。生长期长，高温多雨的热带、亚热带地区，广东、广西、福建、香港、台湾、澳门、云南、海南等地最为适宜。温带在速生树上也可采用，只是生长速度及成型效果不如岭南好。但也不失为一种应用方法。

适宜截枝蓄干的树种为速生树、落叶树、萌发力强的树，其效果及效率都会高一些。缓生树培育所需时间太长，必须耐心进行制作培育，突出其造型风格。重庆有用

■ 树枝经过多次的截蓄，达到胖仔枝的效果

金弹子、火棘、黄荆、紫薇、黄葛树等进行截枝蓄干造型的。但生长较慢，顿节后枝的粗细过渡不易出来，必须在前期枝条达到相当直径定型后，才开始修剪一级枝，产生次级枝。否则一级枝与下级枝无过渡、无差别，没有老树的枝相。

截枝的效果体现自然大树的枝干苍劲古朴，枝的角度弯曲转折，老态纵横，大小枝呈波折状、鸡爪枝、鹿角枝，甚至跌宕枝、起伏枝等。有利观骨，特别是叶骨共观，疏叶遒枝，大树味浓，较有骨气和风格。其形式较入画理，景深变化大，最宜中、近景的表达。树的人工技艺要求高，透体表现出人的技艺美与树的自然美相结合，能产生文化内涵。经多年培育出来后，树味桩味俱佳，观赏效果好，极耐看，很受人们的欢迎。后期树相的保持比较容易，只需修剪，即可维持树相，无需蟠扎补蟠，适合一般购买者进行。

只是截枝蓄干成型太慢，使一些人望而却步。但只要是好桩，动手去做，用有计划的时间和方案去培育，在过程中即可完成。不计它的时间，只看它的效果，成型之后，会感觉很值得的。其过程能培养人的技艺和兴趣，育成了作品，成就感也较强。截枝蓄干的方式也可将蟠扎融合进去，互相结合，枝的变化会更大，可缩短成型时间。

修剪在造型中的作用

1. **修剪是造型方法。** 修剪在树桩盆景的造型、保持造型风格样式上，应用很多，人们自觉不自觉地都在应用。但其应用原理，有的人较机械，只知其然，作为一种方法使用，也能达到修剪的多种功能性作用。有的人知其所以然，修剪应用得法，对加速成型、维持生长、体现人的技艺、体现树的美态、实现树景意结合较好。因此，修剪是造型得型、成景的一种加工方法，利用好了，作用较大。剪枝的实质是留枝，每一种造型风格都是必须采用的方法。

2. **修剪的作用原理。** 修剪的原理利用了树的顶端优势和产生不定芽的树木生长特性，来达到造型作用的。树木的枝未受外界条件干扰，顶端一直向前生长，越来越长。其长可以增粗树干和树枝，但作为造型和保型，却无利用价值。树桩盆景在枝干达到一定的直径后，为了型的优美，比例合适，促发侧枝，需经常进行修剪。

修剪剪掉树的枝梢后，失去顶芽，赤霉素转移，可促发剪口下部枝的多个或一个隐芽转化为显芽，继承顶端优势，利用强势树根吸收的养分支持其迅速生长。生长过程中，又会产生新的顶端优势。必须反复借助修剪和培育，进行保型、造型。造型是指形成波折枝、鹿角枝、鸡爪枝，以利观骨观干和叶骨共观的透叶观骨。

树木在生长过程中，或被修剪后，剩下的组织能产生不定芽或不定根，这是树的与生俱来的能力。修剪在生理上一方面消除了顶端优势，控制了顶端的生长，另一方面促进激活了下部枝条产生不定芽的特性，而成芽出枝。修剪是人为地利用树的生理功能，达到成型的目的。修剪本身是物理的方法，修剪的客观效果是生理方法，发芽是由赤霉素、生长素控制的，树木只是在梢上形成赤霉素，去梢后才能在新的部位形成并促使发芽，所以是生理化学方法。

3. **修剪的时间效应**。较大的修剪需择时而行，有时间效应。生长机理旺盛的初春是树木萌发力最强的季节，剪后都能发芽。常绿树的枝条修剪后萌发较好。而南天竹、十大功劳，只有单独的顶梢，剪宜在休眠期或结束时，发芽后剪不易萌发。进行枝条更新的缩剪，自基部附近剪除后不留一叶，没有直接的芽眼，出芽比较困难，缩剪枝久无叶出会导致枝条枯死。

日常的短剪，生长期随时都可进行，因其修剪量比较少，枝上留有叶对生长影响不大，剪后发新芽是迟早的事。春季新枝生长较快，伸长了的枝条破坏了树桩的构图比例，为保持构图比例，保持最佳观赏效果，需择时而修剪。剪得太早，新枝不够粗壮，木质化程度差，宜在增粗生长停止，木质产生后，及时进行短剪。盆龄很长、枝骨已形成的熟桩，尤需保持形好骨硬。要采用去梢的办法，如金弹子、罗汉松、黄葛树、小叶榕，树叶有三五片时，即行摘梢，控制住叶使枝叶关系合理，产生叶骨共观、透叶观骨的效果。树种不同，修剪的时间效应不同。针叶树年发芽次数少，仅春季发芽的多，更需注意修剪的时间效应，使修剪后能萌发新芽。

4. **修剪的技术效应**。修剪的造型作用突出。傅耐翁先生提出改"剪枝"为"留枝"。剪枝的实质就是留枝，只是命名不同罢了，人们已用习惯，改就不必了。

修剪后，保留了较美观、有比例、有技术难度的观赏骨干枝，能给人以美的感觉，这是人的技艺的体现。截枝蓄干就是修剪的技术效应的体现。

剪后新芽发生，反复利用其出芽的角度，可形成波折枝、鸡爪枝、鹿角枝、透叶观骨枝等。可露出枝的基干，产生美态和老态。

落叶树要脱衣，枝条杂乱生长，脱后美感不够，也看不出人对其的技艺处理。

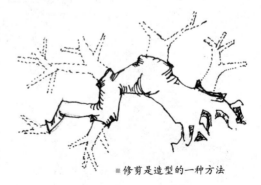

▉ 修剪是造型的一种方法

必须使枝干形成人们认为的美态，才能观骨和有看头，也是修剪的技术效应。

剪叶、剪梢，可免使枝骨被遮掩，达到叶骨共观，脱衣换景与换锦，人工塑造出最佳观赏效果，是技术产生的效应。

利用修剪，平衡调节养分供应，使树的生长在制作者的有效控制下按人的需要进行，也是一种技术效应。

5. 修剪的几种方法。修剪方法有缩剪、疏剪、短剪、摘叶、去梢等。

缩剪是对多年生的枝组进行回缩，在树的枝干的基部上进行，是恢复树势、克服树衰退的生理措施之一。缩剪对盆树能产生刺激重新生长的作用。一般应用较少。剪后可重新造型，使原桩改头换面，产生新的形象。

疏剪是将多余有碍观瞻的枝条从基部剪除。疏去多余的枝条，能使养分供应平衡，有利造型枝的生长变化。此方法应用比较多。

短剪是将生长过长的枝剪短，使树形比例恰当，不破坏原作风格，刺激下部枝条产生新芽，改变养分供应对象。短剪在树桩盆景上，必须经常应用。

摘叶也可剪叶，是将多余的叶、形状偏大的叶、老叶、黄叶、病虫叶等去除的方法。有时去除较多，甚至全部去除，达到脱衣换景观骨，也可达到促发新叶的效果。有时去除较少，是为保型和调整平衡长势。摘除病虫叶，是为了树的健康。剪叶还有另一种应用办法，将较大的叶剪为小叶，虽然是人为产生的短小叶，不能产生遗传作用，但能产生观赏效果。

去梢即摘去树的顶芽，控制枝条长得过长，是必须经常采用的方法。

修剪在树桩盆景上必须经常进行，制作者要掌握它能刺激生长、塑造形状的原理，应用各种修剪技术，剪出美丽的形状，剪出良好的比例，剪出树的生理健康，如能剪出创新更好。

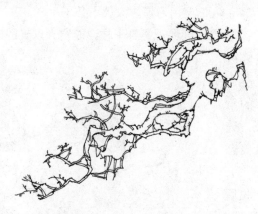

■ 修剪后树枝的技术效应可尽情地展现

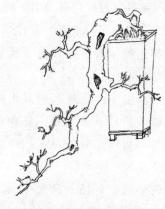

■ 修剪产生的鹿角鸡爪枝造型形式

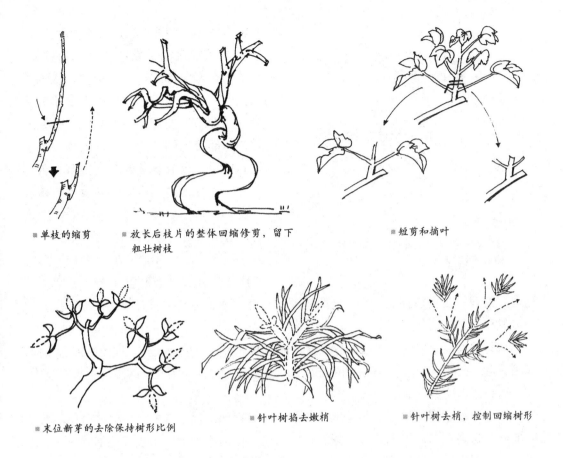

■ 单枝的缩剪　　■ 放长后枝片的整体回缩修剪，留下　　　　　■ 短剪和摘叶
　　　　　　　　　　粗壮树枝

■ 末位新芽的去除保持树形比例　　　■ 针叶树掐去嫩梢　　　　■ 针叶树去梢，控制回缩树形

培育在造型中的作用

　　造型是借助于材料和工具，调整树桩的姿态，让树桩的枝、干或叶按人的审美意图进行塑造的技术处理，它能形成树木的优美姿态，形成老、大、难、姿、韵、意的丰富内涵，增强树桩盆景的艺术感染力。

　　树木造型后不久，形象还不是很优美，也不是真正树桩盆景的枝的含义，只是作为一般树木经造型的枝而存在。苍老劲节、弯曲变化、雍容华贵、过渡自然的枝条与主干相辅相成，才能用外形表达树桩盆景老、大、难、姿、韵、意的丰富内涵。要达到这样的艺术境界，这就必须依靠相当长时间的培育过程，以时间越久、处理方法越恰当越好，才能积累充足的养分，增加枝干的直径，增强苍老的形态，小枝小干才能表达苍老大树的意境和树相。

　　树桩盆景奇妙的姿态，必须依赖培育才能实现和表达出来，树干弯曲后，不论弯

■ 培育促进造型效果的实现，悬崖式枝片下走，树液输送困难，更需着意地加强培育

曲多么极化，必须增粗后才能消除匠气，去掉人工痕迹，形成弯曲自然的树姿。有的树干造型需要有节，一次一次的剪截顿节，促发新干，形成下大上小收头很好的曲节，非常美妙自然。枝条蟠扎后，基部突出的几个弯子，因培育和造型的作用，形成基部膨大的曲节，再形成片子。有的处理方法，如嫁接、树皮击伤、凿削、切截、撬皮造型等，都离不开造型前后的着意培育。前期要松土，施肥浇水，加强光照和通风处理，保持树体健康，在生长旺盛季节，才宜进行处理。处理后更需加强肥、水、光照管理，支持其生长愈合发育，强化处理效果，达到造型和造意相结合。

培育经常地是对树木供给营养成分，促成发育。有时是限制养分供应，抑制培育，如培养老、瘦姿态和培育小叶。树桩造型、定型后，需要一定程度的限制生长的措施，才能达到艺术欣赏效果。

培育可以达到造型上一些特殊的要求，如培育部位枝。有的树桩出枝部位不好或不能满足造型要求，可以通过加强培育，供给充足的养分，并对该部位加强光照，也可施以物理伤切，促使该部位发枝，达到培育部位枝目的。愈合组织、舍利干的培育，苍老姿态的处理，都必须与培育结合，才能实现。有的部位枝条生长势头老是太弱，达不到强化造型效果的目的，通过抑扬结合，平衡树势的培育方法，可以加速其生长。平衡的办法是在加强肥水的同时，对强枝进行短剪和先行摘心，抑制它的快速生长。弱枝则不加修剪、摘心和摘叶，放其生长。强枝还可用春、秋摘叶的办法，暂时强度抑制生长，在抑制期，弱枝则得到加强，平衡了树势，满足了造型的需要。

培育在造型中的作用是显著的，树桩盆景的造型必须与培育相结合，相辅相成，相得益彰。成型后进入观赏期的成品树桩，也不可忽视培育的作用，使其永保繁荣昌盛，成万古长青传世之作。

树桩盆景不可离开培育，有人认为三分造型、七分培育，再美的造型也需培育来体现，实践中不可忽视培育。培育为造型提供对象，还能保证造型效果，培育是基础，造型是表现。

枝干造型基本功

树桩盆景造型除了讲究样式外，还必须讲究基本功。造型的功力需要在实践中不断地锻炼，在学中干，逐渐练就造型拿弯的技能，其功力反映在造型后的实物中。枝干造型可先用废弃的枝条或大树上的枝进行练习，一练方法，二练熟手，三练造型的样式，以枝条不折断、造型美观为目的。三者熟练后，即可达到一定的基本功。

造型的材料现在通常使用金属丝，比较易得。用其作枝条造型被广泛使用。金扎法操作比较简单，先找固定点，固定点距枝条要短，角度要好，便于搭丝上枝。无固定点时，可在杆上绕一圈金属丝做固定点，其他方向的枝条也就可以在上面搭丝了，用嫩枝做顶片时造型枝多，采用这种固定方法较好。固定后便开始搭丝上枝，进行第一圈旋扎，此时要稍紧、稍密，以免金属丝在枝条滑动，损伤树皮，影响操作。

旋扎中缠丝密度要适当，不可过稀，需弯曲的枝条背后要有丝，以免弯曲时跑丝，使变形不顺利，达不到预期的难度。弯曲时要缓慢用力，使枝条达到永久变形而不出现回弹时为止。如回弹过大，是用丝过细，机械强度不够，可另搭一丝固定。弯曲时，有的树种枝条硬脆易断，可先试样，在无用的枝条上试金属丝的粗细，能弯曲到什么程度，折断的力量与角度，确定造型是一次到位还是分步到位。弯曲中，要用双手食指对弯曲枝条的后部进行保护，防止断裂。较硬脆的枝条，还可加密集的缠丝，保护枝条弯曲时不致断裂。弯曲后要经常进行观察，对其弯度、空间位置进行调整，以求达到最佳效果。

刚长出的嫩枝木质还未产生，用较细的铜丝进行造型，只要细心地扎丝上枝，弯曲后约3个月时间即可定型。需时短、用料少、效果好、可进行难度最大的极化造型。尽管嫩枝定型很快，定型后有意让丝随着枝条生长，枝条膨大，陷进枝条皮后，在枝条上抑扬结合，有丝的部位限制枝的生长，无丝部位放任枝条生长。枝条上就会出现变异的现象，丰富和增强枝条造型效果。枝的基部可能产生局部膨大的鸡腿枝、转折起伏的异态枝。枝干在金属丝的冷热力作用下，变得苍骨嶙峋、斑驳陆离，再辅以钳伤和凿削的办法，效果更加理想，这就是陷丝的利用。嫩枝造型不是一气呵成，必须分步进行，要求造型过程中，心中先要有形，按心中设想的形态分步到位。造型后开始效果并不中看，但随着时间增长，

■ 培育是基础，造型是培育后才能达到的表现形式

■ 枝条造型功力

造型效果会越来越好。

造型基本功里，以造什么样的枝型为难。枝型的变化很多，也很重要，体现技术，也体现个性。应根据树相，注重构图取势和枝的形式。枝的形式要有变化，不能变化谓呆板，造片出枝互相要有短有长，不求对称而求潇洒活泼，要有节奏和动感。造型慎用向枝和背枝，向枝遮住了树干姿态和走势，影响了树干欣赏的连续性。有缺陷的树干，才宜用向枝作藏露得体的处理。背枝可用作培养枝，帮助树桩生长用。低矮树桩的背枝片，在结构上造成画面不够空灵，影响主干姿态的表达和欣赏。家庭室内应用陈设时，无法靠拢墙壁，所耗空间较大，不甚方便。背枝在高干体态树桩上，可加大桩景的纵深和透视感，增加立体空间的位置变化。

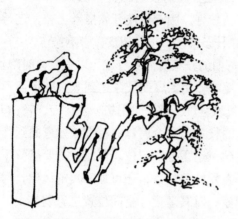

■ 造型的基本功在实践中锻炼才能成熟

造型的基本功需要练习，干中练、练中干，在实践中增长技艺。各种树枝的软硬状况，蟠扎性能，在各种条件下都不相同，蟠扎时采取的办法也不相同。需轻重缓急，分步到位，对症下药，灵活进行。造型既要动手，更要动脑，技术与艺术结合，动脑重于动手，才能反映出作者的基本功与审美情趣，达到一定的程度形成个人风格。

造型基本功不单依赖人的技艺，还要用时间来铸造和锤炼。造型后的枝条经过较长时间的生长磨练，才会变得老态龙钟、形态典雅、入诗入画。有许多制作者，对蟠后时间不长的枝条感受不大，时间久后，才感到和看到枝条产生的变化和魅力。有基础的制作者，能够充分预见和利用树枝的这种变化，制作出别人难以想象的造型来。

枝片造型讲究样式

枝片造型不但要讲究功力，更要讲究形状样式。造型样式是骨架，功力是血肉，只有骨架没有血肉无活力，有骨有肉才有艺术活力。

枝片造型讲究样式有一定的规矩或规律。枝条的骨干讲究一枝成型，那种扎把成片、枝条蔓生的拙劣方法，亵渎了树桩盆景的造型，是为求经济利益和功力不到的门外之作。看似枝长叶密，实则无式，为旁门左道，从事树桩盆景制作的人，应该嗤之以鼻，予以抛弃。骨干枝上应在基部就有曲折起伏变化，尤其是制作精品。分枝应排列有序，逐步细于主枝。各级枝组依次递减，小于上一级枝。枝的分布应脉络清晰，不严重交叉重叠，互相遮掩。枝上的叶不求密而求分布合理，突出脉络树相，外轮廓上枝叶要有生气活力，方显功夫。各小枝力求做功，达到见枝蟠枝，枝无寸直，一寸三弯，精扎细剪。经多年栽植有计划的培育，外形进行苍老处理，树相抑扬控放相结合，形成苍骨嶙峋的老态和虎虎的生气。

枝型要能变化，造型注意活泼，不要过于对称而流于呆板。枝片设计要有短有长，长短配合恰当。风格要和谐统一，鸡爪枝与鹿角枝、平枝与 花枝、长枝与短枝、转折枝与回旋枝、下跌枝与上扬枝、风吹枝与扬动枝、静止枝与下垂枝、放射枝与扭曲枝等，选配要讲究风格。该长则长，该短要短，宜动则动，不宜动则静。抑扬顿挫，要形成节奏，潇洒活泼，稳重端庄，皆需体现。曲折回旋因势而设，下跌上扬飘斜横出，动感强烈因形而立。将稳重、活泼、动感、变化、曲折、苍劲作为造型形式上和意境上的一种艺术追求。

枝片样式极多，云片较为常见，较易制作，较易保养维持，各派都有云片的变形式，变化较大，做不好易出现过于端庄、呆板。做好了凝重、轻快、飞扬、动感都能体现出来。因所占空间较大，圆片较为少见，多用于柏树的造型。圆片不宜太圆和过大，否则占用空间，易使枝干比例失调而显呆板。薄片仅见于扬州的巧云式，作为一种造型风格而存在，维持原作的形态所需的技艺和时间太多，采用的较少。海派的枝片处理较简洁明快。岭南派截枝蓄干法比较独特，操作方法比较简单，但培育、造意的功夫较深。中州的垂枝式有创新，将杨柳的动静与环境配合反映得天衣无缝。湖北

■ 枝干欲下先上，弯曲急宕与舒缓结合，是枝片造型样式之一

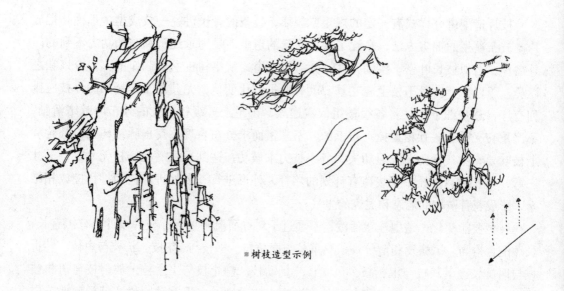

■ 树枝造型示例

的风动式造型也是创新和创意的结合，能反映树木与自然和谐相处的另一面——抗争，也能反映时代精神。

造型要师法传统，更要师法自然，师法传统是遵循盆景艺术的创作规律，师法自然要走创新之路，达到既要遵循树桩盆景的创作方法，又能高度体现自然，人工胜于天工的造型处理。大自然有许多鬼斧神工的创造，这些创造都是受了自然力、人力、动物和树石的影响而造就成的，少量的是天生的遗传因素，决定其枝弯曲的生长，如北京故宫御花园的龙爪枣，能自己弯曲造意，并非人为，十分神奇。人的力量，有极大的创造性，可以把这些神功加以提炼浓缩，引用到树桩盆景的造型上来，用几年、几十年的时间，创造出有造诣、有创新的形式来，形成新的创作模式，推动中国树桩盆景事业的发展，在世界上保持领先地位。

做片的技巧很多，许多做片方式在枝片的主干上，以平面的波折小浪作弯曲处理，这种方式较普遍。社会的发展，人们审美的进步，要求树桩的造型必须赶上时代的发展，才能把握市场，引导树桩盆景的创作和消费新潮流。枝片造型要有起承转合，聚散收放，抑扬顿挫，转折起伏，伸屈顺逆，跌宕回旋的线条变化。人们以曲为美，符合中庸之道的社会审美观念。受自然界山水树石的感官影响，以起伏变化、曲折有姿为美，符合自然造物的存在美。树桩盆景艺术将二者与生命美结合在一起进行创造利用，形成了树桩盆景独特的具有生命活力的艺术美。树桩盆景成为了人们生活中的一种艺术美的形式，因此它必须有自己的美或美的表达方式。社会的飞速进步向盆景提出了更高的要求。盆景的艺术本质，也向它提出了更高的要求，它必须在美的形式上不断发展自己。造型处理必须在质和量两个方面发展，一种创新必须进入群体制作，才有强大的生命力，造型处理在枝干上急速起伏转折、跌宕回旋，是一种美的表现方式，应加以利用，达到一种人工美、自然美、艺术美的完美结合，无愧于盆景艺术的称号。

树桩盆景讲究样式与讲究基本功，讲究构图取势出景，是技术的要求，也是应该以一贯之的思想路线。

枝片造型讲究比例

造型艺术严格讲究比例，树桩盆景的比例尤为重要。比例失调给人沉重、危倾、累赘的不良感觉，不能得到美的享受。比例合理时，轻松活泼、稳定庄重、均衡等，各种感受都能派生出来。

树桩盆景的比例是审美的重要条件，也是树木不断生长的特性决定的，需要在枝条不断生长变野扰乱树形时，用有效的方法，维持良好的生长态势和造型比例。因而树桩盆景讲究比例既是必要的又是客观的。

树桩的比例有自身的比例关系，要求枝片与主干大小适度。枝片大、树干小，造成枝叶重、树干轻，轻重失衡，观赏性降低。而树干大，枝小、叶少，缺乏自然树相的美，无气势、无生机、无协调过渡。比例的外延还有树与摆件、与地貌、与盆盎的比例关系，在盆内都很重要。

树桩盆景中的比例关系，也体现了人们的技艺。比例在自然树上可自己形成，而

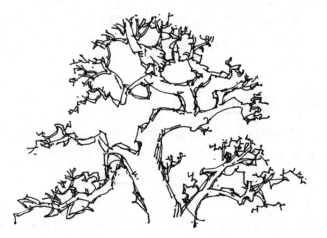

■树冠的造型比例

■树桩盆景整体的比例关系

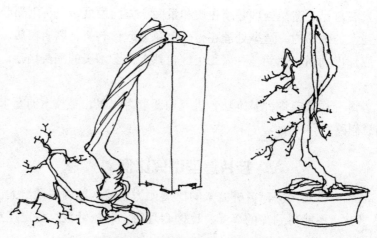

■ 树干与树枝的比例关系在作品中有各种体现

在盆景树上，则必须通过造型与促成培育、修剪与抑制培育，才能形成和保持。造型时要塑造良好的比例关系，枝片在整体中该长处要长得合理，该短处要短得精彩。长短相宜的造型是塑造和实现良好的比例关系的基础。造势成型后的树桩仍要继续生长，破坏造型比例。要维持良好的比例与形状，就需要通过修剪与抑制培育，才能保持枝片在景中的比例。

比例适当才能体现树的自然真实，作品才能经得起推敲。

观赏期中为了继续增粗枝干的直径，增强树的生机活力，必然要突破树的原设计的比例，放养锻炼各级枝骨，增粗后通过修剪可恢复较好的比例。短期放养时比例增大，不是不讲比例，而是要达到更好过渡比例的方法。

盆树的比例是客观存在的，关系到盆树的艺术价值，必须严格讲究。人的技艺作用能够实现良好的比例关系，增强盆景的审美价值。制作管理过程，将比例关系贯穿于树的形神塑造中，会产生更好的作品。

树干的表面造型及方法

树桩盆景树干追求古朴苍老、遒劲变化，以其来丰富和表达艺术感染力。苍劲靠处于前后、左右、上下三维空间位置上的树干、树枝、树根来表现，但它又不只是用三维空间来产生自己的艺术感染力，还有四维——时间的表现，而且时间上追求更大的表现空间。使树桩的内涵得以更大范围的延伸，艺术表现力得以更大的时间拓展。能使人的视觉增大、视野增宽加深，把时间的沧桑变化，生命强大久远，自然的神奇魔力，艺术的高度表达力，直观、深刻地向人们表现出来。

使树干苍老变化的造型手法，是树桩盆景造型结构的一个方面，是师法自然采用人工方法达到树干树枝苍老变化艺术效果的一种技艺，是一个制作者技艺水平的表现，一些盆景制作者还未进入到这一结构层次实际制作。因而在树龄不长或小苗培育的树桩，树干、树枝、树皮未作苍老变化的造型处理，树皮

■ 柏树树干表面的舍利干制作登峰造极

平顺光滑，变化较少，极不耐看，小中不能见大，大中不能见出时间、空间的变化，缺乏表现力和感染力。我有几盆罗汉松悬崖和曲干式盆景，小苗开始育成，出土部位直径4厘米。在培育过程中，反复对树干树枝观赏部位作切削、敲击、钳伤处理。树皮在外力作用后，经过生长发生局部变化，有的木质部外露，有的愈合组织生成水线、孔眼，有的树皮产生纵横交错的疤痕皱纹，纹理发生收缩挤压凹凸变化。从上至下产生的内容较多，十分好看和耐看，欣赏时对树干不是一扫而过，而是要注意看上几眼，认真进行，行话叫有看头。

树干的处理，是盆景技术的一个重要方面，是进入盆景制作的一个高层次，由技术转化为艺术。处于生长培育期和观赏期的树桩，都可进行，尤其是生长旺盛的小苗培育的树桩，老化处理应经常进行，更能达到实际树龄不长、表达出来的树龄尤长的艺术效果。树干造型只在于有没有这个认识，动手做没做，而做的过程不难，只需经过观察思考，确定部位与方向，采用具体的方法，使用器具，动手去做，就可完成。然后加强培育，经过一定的时间，植物再生能力可塑造出高难度的效果来。

树干造型处理要区别树种进行，罗汉松、石榴、六月雪、银杏、榕树、榆树、对节白蜡等厚皮类树种，伤击凿削处理后，产生愈合组织快，且线条粗大直观。金弹子等薄皮类树种，愈合组织产生很慢很难。有的树种作剥皮处理后，露出的木质部长期不腐烂枯朽，如罗汉松、柏树及其他一些质硬生长缓慢的树种。尤其是金弹子，木质部露出后，能够自行炭化，木质发黑变硬，不再枯朽，为其他树种所少见。柏树木质部长年出露不腐朽，在北京天坛皇家柏林中极为常见，已有数百年历史证明。榕树、对节白蜡等速生树种，木质部暴露较多后较容易腐烂朽蚀。此类树种不宜做雕凿挖孔大面积出露的干部处理，宜做树皮击伤小面积生理处理，树皮愈伤变化效果较快较佳。不易腐朽的柏树、罗汉松，适合做面积深度较大的凿削及白骨化处理。

树干处理的季节必须在生长季节，春季处理最好，处理后有一个生长年度的生长

恢复期，产生愈合组织快而好。其他季节处理后皮层愈合效果不如春季，但随着时间的延伸，也能产生好的水线、孔眼愈合体，时间越长，养分积累越多，效果越好。树干太小时，处理的面积不宽，随着树干长大，孔眼会自己封闭缩小，挤压到一起后，只能在树皮上看到一点伤口痕迹。可采取将一边继续扩大的办法，保留一边促使另一边继续产生愈合组织。预先就将造型面积留足，以后就不需再作处理，可节约时间，增强效果。

作树干造型处理，地栽与盆栽，同是盆栽长势不同的树桩，产生愈合效果的情况大不一样。地栽原生条件下，树的根系发达、叶面积大、土多光线好，愈合体生长迅速而良好，盆内则生长微弱。愈合体的产生与生长力的强弱有极大关系，成正相关。作树干造型前后必须加强肥水、树势管理，促进根叶的健康生长，为愈合部位积累充足的养分，才能得到较好的效果。处理后要多观察，勿使积水，防止腐烂、防止被虫蚀。

树干造型处理的方法极多，如削皮伤刻木质部，打孔挖槽，钉子扎伤，用锤击树皮，用钳子夹伤树枝皮层，还可作雕刻处理。削刻只伤及树的韧皮，切断部分筛管，未伤及木质部，可产生成双线的愈合组织。击伤可使树干产生小面积的凹凸变化，榕、榆等厚皮树可产生瘤状物，或使树皮粗糙有姿，较快形成老态。雕凿伤达木质部，木质不愈合，少随生长发生变化，伤口面积大，是一种永久变形的处理，处理的效果十分强烈。用电动工具配以钻头、旋转锉刀或花边刀头，作钻孔雕凿，可使线条变化增加，弯曲自如舒展流畅，人工似天工。花边刀头市上有售，或可自制改造；旋转锉刀市上有出售，也可用工厂废弃物。

树干处理后的成型及变化，需要较长时间才能达到效果并消除人工匠气，而不能一蹴而就地表现出来。有的造型效果如愈合组织产生的水线，需几个月，快的也需5个多月才能显现，并随着时间的推移，丰富和发展变化。有的效果如孔眼、凹陷鼓凸，则需更长的时间才能产生，而且时间越长发展变化越大，效果越好。树干处理后的效果预期，依赖培育条件的好坏，处理后需加强培养增强效果。

树干造型形成的美，本质上不是一种凄楚美、病态美、人工美，是师法自然的一种技艺，它有自己的表达方式。稚嫩无力、平凡无华皆不是树桩盆景追求的美，于创伤中见出苍劲古朴、富于变化，见出生命强健，体现的是健康美、生命美。

■ 水线与枯梢

❧ 树形的控制 ❧

成型的树桩盆景是有生命的艺术品，它的生命性会使其连续不断地生长，有冲破造型比例的趋势，导致原作的构图立意的比例失调。它的艺术性要求它保持完善构图形象，二者互相冲突。怎样在二者配合协调中，保持成型树桩的构图风格，是日常需不断进行的工作，它包含一些技术，也是常识。必须通过树型的控制，保持原作的比例及透视关系。

控形在树桩艺术处理上是必须的，但控型通过摘心、剪枝、控水等限制措施进行，在生理上影响树桩的生长，产生控形与生长的矛盾。作为观赏的树桩盆景作品，长期维持原貌，不需其枝叶长得更大，用修剪可以达目的。

控形要采取生理和物理的办法结合进行。有的物理办法如剪枝、摘叶、摘心，表面看是一种物理的方法，实际上它包含了生物刺激与营养调节的生理办法。能激活枝干基部的不定芽，诱导新枝的生长，使老枝焕发青春活力，形成更好的构图比例。使枝的分布紧密，更合理，养分集中，更能突出枝叶的位置关系。常年进行修剪，枝叶分布合理自然，既能处理好枝叶的疏密与枝片的配合关系，又能形成美观的鹿角枝、鸡爪枝，还有利树的生长。常绿树修剪要在春季发芽前进行一次重剪，在枝的低位进行，使新芽回缩，树形紧凑。初春是树木萌发的高峰期，剪后无叶的枝条也能萌发新芽，最为保险。非生长旺盛的初春，修剪之后无叶的枝条不易萌发，易枯萎，特别是长势弱的树。

摘梢控形是最常进行的工作，枝叶长出三五片后，即可适时摘心，以免长得更长扰乱树形，消耗养分。常绿树发芽次数多，摘心的次数也多。针叶树发芽次数少，摘心次数少于常绿树。

控水是控形的好办法，金弹子在野外生于石缝中的植株，叶仅绿豆大小，上盆后给以充足水分后，叶片可大于蚕豆。发芽前后，重度扣水，使无水分支持它伸长长大。重度扣水的程度很难掌握，春秋在土已干白后的 3 天内，可以不浇水，经过扣水后酌情浇透，然后再干 3 天，反复控水不控肥至叶停止生长为止，再进入正常

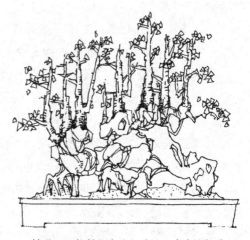

▧ 树形不加控制就会密不透风，失去透视景深
比例的良好关系

浇水。长年坚持扣水，保持干燥，可减少修剪和摘心次数。

　　将修剪、摘心、摘叶、控水结合起来，树形的控制效果必定更加理想，甚至可以达到一种自然控形的树相，枝条只长三五片叶后，就自己停止生长，不再支持枝叶伸长。这是一种最佳的树相，也是控形的目标，只有各方面措施、条件到位后并与树结合，才能达到。自然中能见到这种树相，盆中也能产生这种树相，但多数达不到这种树相。这种树相与生理条件相关，它水分供应比较偏干，肥分不缺，只能生出较短的营养枝，无更多的水分支持枝条再长更长。而枝叶的色泽质地也很好，能支持生殖生长，常常是花繁果硕。如重庆烈士墓阅兵场浮雕墙边一黄葛树，每年只长短枝，不出长枝，结果较多，树相很好，年年如此。我有一金弹子桩，只长三五片叶的短枝，不长长枝，一次性结果 200 多个。

　　控形必须注意增加光照和通风，在水肥较多时，能使盆水干燥。放于阴地的长期不能收干盆土，则新枝茎变长，叶大色差，不能使树形保持紧凑。控形不必控肥，采用控水不控肥的办法，使营养不缺，形状不扩大，叶片又色深、质好，保持良好的树相和成景比例。

　　控制树的形状也可采用植物生长调节剂的办法。在发芽前后对树叶每半月喷施一次浓度为 1/500 的多效唑或矮壮素药液，可使节距变短，叶形变小一些。

金属架扎缚法造型

　　金属架扎缚法造型，是用较粗的金属条，按预先设计好的虬曲骨架，将枝条扎缚于其上，产生主干主枝弯曲到极化程度的形态，生长增粗定型后解除金属条，进行可控造型的一种方法。

　　扎缚造型是树太脆、太硬，不易弯曲或弯曲中不能达到预定的形状时，可在少数树上采用，或有目的要培养一种固定的形状，而用它进行。

　　扎缚造型用设计好的模型，只需将枝干扎缚在模架上，操作比较简单。无基本功，心中无型的人操作，也很容易掌握。对制型的人要求较高，要能心中有型，型上富于变化，不使千篇一律，出现规律化倾向。生手在操作过程中，不易折断和损伤主干。

　　扎缚造型，可增加造型的难度，可受人的预先调控，达到最佳造型效果后，再付于实施，对树无损伤，在小树上进行，成功率高，能出精致的树干造型作品。

　　扎缚造型，对树的扭曲较轻，定型时间较慢。扎缚期间形状还可调整，调整也比较方便。扎缚造型，需预先计算好长度，树苗与金属丝的粗细。拆除金属丝用人工拆除，或用断线钳、斜口钳剪除。

10 树桩创作原理和构图立意出景

SHUZHUANG CHUANGZUO YUANLI HE GOUTU LIYI CHUJING

外师造化，内得心源

一切艺术作品，都对大自然无限崇拜和讴歌，许多素材和对象直接来源于大自然。树桩盆景以自然之物的古老大树与地貌的关系为直接表现的对象，更应师法自然造化。通过对自然的学习认识，做到胸有大树森林与丘壑山泉，从中吸取营养，才能制作出有典型意义、真实自然而又有姿态变化、有意韵回味的作品。

外师造化学习自然，是盆景创作的基础，自然之树的各种基本形象和典型特征，只有人们在一定的认识基础上，把握了这些典型特点后，才能进行反映自然古老大树的创作。心中无树，就没有创作的基础，心中有树，盆中才有树，师法自然是树桩盆景制作对人的基本要求。

学习自然有许多途径，行千里路，读万卷书，增长阅历，都可帮助认识自然树相。现代社会图像传媒发达方便，更可免去人们行千里路的辛劳和耗费，而得到行千里路的效果，还可节省时间。在书刊资料中也能得到大量信息，处处留心，皆可收到师法自然的效果。

■ 到大自然去了解树相，增加感性认识，掌握树形的变化

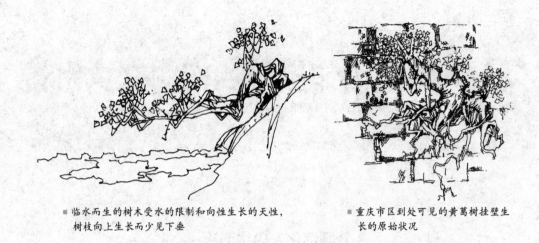

■ 临水而生的树木受水的限制和向性生长的天性，树枝向上生长而少见下垂　　■ 重庆市区到处可见的黄葛树挂壁生长的原始状况

向自然学习是取得感性认识，将感性认识与自己的消化吸收相结合，转化为自己的心智之源，成为创作中的基础技能，就是内得心源。师法自然必须转化为内得心源，二者共同作用于个人素质的提高，作用于盆艺的理论与实践活动过程，是树桩盆景创作提高的必由之路。

巧于取势，精于立意

取势是树桩盆景造型成景的技艺处理方法。取势好、树与景配合，斜曲式有危而不倾的险峻感，直干式有挺直不屈的上进精神，悬崖式有临崖飞挂、悬而稳固的意韵，丛林式有主客高低大小配合的野趣。立意取势好，能突出应用桩材的固有美学价值，也能表达人的技艺作用，把树味、桩味、景味较好地融合在盆中，达到树生盆中、景溢画面、诗情画意盎然。盆中栽植的古老之树就不是盆栽，而是真正的盆景了。

好的树桩盆景要有一定的立意，才能使作品有形有神，出神入化，达到艺术品的境界。立意是设计确定形式来表达一定的精神，贯穿于造型成景的过程中，增加其技艺，丰富作品的内涵，有形式、有主题，制出盆中造型的艺术品。

取势与立意有一定的内在联系，取势要表现一定的立意，立意也需一定的形式来表达，也就是有它的物质载体。意不可能凭空产生，总是依附一定的物质形式。形式表达立意也不是必然的，需有相应的手段来表现，造型成景有立意，取势能帮助立意的表达，更能将意境突显出来。意境表现于一定的形式上，盆景是人的主观能动作用的产物，不是原生古老大树的照搬，因而更能用势来表达立意。

取势要出奇，怎样取势是树桩盆景造型出景的技艺处理的任务，也是方法。取势要在造型成景中，抛弃平淡无味的方式，例如树枝就要少取常规枝、自然枝，多作垂枝、飘枝、跌宕枝、起伏枝、龙蛇枝、鹿角枝、鸡爪枝，与主干达到较好的过渡配合，突出树的神韵。枝与枝之间的关系要有主有从，要有难度，有技艺的表达，有各种变化，以长带短，整体感强。多赋予人的认识作用于其上，也就能取势达意了。取势立意的方式没有不变的格式，必须注意创新，有新形式的应用。弯曲有势，平斜枝也不是无势；比例大有势，比例小也不是无势，关键在于与主干的配合，制作出神韵，表达出立意。先赋其意，再作其形，较能取势达意。

■造型巧于构图取势，立意狂野险峻

先作其形再赋其意，也是一种方式，在于灵活运用，达到巧于取势、精于立意的效果。

～ 动静运用，节奏强烈 ～

植物相对于动物，它是静物，生于斯长于斯，原地不动。虽为静物，但也有动态。自然中有动态的树人们见到的不少，黄山双龙松如龙蛇嬉戏，游动效果强烈。

树桩的动态是形态意向上的动感，以自然树木为原型反映在盆景技艺中，动与静相结合产生节奏与韵律，体现变化活泼。动也可与力量结合，稳定的根、不倾的干都是动感与力量结合的表现。动与静相结合是树桩盆景的表现手法也是欣赏对象。动静与节奏可在选桩构图造型中实现，弯曲和倾斜方向在构图上产生动感与节奏，枝的造型变化在整体上产生动感节奏，风动枝、下跌枝、波折枝、大飘枝尤有动感与韵律。

树木的动与静结合，源于自然，有树姿形态动感的典型性。它是客观的形象作用于人的感官，产生的动感效果，是一种心理感觉，并非树在移动，也非在摇动，是艺术上的律动。

树木的动感人们能够感受得到，也能表达出来，抓住的是事物的典型特征，应用于艺术造型上，指导人们的创作。动与静相对而存在，动静相结合，经过技艺处理更易表现出来。动静的对比是动的表达方式，选桩中注意对天生有动感的材料的选择，可得到有动势的盆景。构图取势也可突出动感。造型中注意飘斜枝、律动枝、下跌枝、各枝方向位置的平衡对比应用，也可创造出动感来。命名中，可强化体现出来。欣赏中人们通过自身经历和大脑活动，可感受到。

动中有节奏，动中出势态，动中产生意韵，动是树桩盆景的一种美和美的表达方法。动静结合是体现动的方法，节奏由动与静的变化、形态的变化表现。缺动静变化的树形生硬呆板，不灵活。节奏与动势表现在各方面：树干走势弯曲上扬，丛

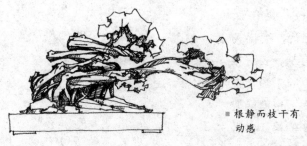

■ 根静而枝干有动感

林的高低弯曲律动，枝条的趋势，枝片的错落方向性分布，小枝的位置关系。根与干同向稳定，反向动感有力，曲斜干动势明显，直干上扬舒缓。动的表达多种多样，程度也有不同，较能体现人的技艺能力。

❧ 疏密得当，虚实相宜，主从对比 ❧

树桩造型分疏密虚实，"疏可走马，密不容针"就是对造型虚实疏密的概括。疏密虚实要应实不虚、应虚不实，疏密得当克服了造型呆板均衡的缺点，有轻重缓急的节奏感，重点突出以一当十，动感取势都可以较好地表现。画面过密会给人臃塞感，也有沉重显累的印象。疏密得当则给人轻松愉悦的感受。画面过疏、景中无物没有生气。缺乏比例，大树的神韵体现不出来。疏密虚实是树桩盆景的创作手法，实践中应注意很好地应用。

疏密与虚实，相比较而发生作用，有疏才有密，有虚才有实，虚实疏密在对比中体现更强烈。处理好疏密与虚实关系，与造型有关，也与培育有关。虚处与绘画留白相似，作造型处理时应整体考虑，该虚处则使其虚。该实处使其密，要在造型与管理上共同下工夫，才能实。如果该实处没有枝叶出，就不能实。可借助川派的借枝处理造型达到实。密还要依赖于培育修剪的技巧，否则该密处不密，而该疏处总是稠密。

虚实疏密能打破常规的对称审美形式，取得活泼的美，使盆景作品更具魅力。疏有枝干疏、树叶密，反之也有枝干密、树叶疏。有顶密、枝干疏，近枝密、远枝疏，在形式上满足人们对美的追求。

造型忌取式平均，主从不分，密集散乱。宜主从配合，取式协调，以主带次，以次衬主，疏密有度，重点突出。主可突出形态神韵，以少取胜，次可产生对比，衬托出形意。疏密分配可打破常规，反映树的神韵和古老苍劲。

■ 疏密有致，节奏强烈，动感奔放，树桩盆景的创作原理表现在作品的各个细节上。一本三干主高客矮，主大客小，主从对比关系明显，一望可知相互关系的权重

小中见大，移山缩树

自然的树木山水很美，其美中之一是宏大。盆景艺术以小见大，移山缩树，硕大的山树表现在有限的盆中，必须体现以小见大的原理，以咫尺之盆纳参天之树，一桩古木林野，一勺江河百里，否则就是园林而不是盆景。树桩外形的标准是"难老大"不应"大老难"，树桩太大不能移动把玩，大是小中见出之大，一人能移动、两人可抬动最佳，不应片面求大，步入园林树桩的误区。

自然中树木山水占据的空间位置很大也很美，将其反映在盆景中，必须藏参天大树于盆盎，以咫尺之盆成古木之景，才能达到树桩盆景的要求，成为能够移动的盆中造型艺术品。移山缩树于盆中，小中见大千世界，是盆景艺术的基本表现方法，小中不是没有大，盆景中的小大是相对的。树的体态大可以处理成小景；体态小，也可处理成大远之景。对比、比例、摆件配石、景深处理等是达到小中见大的方法。

■ 咫尺盆内山河古木，移山缩树，小盆子中有大场景

扬长避短，藏露结合

自然类树桩材料取于自然，桩的形态神韵不由人为，且好桩数量稀少，不能大量采挖，必须充分利用自然资源。一桩之上大多有美有欠，为了利用树桩的姿态神韵，要因桩合理取舍，采用扬长避短、藏露结合的方法。

扬长是充分发掘树桩美的方面，宜悬之桩不能做为斜干，宜丛林之桩不能做为单干，宜大者不能改小，宜紧凑者不能分散，这是利用树桩扬其长。扬长要注意取舍，一本之桩有多干，有三干尤美，宜取三干；根美者应着重表现根；干曲者应注意表现干；能取势者可表现为临水、动式等形态。

避短有多方面，例如一桩有大小两干，大干无收头弯曲，小干与下部之桩配合更有收头且能体现弯曲变化，更适合自然树相。采用小干去掉粗野的大干，去留得当，是避短。避短也就扬了长，二者互相依存，能够很好结合。

扬长避短是在桩的具体取舍、外形处理、构图立意上突出技艺的作用。只有将桩的美充分利用好了，才能实现扬长避短。有的树其干不美，但根生于地下，受地理条件的影响，根势蟠曲，形美姿好，以根代干加以利用，是扬其长避其短。树山式、象

树干苍老古朴，大伤疤是其不足，能有藏有露，更符合树桩盆景的创作原理

形式有桩味、缺树味，加以利用也是扬长避短利用树桩的一个方面。

因为要扬长有时又不能避短，就需通过枝片造型来达到藏露得体的实现，藏其不美、露其美。

藏通过构图摆布，将不美的部位放于后面、侧面不显眼的或看不到的部位是藏，无法藏住之地方可通过枝片造型的方式遮掩虚化，从整体上隐恶扬善，达到美的出露，丑的消失。能隐恶的枝片有遮干枝，分半遮或全遮。能半遮者不全遮，全遮阻断树干的连贯线，不利树干主体的表达。

因形赋意与因意赋形

自然类树桩盆景的意由形产生，形意关系密切，自然类桩坯物自天成，人只能对它现有的外形加以利用，因其形而赋其意，达到艺术上的应用。因形赋意首先在于发现取舍，再将人的技术加工能力作用于其上，产生优美的作品。这是树桩盆景制作的基本方法，人工与自然结合，天人合一，以此法产生了许多杰出作品。

得到自然形成的树桩，必须因其形赋之以意地进行技术处理，无内含产生不出意境，只能是制作不能称创作。创作必须有立意，由形入神，产生意境。自然类树桩盆景取材自然其形物竞天成，因形赋意是它艺术创作的基本形式。

因意赋形不以树桩的外形为限制，发挥比较自由，以胸中之形塑盆中之树。按设计进行造型，因意赋形人的作用突出，体现技术，与人的素质关系密切，可实现人的意图和意志，任人发挥的空间大，前提是必须遵守各种规律。

因意赋形更能塑造出有形式的树桩，产生气势、动感、变化。尤其是可在小苗开始塑造，产生高难度的树形，达到人工胜天工的境界。许多规律类树桩即是因意赋形，将树苗按人的意志塑造出来，达到艺用树木的目的。

因意赋形不以老天造化的树桩为限制，立意在先笔在意后，以立意索桩按设计培育造型，用艺术之树塑盆中之桩，利于人的作用发挥。树山式盆景就是心中有用树桩成活体山形的立意后，苦心搜集桩坯，因意赋形创作出来的。因意赋形能升华主题，技术与艺术结合更紧密，形中传出神来。

形载神，神寓形，因形赋意与因意赋形异曲同工，都以神形兼备为创作原则。

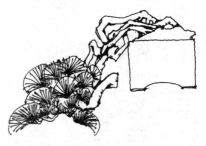

■ 因形赋以临崖悬挂生命力顽强的意义，形、韵、意表达充分

剪枝是技，留枝有艺

剪枝是技，留枝有艺，剪与留是树桩盆景创作经常应用的方法，也是必须遵循的原则"剪枝实质是留枝"，剪留得当可形成良好的姿态形状，产生相应的韵味意境。

剪留得当指生桩剪裁与枝干的剪留，包括小枝的常年修剪。生桩的剪裁取舍决定形式，决定取势造型，关系未来培育造型和作品的好坏成败。贸然剪下还不了原，失去可贵的资源，必须一次成功不允许失败。留枝过长则浪费几年的培育时间，但可改正不失去资源。

剪留得当在桩上是一次性应用，而在枝上则依赖反复修剪，形成长短适宜，姿态适度的枝骨。化繁为简，化凌乱为整齐。"剪枝实质是留枝"，修剪有道，留枝有理，鸡爪枝、鹿角枝、龙蛇枝皆可形成。

■ 剪留得当可以产生良好的树形树相

剪留还有生理效应，养分的调度平衡，供给与抑制都可在剪留与养护中实现。

反映典型，写意写实

综观树桩盆景各种形式和表现方法，都不能离开树的典型形象。

自然树姿多直立向上，曲、斜、卧、悬、丛林等姿态极少，但是很典型，必须以其为代表，才能用艺术手法反映树的难度、姿态、韵意。否则就不是艺用树木，树桩盆景就不能产生丰富多彩的形象。砚式在地貌上反映自然也有典型性。

■ 典型的反映自然的写实盆景　王宪作品

■ 大弯垂枝表现了雪压青松，枝干弯曲的川西高原一些树木的典型特征，既有写意性又有写实性。树桩盆景的创作原理的运用自然，增强了作品的观赏性和感染力

■ 树的根、干、枝结构和谐，形成细、瘦、高挑的独树景观，姿形美妙、韵意幽幽，尽可赏玩

■ 其桩取势悬挂，夸张力强，个性张扬，作品有独到的视角。取势的方法造就出了好作品

树桩盆景的典型形象借助一定的技术手法来表达，或写意或写实，或者写意写实相结合。写实重真实，写意为发挥提高。

树桩盆景的写意写实是用构图造型蟠扎等基本方法，达到以小映大，表现树的姿态韵味意境，表现景深透视过渡配合，虚叶实枝、稀枝密叶，藏露结合、疏密有致，主从对比、动静运用，反映的树真实而典型，源于自然高于自然，提高了树桩盆景作品的感染力。

和谐结构，完美景象

结构是艺术必需的形式之一，树桩盆景的结构由树与景构成。树的结构由根干枝叶的完美结合的形象构成，景的结构由树和具体应用的土、石、水、盆及摆件构成，盆钵地貌与树的美妙搭配形成。

结构的完善与和谐在于自然合理，景树之间过渡要自然协调。结构的完善是精品必备的条件，古干细枝、无观赏根的出露、枝与枝的配合方向位置不协调是常见作品的通病。只有在制作中加强对结构的技术性处理，重视结构的作用，精品才会不断增多。

取势夸张，个性张扬

制作中的取势是将素材的姿势形态与人的作用结合起来构图造型成景，发挥出树桩的最大作用，得到韵意更美的作品。取势出奇才能制胜，大胆表现夸张提高，符合自然规律又顺应审美习惯是取势的基础。取势好更能突出作品与作者的个性，更能利用树木成桩，推动树桩盆景的发展。

◈ 弯曲横直，抑扬顿挫 ◈

原生树以直为主，盆景树以曲为主，弯曲与顿挫具有典型性与美感作用，符合人们的审美取向。弯曲和抑扬顿挫在选桩与造型中实现。

■ 树干抑扬顿挫弯曲与横直相结合，突出了树干的节奏和个性。树枝在造型中用折枝下垂，也有抑扬顿挫典型姿态

◈ 透视景深，比例协调 ◈

透视作用形成景深，造成比例近大远小。近景枝叶清晰，远景枝小叶模糊，其比例协调，作品才更典型自然。制作时近景实叶、实枝交待清楚，远景虚叶、虚枝。位置方向的穿插，前后左右取舍分布合适，地貌配置得当，景深透视感强，作品就有更好的表现力。

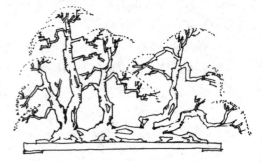

■ 以五树成林，主高客低，近大远小，前后分布，疏密有致。各树比例恰当，近树与远树突出。透视与景深作用在其中表现强烈，因而增强了作品的画意

◈ 立体造型，方位严谨 ◈

弯曲是树桩盆景常见方法，有较高的审美价值，应用较普遍。弯曲的方式要打破传统的平面弯曲，由不易显现的平面弯改为容易显现的立体弯、极化弯，以上下弯曲带左右扭动的弯曲为主导方式，增加变化和难度，大幅提高技术含量，在放长以后就会有扭曲耐看的树枝产生，提高作品的观赏价值。

树干与树枝除了立体配合外还要讲究方位准确，树干与树枝的视觉关系要好，不可出现势态逆反违背视觉关系的造型枝。

■ 立体的弯曲更有技术含量和耐看性

画稿设计，造型构图

得到一个桩头，需要造型和构图上盆成景。用画稿的形式进行前期的造型构图设计，能帮助制作者分析构思，制定好的方案。以便按图施艺，在较长的时间里，按设计好的方案进行造型、修改、定型、上盆成景处理，制作出做工精良的作品。

画稿还可设计各种树干的造型样式，应用在小苗制作上有独到的作用。小苗蟠曲的方式应有各种各样的变化，为避免重复，可设计出各种方案，按设计好的方案进行造型培育，打破千篇一律的造型方式，帮助人们创新。能锻炼人的设计制作能力，有利于出好作品，有利于制作者素质的不断提高，有利于构思的连续性的实现。落山树桩出芽有时不尽如人意，可作出多个备用方案，供实际发芽点位出来后，以早有准备的思考方案，来指导制作过程。

画稿是一种帮助设计的方法，它能给人增加信心和机会。画稿过程人的兴趣、能力都得以锻炼提高，更热心树桩盆景制作，就有机会出好的作品。画稿是给自己看的，各人可在自己的绘图能力上进行，不求画功的具象，能表意即可，用简笔进行。

■ 用画稿为原桩设计的造型图

实物摆布构图

树桩盆景前期构图可采用实物摆布的方法，将树桩在假想的盆面或准备上盆的盆中进行实际摆布，用手或物（泥土最好）固定。仔细地反复审看，多角度观察，处理好树与盆的空间位置关系。将桩最优美、最传神的部位充分展示出来，并能与地貌很好结合，构图成景，而不仅仅只是一棵盆栽大树。

能用实物摆布帮助造型构图，这是制作树桩盆景的特点，应很好加以利用。购买树桩时，创作构思时，上盆构景时，成型改进时，都可用到实物摆布构图。

实物摆布构图能找出多种成景方式，能看到桩的细枝末节的变化和差异，能找到各种姿态的感觉，突出其神韵。这是实物构图优于头脑思维构图和画稿摄影构图的区别。树桩除了形式上的变化外，还有树身上的各种细部变化，能将其精华大势和细节体现出来，依赖于实物构图最能达到。

■ 用实物在盆内多个角度方向摆布，找到构图的最佳方向位置，最大限度地表现树桩的美学效果

实物构图方式最简单灵活实用，任何人都能进行。在盆内，在地上都可进行。翻来覆去反复进行，审视好了以后，选取最佳方案。无需动笔绘画，无需借助照相器材。

～ 头脑想象构图 ～

头脑想象构图是树桩盆景构图造型置景的一种方式。想象构图不依赖于实物，在头脑中用思维方式进行，打好腹稿，指导制作实践，完成盆景。是一种人人都会，习惯性使用的方法。

想象构图的优点是不需实物配合，随时随地只要有闲便可进行。走路、坐车、休息、忙中偷闲或正在从事其他简单习惯的活动时，都可在头脑中进行，别人察觉不到，时间利用得极好。头脑想象构图驰骋的空间极大，可任意选择与树桩配置的材料、盆钵，置景方式不受材料限制。还可进行新形式的设计创新，能进行多种方式的构图，找到材料的最佳构图效果，将人的思路完全打开，有利于提高自己的盆艺素质，指导自己的实际制作。

～ 盆友会诊构图 ～

树桩盆景制作十分适合个人进行和发展，但也会结交一些朋友。这种在专业上、技术交往较多的朋友，专称为盆友。盆友之间交流信息，切磋盆艺，能够得到启发与收获，有的还能给人指点和帮助。

个人的实践与认识有各种局限性，不可能面面俱到，有的认识上造成死点，很难纠正。中国人很重视交往，盆友间的交流可以使人得到一定的提高，尤其是在认识的死点上。盆友会诊是走出去请进来，对具体的树桩进行分析点评，虚心向别人学习，提高自己的方式，也是造型构图得到提高的一个途径。对具体的树桩直接进行会诊，面对实物指点评论，平凡的桩头，也能放出光辉来。

盆友在现场讨论、研究树桩构图，找到更好的构图方式

盆友之间各有所长，三人行必有吾师。盆友各自位置角度不同，经历文化背景不同，兴趣爱好各不相同，看法和认识就有差异。综合盆友的各种看法，去粗取精去伪存真，就能得到最好的构图方案和造型方法。

盆友之间买到较好的桩后，都要互相看一看，议一议，表达各自对树桩的认识，宜做什么形式，重点突出什么，精华在哪里，造型怎么进行，以什么方法造型，宜剪还是宜扎，配盆形状和大小深浅，各种有关问题都能议到。盆友之间这种交流，是提高作品和作者自身水平的方式之一。

摄影帮助构图造型

制作树桩盆景重点之一是造型和构图，制作者倾注的心血最多，用的时间最长，有时反复进行，多年才能完成。

造型和构图通常是用实物作对象进行，也有时走出去请进来，与盆友会诊构思造型的优劣。用实物作对象进行观察思考时，容易看到优点，缺点不易暴露，或者受自我的限制而破不了格。与盆友交流时，也容易受人为因素影响，谈好不谈坏，或看不出更多的缺陷。为了精益求精出好作品，采用摄影来检查造型构图的缺陷，是一个克服各种局限性的好方法。

摄影不带任何感情色彩，它能准确客观地记录二维空间上的树桩与盆盎、地形地貌的空间位置关系，枝条、树叶与主干各自所处的相互位置协调关系。摄影的技巧也无法掩饰造型和构图上的缺陷。只有从造型和构图本身上努力，才能消除技术上的缺陷，完善树桩的造型表达效果，增强艺术感染力。摄影图片上看到的树桩形象是二维空间，对正面及上下左右的部位最好检查，特别是枝条造型中的细枝末节，放在一个静止的面上来观察分析，最易检查出不足来。

有时肉眼看似效果不错的树桩盆景，摄影出来后，缺陷暴露出来，没有实物那么中看。摄影检查出来的客观效果，使制作者在主观上引起重视，多看缺陷，找到不足，知道哪些地方需增强补充、哪些地方该削弱调整，将不足之处加以完善，就能得到渐入佳景的作品。

摄影是在一个面上反映树桩枝片，检查二维空间的细部最好，如枝片的空缺部、冗长部、细弱部及整体的上下左右配合。而检查纵深空间上的枝片布局是盲区，图像上不易表现出来。

检查自己的作品较好，检查别人的作品时由于对实物不熟悉，有判断不准确的问题。

❧ 反复修改，改进构图 ❧

一件树桩作品制作中，遇到许多情况，需改进原作。有时是初步构思制作出来后，有不满意的地方，经过多次的观察思考，有了更好的方案，需要改进原来的制作。属于人的技术进步产生的改进。

有时是生桩培养时，发芽部位欠佳，不得不利用生桩的初始发芽部位，进行不随人意的造型。有了更好的芽位可取代时，哪怕牺牲一两年甚至更长的时间，也要为出精品而改用好的部位新枝，重新制作枝干。这种修改在树桩盆景的造型上较易出现，因为新桩刚下山时，有的部位组织不活跃，而有的部位组织较活跃，较易产生不定芽，如枝干分叉的地方。这些初始发芽的部位不一定满足造型的需要。经过一段时间的培育后，树的生命增强，有更适合造型需要的部位枝出来后，放弃过于勉强的原枝，重新进行好的部位枝干造型，修改原作是必要的。这种改进不是人的因素造成的修改，而是客观因素造成的，不得不改进。

还有是别人提出修改意见，确实值得改进，或必须改进，甚至是大部分的修改，也要抱着精益求精的态度，大刀阔斧地进行修改。修改耽误了时间，但能产生更好的作品，耽误一些时间也是值得的。经过修改，提高作品观赏价值，提高作品的档次，在难得的树桩材料上，非常值得。好的树桩，几十年以上的时间才能生成，不做好作品，实在可惜。

修改有时是一枝一片的小的制作改进。有时需要剪掉重来，实行大的改进。有时需要修改构图，重新上盆取势构图成景，修改的幅度比较大。在需要大的修改时，有的人往往下不了决心，维持原状将就过去的居多，不是精益求精的态度。

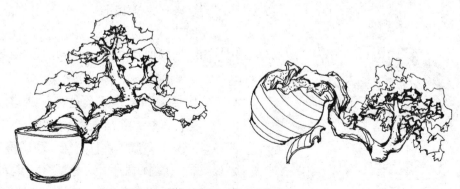

■ 改进构图的形式，得到更好的形式和韵味

❧ 树桩盆景构图 ❧

经培植造型成熟的树桩，需要上景盆进行构图成景的处理，以最终形成作品。构图是在树桩造型的基础上，将各种应用材料在一定的空间进行安排，精益求精处理好相互关系，把个别材料组成艺术的整体，是树桩形成作品产生景和境的主要方法。

通过构图，把古老大树与丛林山野、河湖江海的景结合起来，能强化树木固有的生机活力，自然野趣，产生感染力，使人得到自然风光之美的享受。

树桩盆景的材料除了树外，还有盆、石、土、水、摆件、配草等。常见的旱盆景以突出树为主，景为近景小景，多数只用盆和土作配景材料，偶用配石、摆件。水旱盆树石式所需材料较多，盆、石、水、土、摆件、布草都用上，尤宜摆件点景。构图采用树、石、水结合，更有景，有利于资源的利用。

树桩盆景构图的特点，是用有生命之树为主，在盆内立体空间上进行。生命性不同于其他任何艺术，具有年代时间性，它的空间是四维空间，而不是绘画的二维空间，雕塑的三维空间，构图时间较长，需在树的选桩培植造型时即配合进行。随树的生长翻盆时对构图可进行修改，有时会发生较大的变化。

构图的步骤分为思维定稿，选配盆，确定树的位置，确定布石或水域的位置，布置地貌，确定摆件。

构图有各种方法，如用实物摆布帮助构图，可看到形状效果，可反复移动位置，修改十分方便省事，利于找到多种构图成景方式，十分便于选配盆。头脑想象构图不依赖实物，随时都可进行，最宜帮助设计构图成景方式，形成构图新方法，形成多种最佳构图效果。画稿设计构图，便于指导造型和构图，使构图有连贯性、思想性。走出去请进来，盆友会诊帮助构图，听取别人的不同意见，有利作品成熟。这些是前期构图方法，后期对构图作检查，采用摄影、摄像帮助构图，反复修改完善构图。

构图是在盆内进行，要选定适合的盆，按照构图的原理进行。盆是画纸，框定了景的范围。根据需要，树枝可以出盆。

构图要遵循创作原理进行，讲究布置得势，主客配合，突出主体；比例合理，形神具备；统一和谐，扬长避短，藏露得体；透视突出，纵深宽广；动静结合，虚实相应，繁简有致；景意相宜，景名相符，景中

■ 侧挂横走的取势以
构图方式而取胜

出意，产生境界。这些是造型艺术中有共性的方面，还应处理好生存与欣赏，树桩盆景特有的构图关系。在众多的关系中，通过与材料的有机结合，最能发挥人的能动作用，产生好作品。

中国画中"画贵在极"的理论在盆景构图中值得借鉴。用极化造型、极化构图的方式，与构图原理相结合，能产生有新意、深意的好作品。

构图关系到树桩盆景观赏价值的实现程度，关系树的生存合理性，盆事中的许多内容应服务于构图。

怎样构图出景

经过几年栽培造型的树桩，已经成熟，可以上入适合它的景盆构图出景。

构图成景是在选定的盆中进行的，选盆是构图的第一项工作。选盆要满足树桩生理的要求，也要满足成景的构图要求。树桩生理要求土多、土深、土广，而构图要求则与之有矛盾，要求盆较浅较小。浅盆构图出景出风格，且有减轻重量、缩小比例、有利室内陈设的优点，符合盆景的艺术规律和特点。当它的生理要求与构图要求发生矛盾时，怎样处理二者的关系，很重要。一意用浅盆，会影响树桩的生长或成活；盆的深度增加过多时，又会损害构图造成景盆比例失调。可以在减低盆的深度时，加大宽广度，容土体积从长宽高三面增加，容土量不会低于深盆。这样配盆满足树桩的生理需要，也适合构图的要求。

构图中，以地平线为基础的树桩，要突出树的体量，以小见大，通过构图及其他处理手法，反映树的美态，树与地貌和谐的美景，衬托出生命的久远、历史的沧桑、自然景色的魅力、生活的美丽。如果树的体量在盆中太小，盆大树小，盆重树轻，整个景观便失去比例，主题淹没在配角中，见盆而不见树。只有树盆比例协调，树占支配地位，正确定出树的位置关系、轻重关系才能突出树桩的主要地位。同时也不违背树与地貌的关系。

构图中，树桩的经营平面位置分前后左右四个方向，四个方向中还有前后偏斜的变化。要多掌握几个方向的变化，找出一棵树桩的最佳构图位置。位置好，可使一棵树桩增姿增色不少，达到最佳观赏状态。位置不好时，一棵好桩只能体现美感的一部分。在与盆沿的夹角方向上的构图中，直干式最简单，斜干要复杂一些，倾斜的角度与重心之间的关系要体现出来。倾斜之干，有动的趋势。动感是由构图来突现的，在人的心理感受上产生动感，而并非树干在动，良好的构图使不动之树，体现出了各种程度的动，有欲动、有缓动、有速动，更有飞扬的动势。

构图讲究极化，斜要斜到再多一点即会倾倒，少一点就不够意韵，前后左右，俯

■ 以实物摆布，看各种构图的直观效果，决定制作的方式

仰向背皆出此理。

　　构图还应处理好枝的走势，枝与干的角度位置关系。好枝不在多，在于气势和位置关系处理。枝与干配合得体，协调自然。有时枝处理得好可起画龙点睛的作用。有的树桩个别部位有缺陷，可用枝的构图取势，将其巧妙地隐蔽，扬善藏恶，藏露得体。

　　构图的处理不是在成型上盆后进行，而是在养桩制作时就需进行，有经验者拿到树桩就开始了构图设想，打好了腹稿。然后再用几年的时间，辛勤培育，实现构图目标。上入景盆是完成前期构图设计，基本出作品。

❧ 树桩的改头换面 ❧

　　在一些半成品及成品或残损桩中，有一些基础条件很好的树桩，由于制作没有较好的取势或格式，没有技艺处理的难度，埋没了桩材。此类树桩，必须进行重新制作，以发掘出桩坯的美学价值。将制作失败的坏桩进行重新制作，叫做树桩的改头换面，也可叫做改制树桩，即修改原制作。有人称作改桩，此称谓动宾搭配不当，修改的不是树桩本身，而是枝片或成景方式。即使将斜干改为悬崖，称改桩也易发生误解。称为改头换面生动、准确。

　　改头换面应用在有较好形象和姿态，值得修改的树桩上。原桩在造型取势构图上产生错误，如可作悬崖之桩做成了斜干，修改造型成景方式，改制成有韵味的悬崖式，是改头换面的一种具体方式。普通树桩修改的价值不大，在于取得实践经验，可作为实验进行。精益求精也可改变原桩的形象和价值。

　　树桩改头换面是在熟桩的基础上进行的，所需成型时间较短，可以较快改制出来，改进原桩，出好作品。

❧ 树、石、水结合出风格 ❧

　　树桩盆景已走过了单独盆栽成景的历史时期，步入了与盆配合，树石水结合成景的新发展时期。

中国树桩盆景以石为骨，注重阳刚之气的表达，石与树结合好，与水结合也妙，石与水本身就是树的自然伴生物。自然中常有石伴树生，树倚石灵的典型例子。黄山之树，九寨沟之树，无不如此。中国盆景以石作技艺，给盆树增添了雅趣，形成了树与石结合的文化处理方式，是中国树桩盆景的浓厚特色。既是盆技的进步，也有别于国外盆景。

石有山坡岩岭的形象，也有河岸海岛的内涵，能与树自然过渡，构成较好的树与地貌的关系，也是景的组成部分。树有了石就有更丰富的景及内涵。

树与水域有一定的距离，很少直接发生关系。但用石与树水衔接，其过渡就极自然，具有真实感与美观和谐感。以水作艺，水域通常是江海溪塘，通过石的过渡表现出来，树有石则灵，有水则秀。

树、石、水结合其景更优美、真实、丰富、自然，符合人们心目中的自然景色，也是客观事物在树桩盆景艺术上的表达形式。树、石、水结合，其景可发生形形色色的变化，湖光山色、江山逶迤、河山壮丽、山海辽阔、山塘渔村、水乡小景，尽可囊括其中。有山有水有树，还可有人物、动物、建筑物，景大景深景多，诗情画意盎然。

树、石、水结合出景又出风格，已经成为一种创作方式，受到欢迎。它是大自然景色最丰富的表现形式，是人类回归大自然最生动最直接的方式，值得在制作中提倡。

树桩盆景要创新

艺术必须得到发展，创新就是发展，也是事物发展的规律。盆景这一古老又新兴的艺术，是在不断创新中发展到今天丰富多彩的面貌的。以近现代树桩盆景为例，新中国成立以前，规律类占统治地位，自然类开始创新萌芽。自然类以个性突出、变化

■相同的作品，以旱栽的方式成景

■相同的作品树、石、水结合，景象更丰富

极大、制作周期短、富有表现力的新面貌，取代了规律类，形成了自然类初期常见的形式。这些形式也不断被各种创新所完善丰富，树石式、风吹式、砚式、树山式、大树式等创新形式就是其中的代表。对树桩盆景的发展起了重要作用。

任何事物，模仿容易，创新难。特别是在一种事物比较完善以后，创新的方式已经很窄了，更多的是继承和延续。但是树桩盆景创新也还有路子，在于人们的思想和实践精神，只有极丰富的基础知识和技能，有创新精神，敢于钻研，功力到位后，才能创出新来。创新与继承都由人进行，人的素质越好，越可能创新。

创新要有技术基础，也要有人的创新意识和创新精神。有的人反复重复前人的方式，始终不敢越雷池一步，哪怕重复制作到了惟妙惟肖的地步，也不能创出新形式来。创新的意识到位，从艺时间短一些的人，也可能创出新的风格来。例如贺淦荪大师创出了风动式、景盆法、树石式的风格类型，全国有众多制作者紧紧追随，仿效制作，形成了有特色的风格派别。有的资深制作者只有制作精深，没有创出风格，不能在中国盆景上产生大的影响。

各种艺术有自己的创新方式，树桩盆景创新的方式应在遵循自身章法的基础上进行，符合树桩盆景艺术特性。有法以至于无法，有法是前提，无法是创新。创新久后，又会变成有法。创新要有美的感觉，有新的意韵，有与别人不同的地方，同时还要有人认同，甚至有人模仿跟随。风动式是树桩盆景中有创新的形式，它是在枝条造型方式上的一种创新。截枝蓄干、透叶观骨也是枝上造型中的创新。极化式是在树干上的一种造型创新。材料、树种上也可出新，天山圆柏、对节白蜡、红檵木、珍珠罗汉松，在刚出现时，都有清新的感觉。资源利用方式上的创新有嫁接换种法、大叶栀子换成花叶栀子、山松换成五针松等，有效利用了资源，其手法有创新。成景的方式上可以创新，砚式、挂壁式、树山式成景方式上有突破，是创新。云盆、根盆、石盆是用盆方式上的出新。在盆景文化上增强内涵，可出新意。观赏方式上用脱衣换景或换锦，增加和增强观骨、观芽、观新叶的次数和效果，人工再现和利用其最佳观赏效果。透叶观骨，叶骨共观，都是观赏方式上的创新。其他方面如陈设用根、

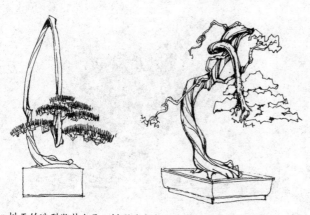

■ 树干的造型独特少见，树形改变大，敢于颠覆前人的造型

板、石等代几，也能创新。只要多钻研，开动脑子，创新还是能实现的。尤其在难度上、时间上、功力上着眼进行创新，可谓创新之路天地宽。

创新还有难易之分，有的创新改动较小，表现也较快，想到干到较短时间就出来。有的创新则需几年、几十年来达到，所需智力与体力，代价较大，时间超长。创新的难易且与创新的价值不同比，砚式的难度与风动式的难度就同此理，表达树干创新的极化式则需更长的时间，才能表达出来。

创新有时效，即时间效应。久了多了则无新意。如水旱式，赵庆泉先生在20世纪90年代初，刚应用其普及时，较有新意，因无太大难度，现在国内制作较多，新意渐失成为普及型。难度较高、时间较长、功力较深的创新方式，其新意维持时间较久。创新效果有时效性，创新本身没有时效性。只要有盆景存在，就有创新之路，尽管很艰辛，但也会有人去跋涉和攀登，也会有人到达光辉的顶点。

树桩怎样上盆成景

树桩在造型培育定型后，需要上盆成景，尤其是地植和养盆培育的，必须有上盆一个程序。直接在景盆中养桩的，由于培植期时间长，泥土养分消耗板结，根系分布散延于盆壁，地貌需作处理，也有换盆作成景处理的必要。

上盆是树桩盆景制作的一个步骤，是盆景制作者必须熟练掌握的基础技术。上盆能发挥制作者的聪明才智和创造性，使人的主观能动性在成景过程中尽情地发挥出来。是实现制作者创作意识，达到形景意结合，完成作品的技艺和方法。完成上盆后只需日常维护，较少作技艺处理了。

树桩上盆不是一个简单的从此到彼的过程和方法，而是怎样上盆才能充分发挥树与景配合，形与意结合，表达一定的主题的要求。通常要根据树形，确定成景的方式。如有一树础较大的斜干树桩，枝片紧密。上盆成景可用旱盆，成典型的斜干式。也可用汉白玉水旱盆，配石，成树干斜伸水面临水而立、树水相伴的水旱式。用较深的长方或圆盆，树干伸于盆外，有出山凌空之感，也可用浅而长的盆将其容纳于盆内，成为景与树被框定在盆中的全景式用盆法。

上盆的方式可以较多，不应该拘泥于一格，死守陈规。常用的旱盆，已经司空见惯，尽管它有盆口、盆角、盆壁、盆脚相配的变化，也需再改进。新的用盆方法虽然有养护方面的问题，本书已提出解决办法，要大胆创新地使用。水旱盆树石水结合，成景丰富优雅。砚式石盆，盆是景，景也是盆，看似无盆，即有新意，也有意境。用石做成的景盆法，出景出意，需注意应用，有利于改变作品的面貌，改变作品的普遍成景方式。唯有姿、韵、意、、难、老、大的桩头，与这类高、难、新的成景方式较难结合。水旱盆较好与老、大桩结合，砚式与景盆法较难与老、大桩结合，但也有办法，只要动脑去想，动手去做罢了。

上盆成景要大胆采用好方法，《八骏图》用桩一般，组合为丛林式，如果不采用组合丛林式，单株其形并无多大意思，组合起来形成丛林，增加了气势，增强了画面效果，加深了表现力。在盆的处理上，采用了水旱结合，以石水增景添势的方法。使原本并不出色的六月雪树桩，成了一盆有形有景，有山、石、水、树、摆件结合的立体图画，诗情画意跃然盆中，让人叹服技术也在其中表现出来，成为盆景的经典作品而有示人的意义。

～♦ 景的真实 ♦～

树桩盆景讲究自然，什么是自然，真实是其概述。真实是一种感觉，即人们心目中对自然的烙印，用以来衡量树桩盆景的技术标准。

树桩盆景要有景，景在盆中靠什么来体现，除了材料及处理，就是真实。景的真实在于树形树相，比例与地貌的配合上。树、盆、石用得太大或太小，容易导致比例失调，尤其是树太大时，使景拥挤塞迫，失去真实感。旱盆太大较深和树桩较小时，盆与树构成的轻重关系失衡，树轻而盆重，见盆不见树，不会有真实自然的感觉。不真实的感觉产生时，人们会觉得别扭，那种欣赏盆景的愉悦之心情就激发不出来，盆景的作用就无法体现。

树真实，不是自然树形态的照搬，而是反映出景中之树的典型特征，大小弯曲长短适宜，人的加工技术融入其中，在真实自然中求技艺。人的加工必不可少，以不露痕迹为上。

■ 应用的材料以石为盆体现地貌为山河，直干式的树桩司空见惯，摆件用船和亭，反映的景象真实、自然、贴切

景的真实与各种因素有关，比例尺度、自然规律、表现手法的准确程度，都与制作者相联系。作品即人品，心中有景才能真实反映自然与生活，作品才有说服力。

注重景的真实自然，是盆景本性的要求，达到这一效果者，是谓艺术品，达不到者需下工夫，继续努力。

❧ 景的大小 ❧

口头交流中，常听到景大与景小。景之大小有不同的理解，对树桩盆景而言，景大不一定为树大，也可为景的深与广，即景的远近、宽狭之分，与使用材料的多寡、大小无关，其实质为景深的处理。

景大，有树、石、水、地貌、摆件间的相互配合关系，比例适度，这种大也被称为有景。而景小者，常指孤植桩，少配石，无摆件点景，其景较小，为单一地形与树的关系，甚至只见树不见景，只是一个被框定的小景。其景虽小，它仍是有景的，其距离近，山水及多余地形被框于画面之外，重点突出树与局部地物的关系。景大者，取景框延伸，树为配角，河山地貌与树的关系变为主体。也有树水山石比重平分秋色的，水石突出，树也突出，在真实感上，与自然景象有差异，但在作品的观赏上，有强化景与树的表现力的作用。

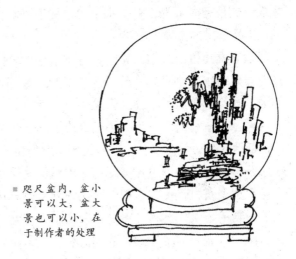

■ 咫尺盆内，盆小景可以大，盆大景也可以小，在于制作者的处理

景的大小与应用材料的大小没有直接关系，盆小景可以大，盆大景也可以小，完全在于制作者的处理。景的大小在制作中就应自觉应用，有计划地加强对景的处理，可进入景的大小变化的自由王国。

❧ 水旱盆景的制作 ❧

水旱盆景景大、景深、景多，内容丰富，应用性好，深受欢迎。其制作方法不难，要点在选好材和处理好几个关系：①树桩准备。②配盆。③石料准备及加工。④构图。⑤粘贴石料。⑥栽种树桩。⑦盆面处理。

水旱盆景用盆首选汉白玉盆，另可选手工石料盆，还可选上釉水盆。现在大量生产了不同形状规格的紫砂水盆，已可满足不同档次的水旱盆景的应用。只是紫砂盆的色调较深，水底平整度不及石盆，盆沿略微过高，对比之下辽阔度不及汉白玉及石盆。但紫砂盆的加工性能优于汉白玉盆，造型上可优于石盆。盆厂在不断地改进中，可产生形优适用的紫砂水旱盆。

水旱盆景因景的内容、材料及表达方式不同于单纯的旱盆，选盆宜浅而略宽大，以增加景的深度、宽广度及高度，实现以小见大。盆浅，辽阔、宽广、高大，都可自然体现。有人认为浅盆容土较少，其实不然。浅而略宽，堆土稍高实则超过许多旱盆。通过计算或实践中，可感受到。

水旱盆景的辽阔宽广，反映的景大，用盆需大而浅，大盆留白多，宽广辽阔，很适宜点缀布置材料，形成大景。拳石勺水，可成湖光山色，山河壮美能很好表达。浅而大、色淡是水旱式盆的显著特点。

水旱盆景的主导材料是树，对树的选择要求不同于其他造型，宜斜干，宜疙瘩，宜配植式，也宜一本多干丛林，体态可大可小，最大者，汉白玉盆已达2米，树体高1米。其选材必须讲究，不宜水旱者，最好不用。好桩出好景，但若用一般的材料做出好景，更是难能可贵。斜干水旱式，其干可斜伸入水面，临水效果强，且有极强的动感，为水旱式的主导用树法。

疙瘩式、树山式山水相映，富有水旱盆景的内在特色。直干也可应用，主导成景处理方式为水畔小景式，突出水与岸的结合部的景色，需处理好技巧。一本多干丛林作水旱式，也突出水岸的结合之美。配植丛林水旱，有造型效果，人的作用发挥在其中较大，材料利用好，小树小桩可成大作。成景方式也比较灵活，稀林密林，高山幽林，低地丛林，旱树水林，疏密相映，大小相衬。

石料的选材，可用各类硬石，布作坡坎岩山。石的纹理可加强变化对比，不宜大量使用优型石材，优劣搭配，对比强烈，效果更佳，还可节约石料。石料的布局结构重于石料的形纹。石料应作一定的加工，使结构搭配布局更方便容易，使纹理更加自然和谐一致。无加工条件者，则需靠选择，出料不方便，石材利用率不高。石是水旱盆景的主要材料，有石才有骨。

水旱盆景，树、石、水的构图十分重要，决定盆景的景致和诗情画意，是制作者技艺的重要体现。用实物摆布和设计构思进行，确定好构图形式后，才能按设计进行。

■ 制作完成的水旱式盆景

　　石料的粘贴是具体操作的第一步。粘贴用水泥，也可用合成胶水，如用环氧树脂＋乙二胺＋滑石粉，粘结效果牢，用料少，干燥时间快。石料粘结干燥后，按构图上树，处理好树、石、水的位置。然后作地貌处理，再经几个月的养护，恢复生长，待树体稳定后，即可使用。

　　水旱盆景制作中，水的浸渗通路可在盆底与石缝中留出。在赏水的过程中，即可完成树的浇水工作，可简化浇水的麻烦，尤其适于夏季的浇水。许多类型，都可通过渗透通路，完成浇水。

水围式盆景的特点

　　水围式与水旱式树桩盆景的特点基本相同，是树石盆景与水旱盆景结合的一个变化形式。仅树石居于盆中的位置不同而已。

　　其制作养护与水旱盆景也相同。水围式成景盆法，居于盆中一定位置，四周被赏水包围，又称海岛式、孤岛式。基石由软硬石雕凿粘贴组合而成，也有整块天然形成的石块。养水可由盆中赏水供给，由盆底土通过毛细作用向赏水吸取，供养树桩。赏水与养水结合，不需水时可使盆中江海之水干旱，以盆底代水意，即可保持盆土的干湿度，因而水的供应控制十分方便。

　　其树桩种于石盆之中，在盆内位置可任意移动，改换欣赏方位能变换景象，更增添欣赏的乐趣，欣赏水景时向盆中加水，一勺则江河万里。

　　水围式以水中之岛立意，突出水中之山树的美景，和谐自然，山水树石结合，景有丰富远大的特点。但日常制作者较少，没有克服养护树桩的障碍，因而实物作品还不多见。只要有过实践的制作者，便可体会到它欣赏上的美观与养护上的方便，二者结合优势较大。

■ 水围的孤岛式，树桩养护用水的供应控制看似困难，实则十分方便

软石的利用

　　重庆盛产能吸水上石的沙积软石，黄泥经钙化后变硬，较硬石轻软，遍体有毛细孔，可吸水保水，易雕凿，可在石上用山子、电钻、钢钎打孔，将树种于其内，由石

■ 软石方便凿孔打洞，可以吸水利于树根生长，造景方便

体吸水或承受降水供养树桩。种树于石上灵活方便，养护也方便。

石孔可人工打造或利用天然孔洞，填土种树成附石式。重庆盆景爱好者或园林中，将黄葛树、榕树、罗汉松、金弹子、六月雪、银杏、竹、杜鹃等种于其上成活与生长较好，无需特别养护。其石加工方便，可不经组合成为中小型的附石基座，也可加工组合成特大型水石树结合的盆景，种树于山顶、山腰、山脚，布势成景十分灵活。

由于雕凿性好可制出形态变化复杂的山意形态，尤宜制作景深广的平远式、高远式，丛山相映，景深感强烈。石上易生苔藓，可自然生长或人工培育，只要有一定的时间，供水充足，就会青山绿水、生机盎然。

用其制作雄秀的深远群山，将树种于山顶可成群峰竞秀。将其种于山麓，景象自然逼真。将根系发达的黄葛树、榕树种于石上，可成树抱石的景观。唯其石质不坚，差骨气，搬运易碎，需加以保护，才便于搬动。黄葛树的根长成抱石后可对其有紧固作用。

地貌的处理

盆景中的地貌，与地理学中的地形地貌有区别。是地表上的山水地形及其上附着的生物建筑形成的景物在盆中的表现，注重于风景的部分。它源于自然，经过人工物化，是自然与人工相结合的产物。

树桩盆景的盆面，必须利用最简单和必需的材料，作构景处理，构成地形地物，产生出有观赏价值的景，叫做地貌处理。这也是将盆栽大树上升为盆景的一个必须处理的环节，它是相对于树的处理而言的。树景与地景两方面配合，盆景的景更突出，才会名副其实。

作地貌处理的材料有盆土、配石、摆件、地被小植物，依赖地表生活的动物，人的活动及其产物，还有水。这些材料应是与盆景协调的材料，而且与树桩关系密切，能相映生辉，不能对景产生干扰和破坏。水和石在地貌中比重较大，有石则灵，有水则秀，指出了水石在景中的重要性。

泥土是养桩必需的物质，配石具有山岩之意，原就是与树相伴之物。地貌之苔藓小草，也是地被之原生植物，有增加生气和配景的作用。它们既简单，又不可缺少，取材容易，为自然伴生物。地上的动物、人物、人的活动产生的物质，如房屋建筑、船桥工具，通过摆件的形式表现出来，构成地物，也是地貌的一部分，能增加地貌处理的效果。使用得好，画龙点睛，锦上添花，但切不可牵强附会。水景辽阔，与石相配优雅，用作地貌更佳。

■ 石下为水，树生石上，见石见树不见土，地貌处理的变化大

"不屈的少女"是一盆可作多种地貌处理的作品。泥土高于盆面，右边布一石为山岩，提高了少女所处的位置，意在用高突出少女的形象，石与地面过渡，泥土高低不平，有山岩地形的真实感。布苔代表地被植物，更有每年自生的景天科小草，形如多枝的大树，显得自然，也衬托出少女的高大。用此少女象形树桩，改变方法，与水、石结合，用汉白玉浅盆成水旱式，立意为海的女儿，跪于岸边，取名为"被盗去头的海的女儿"。其地貌处理就可发生较大的变化，突出水景，可成为海边浪花簇拥的海岸。

地貌处理变化大，可繁可简。有旱盆中布苔种草地形起伏，配石点缀摆件立意的简易方法。有水旱盆景综合制景的方法，山间小景，湖岛浩渺，海岸逶迤，城市绵延，都可体现，全在作者的心源造化。材料的丰富、加工方法先进，有利于制作地貌成功。

地貌处理加强景，丰富画面，弥补树的不足，使用好了，大有可为。

树桩盆景的摆件

盆景的摆件是用来与景配合，表达一定内容，烘托气氛，升华意境，突出比例的材料。

盆景的主景在盆内制作完毕后，为使其内容更加丰富生动，有生活气息和时代精神及时代特征，可根据需要摆放一些与景相称的摆件。摆件能增加盆景的诗情画意，增加表现力，突出意境，起到比例尺的作用。盆景摆件的灵活应用，也是中国盆景的一大特色，而有别于盆栽类树桩。

摆件有各种形象，动物、人物、建筑物、器具等类。常见的有塔、桥、船、舍、亭、牛、马、狗、鸟，各种动态静态的人物、动物等。其材质多为陶质，上釉与无釉，以广东石湾出产最盛，形状种类较多，造型自然古朴，有较大的选择范围。另有瓷质、木质、石质、金属甚至玻璃、塑料，还可用其他代用品。金属摆件，以铅、锡等铸成，也可手工打造，外表可饰漆，色泽不自然。石质摆件用各类石制成，出售的较少，用以制作电站、水坝、建筑尤佳，须人工根据需要自造。也可用其他各种材料人工制作，根据需要按景和意境制作的摆件，比例更好，能表达出个性。木质的摆件不耐久，可在展出或欣赏时临时应用。小根艺材料是木质摆件中的佼佼者。

摆件应用比较重要，人们一般只是不经意地使用，所起的效果没有创意，应用不当还有副作用。摆件应用较好的范例有，河南张瑞堂的"丰收在望"作品中摆件为一劳作之后的老农，坐在地上望着田地在歇息，老农的神态极富感染力，极有生活中的真实感，画龙点睛的题名与摆件结合，赢得了人们的赞赏，成就了一件全国二等奖的作品，引起的反应比较大。贺淦荪大师的多盆作品，摆件应用都恰到好处，有应用摆件突出主题、加强画面效果、增强意境的连贯性。尤以"海风吹拂五千年"的摆件，以一组平远式的白色远景建筑物，代表了一座座沿海改革开放城市，体小而景大，比例尺作用好。而且意境清楚，主题突出，有鲜明的时代特征和爱国主义精神。

应用盆景摆件时，要浓缩和提炼主题，帮助出景。点缀的摆件要符合自然规律、人类活动规律，不能违背规律，否则大煞风景。幽深之景宜静物，奔放之景宜动之物，塔要在山下山腰，山顶的极少。北国风光不宜南方景物，雪中宜牛羊人物不宜鸵鸟大象，摆件配置要有其真实性。一盆作品内，摆件不宜多，以免画面分散杂乱，破坏景致。山水盆景应用摆件较多，一盆之内有桥有亭有塔，还有船有人，因其景较大，多为远景。树桩盆景多为中近景，作远景处理的多为树山式、水旱式。近景应用摆件的适应性不强，应用的地方在树下、地貌上，树上可结合意境配置鸟、猴等。如松树配鹤，有松鹤延年之意。树桩植物盆景设置摆件不如山石盆景丰富方便，可与布石结合，将摆件设于石上石畔，可过渡自然。松土除草时，注意保护，勿使倾斜。如无好的摆件、好的位置、好的内容，可以不设摆件，决不能勉强、画蛇添足为之。不设摆件，也可出好作品。

盆中应用摆件，比例尺作用明显。树桩盆景有的地貌小，不易做大，变化不丰富，要达到小中见大，控制摆件的大小很重要。大了将树桩映小，显不出树的高大雄伟。在树桩盆景中，应该丈树尺山寸房分人。这是一种处理比例的关系，而不是尺寸。丈山尺树是以山为主时处理比例的关系。树桩盆景，树是主体，山应服从主体，山的体积比例关系就应服从树，小于树桩。需在应用中处理好这一关系，使比例作用明显。

应用摆件中，还应注意摆件的位置关系、色彩关系、透视关系。树下宜人，远近都适应。树下设房，则不太合理。色彩要和谐自然，与景树盆配合而不是破坏盆景的色相统一。透视能增加景深，拉出空间，方法以位置与比例配合起作用。

摆件应用还能表明时代背景，地区特征，人情风俗，将人们带到各个时代、各个地区去。如古建筑、古装人物，可将时空倒转，以显出树古老。现代题材，可用

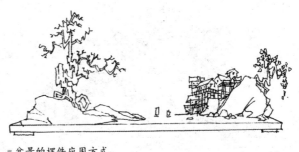
■ 盆景的摆件应用方式

电站、汽车、楼房表达，可含有欣欣向荣、不断发展的内容。还可将外国特色的摆件结合进去，融进异国他乡之风情。

摆件现在应用得还不多，通常都用得不活，但它应该不断改进和发展，从小到大，从静到动，从古到今，丰富表现力。如人物有各种表现，劳动、学习、休闲、生产打猎，放哨巡逻，摆件不光是配角，有时可成为作者立场、观点、政治倾向的表达方式。

用苔、养苔与作用

树桩盆景进入观赏期后，或用于展览，要突出地貌，都需铺苔。苔藓青翠密集有姿，在盆土树干石上萌生，颇有生气。能增加景的效果，使之显出自然山岩、旷野林木的环境生态。

苔藓名叫葫芦藓，常称青苔，是葫芦藓科植物，我国南北各地均有分布。苔与藓是两个纲的不同植物，常将其通称。苔类我国有 600 多种，其形小色绿，能丛集成片生长。孢子繁殖，生于阴湿处，不耐旱，夏季缺水成干旱或枯萎状态，遇阴雨可转绿继续生长。冬季耐寒，常能保持青翠。

盆用苔草常与地貌结合，作地被植物处理，用其代表青山绿岭，或作平地、坡地。衬托树山的姿态，以增诗画之意，颇堪清赏，深受人们的喜爱。历代诗人留下了不少咏苔的诗句"色既青翠，气复幽香，花钵拳峰，颇堪清赏"；"苔花如米小，也学牡丹开"。盆面布苔还可与缀草相结合，形成地面覆盖植物，丰富地面植物的表达能力，增加植物的多样化，更符合自然规律。

苔草地被效果好也易得，栽于盆中易养却难长久。盆土需松动，松土时易造成苔草死亡；盆内浇肥时，稍浓也易首先溺烧死青苔；用药时也会造成药害；遇干旱，也会首先枯萎。不松土、不直接施肥于山石上，苔草长期生长较好，夏季也能保持苍翠。养好苔草在于阴湿，向阳之处只要水分充足，也能生机盎然，阴只是保湿的条件。我住的楼顶女儿墙面上，自生青苔成遍。夏季无物遮拦，向阳通风，遇旱苔枯，遇雨苔

■ 盆面应该布苔养草，表现和丰富地景

绿，枯绿周转，长盛不衰，足够本人采用。要在应用中使苔长绿，需在松土施肥时采取措施。松土后要将松动虚浮的苔草压入土中，使其能吸收到水分。浇肥宜用液体肥，减少或滤去有机肥中的有机质渣，浇无机肥及有机肥后及时还一次水，用农药后也及时还一次水，可起保护作用，免受危害。受害、受伤的苔草，及时补种，也可恢复苔草在盆内的生机活力。

苔草可自然生长，依靠风力将种传入盆中，繁殖成新的植株。但形成大片满盆的时间较长，需要条件、时间和耐心。人工种植形成较快。成片的青苔铲来后，根部抹上稀泥浆，按压于泥土石上，与其接触紧密较易成活，且能随地形起伏，较有变化。稀泥浆能使苔根与泥土紧密结合，使盆土中水分上升，供养苔草。如用苔草直接按于盆土上，苔根不易粘接到泥土上，或结合不紧密，受干湿应力的变化，剥离于盆土，造成枯亡。

保养苔草要常喷水，增加其湿度，自会色翠并快速生长，布满全盆。一定面积后，要控制水分，使其不旺长变长，要让其紧贴地面生长。苔草不怕过冬，但怕度夏，盆中较好的苔草夏季易干旱枯苗，冬季气温低，盆土不易干燥，也不浇肥，苔草少受干扰，生长很好。夏季苔草并不休眠，只要遇雨气温降低，或置于阴凉处保持潮湿，即可很好生长。养苔之道在于水分，经常保持盆面表土的潮湿，少受干扰，即可使山常青、地常绿。

青苔能不需栽植而自己生长。它的孢子成熟后，能随风到处飘扬，散落处阴凉湿润，便形成新的植株，繁殖蔓延开来，很快形成植被。如无直接种源，可引种一部分，让其蔓延，无需种子繁殖，这样布满盆土的青苔，能与地貌的起伏错落协调，成景效果更好。

根据青苔的特点，还有养护方面的好处。能保护盆土不被雨水冲刷，也不溅泥土污染树木盆面，不流失水土。施肥用药过浓时，苔藓马上产生不良反应。盆土过干时，苔藓会先萎蔫，起到用水、用肥、用药指示作用。浇水时可看苔浇水，苔已失绿发黑时，表明土已缺水，需马上浇水。浇肥后对肥害的观察通过青苔，可以达到心中有数。用化肥时，可先对青苔试用后，无害才浇。盆面布苔，既有美化作用，又有功能指示作用，用好了苔藓，可以一举两得。

树桩盆景的特殊技巧

SHUZHUANG PENJING DE TESHU JIQIAO

❧ 多面欣赏的盆景 ❧

树桩盆景制作和欣赏都突出一个最佳的正面，将其放在首位进行，而且具有排他性。

但是有的树桩，两面都很美，可以从前后两个面进行欣赏。制作中一般不会考虑将前后两个面都突出来，只从正面进行制作和欣赏。如果将其从后面欣赏则造型的配合不当，比例失调，方向背离，不能达到两面都很美的效果。后面要欣赏，则只能勉强可看，或只能看桩的造化，进行局部观赏。

两面都很美的树桩，制作时，可以两面兼顾地造型，有意识地制作出双面观赏的盆景。使树桩一变二，充分发掘利用它的美学价值，成为一种有创新的造型方法。

造型处理是形成多面观赏的关键，在实践中，有一种圆盆种桩法，圆盆无方向，可 360° 旋转，多角度观赏。只是造型限定了它的主要观赏面，形成了主次。如果造型中前期注意处理好主次关系，兼顾多面欣赏，则可达到移步一景的效果。

多面欣赏也不是不突出主景，而是提倡兼顾，鱼和熊掌兼而得之。多面欣赏必须应用在适宜的树桩上，不能强求。它适应的桩选较少，必须因桩制宜。多面欣赏的盆

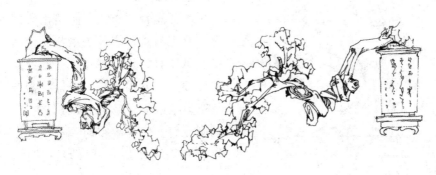

■ 两面可以观赏的悬崖式金弹子盆景

■ 作品"尽曲"的多面观赏达到了移步一景、移步景换的微妙境地

景可大可小。小可置于家庭客厅居中的茶几上、办公室的中置办公桌上，来人来客两面可看。大的可置于大厅、广场的中央，多面可看，有很强的实用性，比单面欣赏的树桩盆景功能作用大一些。制作、陈设中，可有意识地应用。

透叶观骨

透叶观骨是将落叶树落叶观骨的效果，应用在常绿树日常观赏上，无需摘去全部树叶，即可观骨的一种枝叶造型观赏方法。具有观骨、观叶、观姿的综合效果，较有技术风格。

透叶观骨一般应用于枝盘成片状、扇形、半圆形、云片状的密集枝盘造型方式上，多应用于常绿树上。落叶树及截枝蓄干法自然运用，无需刻意追求。重庆应用较多的树种为罗汉松、大叶黄杨、银杏、金弹子、紫薇、黄葛树等。

透叶观骨是一种高难度的枝片处理技术，需时较长，要有一定的技艺配合。必须在根系已经形成、主枝粗壮有力、颇具活力的桩上塑造。其主要方法是扎剪结合，前期塑形用扎，后期整形用剪，辅之以扎，注重培育，保持根与枝的活力。

■ 透过树叶可以观赏枝骨

透叶观骨要求枝干脉络走势清楚，有主有从。主枝提纲挈领，次枝服从主枝，逐级减小。枝的数量密度较大，叶少于枝，成稀叶密枝状态。唯枝条要粗壮，尤其是主枝，细则无骨。修剪要得时，每年或多年将枝条育粗后，再行春季修剪，

将新芽逼回主枝上，才可达到枝条粗壮、新芽缀枝、装点劲骨的效果。其前期出型较慢，要多在培育上下工夫。一棵桩育成，需若干年时光，时间越长，效果越好，观赏价值更高。

其培育较费工夫，但观赏却十分方便，四季皆宜，不需要摘叶脱衣的功夫和风险。比较适合于综合观赏，能从整体上感受到根干枝叶的树景、树姿、树味，达到天衣无缝相得益彰。既无没叶的缺憾，也不会见叶不见骨。是枝盘式造型的改进方向之一。

透叶观骨总结了中国盆景各流派枝叶处理的好方法，从实践中发展起来，取长补短，形成了有特色的常绿树造型，叶骨共观、骨重于叶的独特风格。主要吸取的养料，是传统规律类树桩盆景的重视基本功、重技艺、重培育的传统。也有人对其的认识不断深化，技艺不断进步作用于上。

小苗培育极化树桩盆景

树桩盆景要求树桩苍老、硕大、有难度，且姿态美、韵味浓、意境深，讲究根露、础好、干曲有节，注重造型技艺与功力。它的所有特点，都要有若干年的时间才能体现出来。

用小苗蟠扎培育树桩能否做到既体现树桩盆景的老、大、难、姿、韵、意，又能在较短的时间里达到根干、枝、片形态的极端美化，甚至超过大自然的神工造化，受到盆景界同行与群众的普遍喜爱，达到爱不释手的地步。用10年以上的时间培育极化弯曲的树桩盆景，又称极化造型树桩盆景，可达到这样的要求。

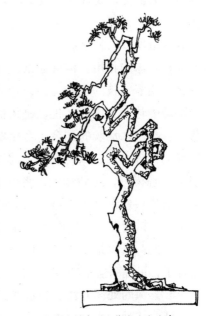

小苗枝条软，不易折断，可塑性强，用小苗蟠扎造型，久已有之。川派的三弯九道拐、苏派的狮式、扬派的巧云，都是小苗蟠扎若干年后成景。由于造型方式落后，无变化，需时太长，无捷径可走，许多人望而生畏不敢去做。人们可以将极化造型的理论应用于小苗造型上，定位于树干的立体空间的剧烈节奏变化，随意造型不重复，有所创新，研究制作出怪干盆景，只待其增粗长大，观赏价值会很高的。

极化式树桩盆景因意赋形，干部和枝干弯曲到极点，虬曲扭旋起伏，树身倾斜曲折，蜿蜒向上有龙飞蛇舞之势、老态龙钟之姿，造型复杂。树形

▌小苗造型才可立体弯曲出难度

自由塑造，继承传统，师法自然，人工制成，胜过天工。它既有飞扬的动势，又有曲缓的节奏。动是全树在动，局部在动，上下、左右、横竖都在动。动中有节奏的变化，时而曲折舒缓，似述衷肠；时而跳跃起伏，飞扬直上，高歌激昂。此式蟠扎有规律化的倾向，无规律化的固定格式，用胸有成竹的随意造型来打破格式的限制，能充分发挥人的创造力，适合现代人的个性化审美和开放思想。它可大可小，大可在厅堂，小可在掌上，以案头为佳。尽管可以批量生产，人们不会看厌，倒可以从中领悟到树木顽强的生命活力、人工的造化之力、技艺的魅力、制作者的创造之力。随时间的推移，干部增粗发生扭曲挤压收缩伸张，还会发生变化，观赏价值和经济价值有直线上升的趋势。

极化盆景因意赋形，造型复杂，弯曲极化，功力深厚，干形多变，美观耐看，巧夺天工，易于表达，不会重复，价格低廉，资源丰富，利于普及，前景极大。

树桩盆景的景深

绘画与山水盆景讲究景深，树桩盆景也有景深。平常不大注意用景深来规范树桩盆景的造型，但它客观存在于制作的过程中，本文意欲将其归纳出来，指导制作。

1. **景深是客观存在的。**各种类型的树桩，有不同的景深范围，可用来规范树桩的造型成景方式，增强其表达力。岭南大树型截枝蓄干，体现的是树的高大、枝干粗壮、脉络走势清楚，表现的是近景。只有近景，才能看清树的二次枝干。水旱式、树山式、砚式、附石式等，则为远景式盆景，它的桩的处理方法、树枝造型方法，都有别于近景式的造型方法。中景也是存在的，疏叶密枝是其造型特点。

2. **景深的作用。**树桩盆景，有的是突出树桩的姿态，包括树根的悬蟠，干的弯曲变化及走势，枝的苍劲有力，叶的秀美，人的高超技艺。这就需近景的处理方式，可详细地表达出其内涵，也就是俗话说的近观细致。相反，远景树桩盆景，主要是看气势，看与山水地貌的配合，互相融为一体，不对树作具体的部位鉴赏，这一点有别于纯粹的树桩盆景。以树桩为主的表达形式，也有远景式，如临水式、直干式。也有用中景表现树桩，达到远近二者的综合观赏效果，既有近景的细致，又有远景的气势。景深的作用发挥好了，可突出树的优点，掩盖树的缺点，实现藏露结合。也可将大树变小，小树变大，实现比例恰当，配景有真实自然之感。

因此，景深是制作上应用的方法，可丰富表现力，又是制作中的规律，自觉地应用好了，可提高盆景的观赏价值，达到百花齐放的艺术格局。

3. **景深的处理方法。**树桩盆景中的景深同样有平远、高远、深远之法，应用透视的方法来体现。而且树桩盆景的景深处理还有自己的特点。它是散点透视，画面的视

■ 景深的一种表现法

觉中心较多，面积较大，近大远小，近景清楚、远景模糊，采用对比的方法来达到景深处理的效果。

景深者，如树山式、水旱式，树的形态占的空间比例较小。尤以树山式树的形体最小，达到了丈山尺树或寸树的比例，树实为枝，远景的效果明显。水旱式树与景配合，占的空间小，成远景布置。以观树的难、老、大姿态的树桩，宜作中、近景的处理，树的难度细节、变化的姿态、老而可贵的形象、人工对枝骨处理的技艺美、树叶树根、花和果才便于表现。近景必须突出技艺，突出树的天然姿态，要求严，表现更难，制作好了更为耐看。

景深用对比的方法更易表现。如一作品主树高为450毫米，本不高也不大，由于有高仅150毫米的客树的衬托，主树就显出了高度，达到高远效果。由于其布局的方位比较多，后景拉长了景深，有平远和高远的感觉，又使主树有大的感觉，其景深效果达到了山势宏伟奇妙、景大景深、引人探幽的效果。

远景之树宜形小、叶小、枝片模糊。用枝叶形成景深，是重要的方法，远中近都能应用。点缀法也可产生对比，形成景深树大，达到远近结合突出景深。几何位置巧妙布局，也可形成远、中、近结合的景深效果。

树桩盆景的过渡关系

树桩盆景中，树桩的自身各个部位互相过渡，与置景材料及盆盎也有过渡。在较好的过渡关系中，实现美的价值体现。过渡好，美的价值高，过渡不好，美的价值就会降低。

树桩盆景的过渡，是与自身结构及应用材料相适应的各部位的配合。过渡反映了盆景各结构间相互的程度关系。因此，过渡在盆景作品中，有重要的作用。盆景的过渡美是盆景美的一种表现形式。

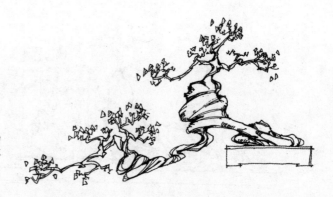

■ 树干与树枝的粗细
过渡比例良好，不
是古干细枝

　　树桩盆景的过渡关系有两方面，一是树桩自身结构上的过渡，有根与础、根与干、干与枝、枝与叶的过渡；二是树桩与置景的其他材料的配合关系，如与配石、地貌、摆件、水域、配盆之间的关系。

　　过渡中要求根与树础的基隆互相配合，有粗细结合较好的根，而且根的走势要合理，基隆大的，不宜呈悬立根，而应呈辐射根或隆根龙爪，才自然，才有真实感，反映出树与根与大地的关系。没有大的基隆，根则与干要配合协调。根要体现出给干以稳定的力量，给其生命以支持养育的作用。干自身的过渡要收头有节，自然收小而不能成矩形地急剧收小。干与枝的过渡，是要求粗干而不能细枝，古老大树，必须有粗大的树枝与树干结合，才有大树的真实形象。干与根的结合有的可在采桩时得到，而干与枝的过渡则不易得到，主要靠人工培育需漫长的时间，养育得法，才能达到，因而很难，要得到好的枝干过渡配合更是难上加难。枝与叶的配合，要有主次，以枝为主，以叶为辅，达到观叶又观枝为上品。树桩自身结构上的过渡配合关系，是客观存在的，人的主观能动性可以一定程度发生作用，改变它们的关系，按人的意图发展，达到美的创造。

　　树桩盆景造型方式在过渡上有一般的要求，也有特殊的要求，斜干有动势的树桩，根的过渡要反向为主，才显得动而不倾，牢固有力。曲干其弯曲有下大上小、下粗上细的过渡。直干大树型，要在由粗到细的过程中，自然过渡收小，而不是笔直成矩形地急度收细。悬崖式的过渡，在于树础弯曲的角度要顺势，能自然弯曲后下垂，主干下探中有弯曲收小之势，并要树梢上抬。丛林式则要突出主树与客树之间的体态过渡关系。树山式的过渡较为自由，因树桩为山，对根的要求不严。干与枝不重树味重桩味，枝为山上之树，粗可成中近景之感觉，细则为远景的感觉，粗细皆能自然体现景的近与远的过渡关系。水旱盆景的过渡，则将山、石、水、地貌与树的配合放在重点位置上。

各树种之间有根、干、枝、叶的过渡要求。速生树，其枝与干的配合，观骨、观干、观根效果必须突出于缓生树。因其生长快，相同的时间，可产生优于缓生树的过渡关系。从技艺评判上，就应区别对待。如重庆的黄葛树附石，5年时间以上，可形成根帘根蔓，四面笼盖石山，交互愈合形成一体。这样的树，只要稍加处理，即可有很好的根、干、枝的过渡配合关系。

在以树为主的单一栽植方式中，树与盆、配石、摆件、地貌（即土表）发生过渡配合关系。水旱盆景则增加水域的过渡与配合。需要处理好各种材料与树与盆的过渡关系。每一种应用材料，都与树桩盆景的过渡关系极大，应高度重视之，用过渡配合关系的处理，制作出好作品。

～ 极化造型 ～

极化造型是借用中国画"画贵在极"的理论，在树桩盆景造型构图置景上的应用。一方面它师法自然，将树的自然造化之异型样式加以归纳、升华，应用于树桩的造型上。另一方面又将人的认识、观赏的需要融合在一起，进行有创意的树的造型或构图置景。极化造型是将树的根、干、枝弯曲到允许的极端，以增加树桩的美感、力量、变化、姿意，和便于展示出来的一种新的造型方法，也是将盆、石、水、草、摆件等应用材料最大限度地发挥作用的成景方法。

极化造型凝结了自然造型与人工造型的精华，将人的智慧和能力充分运用到艺术制作中去，能产生弯曲到极点，配合十分得体，人工胜天工的枝条造型、主干造型、根部造型，以增加树桩的姿态、体积、难度，使树的形式变成一种精神，体现于生命之中，洋溢于作品之内，传之于其外。

极化造型有人会认为是人为，人工味重，不够自然。果真如此吗？自然界中的古老大树，受各种自然条件及人或动物的影响，枝干弯曲、膨大、白骨化、孔洞、愈合线、枯朽、舍利干、挤压愈合、树瘤、自身异形发育等，都能见到。在北京天坛皇家古柏林中，其自然条件并不算恶劣，且系人为栽种之树，但也产生了大量极化造型的枝、干、根的范例，能十分方便集中地见到。人们只要实地去看一看，就会知道天工造物之极化，人们该怎么去借鉴应用。如果足不出户，只以城市、乡村自然幼林中的林木为例证，是看不到这么多造型极化的实例。如心中无古老大树为蓝本，只以普通大树为蓝本来议论极化造型不自然。实在是没有师法自然，行千里路、读万卷书的阅历而发的浅显之论。古画中常见的树木，枝干遒劲弯曲变化至极，其原形我想即是以古代存世较多的自然老树，加上画家行千里路后，用画贵在极的理论指导画出来的。而不是人为凭空想象出来的"不自然"之作。现在这类古树在自然中还存在，一些名

■ 树枝的极化造型颠覆过去的设计观念。①主枝上可以大段没有分枝，主枝很突出。②各级小枝数量少，而错落间断分布，随心所欲，也更醒目。③主枝和小枝弯曲极化，大起大落，各级小枝就成为制作的重点，主枝和小枝都是观赏重点。④枝叶骨、脉络线条可以很容易观赏到，叶骨共观和透叶观骨就实现了。要实现这样的造型有很大的难度，主要是小枝的分布空间小，难于弯曲到那么短小的弯子，也不好处理相互位置和配合关系。必须是嫩枝时就弯曲才可以做出来

山大川，旅游或经过时都可见到。平时身边有些树，虽无数百年之古，却有几十年之老，也能有选择地见到一些有造化的枝或干或根，只是不集中，需留心才能看到罢了。

古树的异形枝干，是自然力作用产生的，是时间沧桑塑造的，非二者结合，不能形成。而盆中造型借鉴于古树，先造型，然后用时间来消除人工痕迹，将三维空间与四维空间相结合，将枝、干、根的技艺美与自然美相结合；形态美与意境美相结合，达到一种完美，难度极大。

极化造型首先应用于枝的基干上，突出枝的力度、粗壮、技艺、变化。应用在树干上，用小苗造型，形成奇异的主干变化，增加树干的粗度，也能体现技艺、苍老、变化、难度，有人工胜天工的姿态。也可用于树根造型上，充分展示盘根错节、悬根露爪和隆根龙爪。极化造型能将造型的作用极端地增强，将来会产生大量与传统造型不同的树桩盆景作品。而且能缩短成型时间，成批量的生产而不依赖自然生成。能人工控制形态，既有高难度又有低价格。有创新、有丰富的精神内涵。推向市场，能受到欢迎，真正起到普及提高树桩盆景的作用。在树种的选择上，可应用各类珍贵树种。最终用10年以上，二三十年的时间，产生人工胜天工的精品级极化造型树桩。满足人们回归大自然、休闲益智、社会交往、改善环境以及提高人们物质生活质量的需要。

有了好的树桩，要选用极好的成景方式。极化造型也可应用于构图成景方式上。悬崖式是一种已有的极化构景方式。砚式、挂壁式、景盆法、水旱式、风动式，也都是一种极化造型构图成景方式，而且还可能创造出一些极化的成景方式。命名、配盆、用色、地貌处理、摆件应用、立意构思、养护办法等各个方面，都可用极化方式进行。此一思维方法，甚至可以应用到普遍的文学艺术、科技、产品设计制造上去，产生出有创意的物质、文化产品。

观察法养桩

盆景树桩在养植欣赏过程中，有许多生理情况需要养桩人去主动掌握，才能对树桩的各种需要作出正确的判断，对症下药，及时给以满足，就能养好树桩，提供造型、欣赏的物质基础。要作出准确的判断，就必须借助观察的方法，观察在花草树木的栽培中有极其重要、不可取代的作用。

观察就是察看，是在有目的的积极思维参与下，进行正确、全面、深入、细致地了解和掌握客观情况的认识过程。树桩盆景的观察，要求对树桩有一定的常识，如土壤、肥水、植物生理、病虫害、树种的特性、树桩盆景的常识。这些知识可以学习积累，有一定的经验，树桩生理上的各种情况都可通过日常观察正确及时地反映出来，形成一定的观察力。观察力的形成，使养桩人由必然王国进入自由王国，日常管理游刃有余，养好树桩就不难了。

观察不是一般的察看，要从两方面进行。一是外部形态观察，看树叶、盆土、附生植物。树叶的状态可直接或间接地反映出各种生长情况，盆土的颜色也可表明含水量的多少；二是由表及里，由表象看到内在因素。如叶多的表象，它直接反映的是生理活性强、根好根多，由根叶的相关性可推断出来。由树叶的色好、质厚、坚挺有力，可判断出根系及肥水管理良好，反之则不然。

观察不光要讲究方法经验，还可借助于工具进行。如用手触摸泥土表面，用签子插入土内，根据硬度，感觉土内的含水量。用手指叩击盆壁，根据发音的清脆与沉闷，可判断土内含水量。盆的重量也可知其含水量。用手触动树叶，看其弹性，较坚韧有力者，不缺水肥，枝叶叶柄软无弹性者，表明生理功能较差，或有缺水等不良状态，或根系差。

日常管理中，水分管理是最大量的工作。需不需要浇水，什么时候浇水，浇多少水，都要通过对表土、树叶进行观察。看泥土是否发白变硬，发白变硬的程度和时间的长短。表土上布了青苔和闲草等，青苔、闲草发黑收缩，表明已经缺水。如是培养生桩，应及时补水；如是观赏桩，春秋季节一两天内无须浇水，只需对表土喷水，防止盆面苔草旱死。待一定的干旱炼根炼叶后，再浇水，这样控叶、控形效果较好，树的生理功能得到刺激，能培育植物耐旱的适应性。如果发芽控叶期，干旱的时间还可稍长，对其的观察应更勤。水分观察要注意表土与底土的干湿不均现象，经常进行喷水时，会因喷水过多而使表土看似潮湿，实际底土含水极少，出现上湿下干的现象，容易导致生桩死亡。此种情况必须将气温、阳光、风力、时间、枝叶多少等因素结合起来并动手判断水分的动态含量。生桩栽培，尤应加强观察，随时主动掌握生长情况。

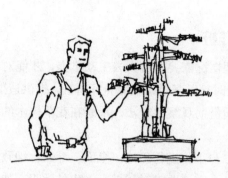

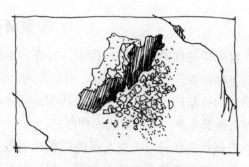

■ 从观察中发现多种问题和优点　　　　　　　　■ 观察发现虫害的迹象

　　肥料缺否，也能在观察中作出判断。凡叶色较深、叶质较厚、叶柄有力坚挺、叶面光泽好、有生气者，不缺肥。反之，叶色达不到该树种的正常色相而偏淡甚至偏黄、叶质薄、叶柄弹性不好、缺乏生气者，表明肥料缺乏。如施用几次肥料后，仍不见叶相好转者，即有各种问题，无根或根系发育不好，缺乏微量元素，土壤的酸碱度不宜，或光照不足。

　　病虫害的发现，也要通过观察来实现，只有早期发现，早期运用有效办法防治，效果更好。用肥用药后，要及时进行观察，看有无肥伤及药害，主要是看树叶有无异常的叶相变化，一旦出现叶片下垂、叶色发暗，失去光泽或生气的异常情况，及时采取水洗、换土等措施，可挽救生命，不至损失整个树桩。

　　造型前后，要进行大量的观察分析。怎样确定造型方式和位置、造型的效果、造型后的补充完善、剪和留的枝条，都需在不断地观察分析后产生。这种观察具有连续性，进入观赏期的景桩，也需不断地观察、不断地修剪、不断地进行日常养护。

　　观察最勤的桩应是当年栽植的生桩和进入观赏期的景桩。观察最多的时间是春夏季节，此时生长旺盛，高温期蒸发量大、易失水，生长季节用肥用药多，也须注意观察，防止肥害和药害。有目的的培养，如促成培养的大水大肥、促发部位枝、抑制培养的控水育小叶、干旱法脱衣换锦等，更需多加观察掌握好情况。

　　观察是树桩养和赏的最基础、最直接、最经常的工作方法。观察贯穿在整个养桩造型、制景、欣赏的全过程，锻炼养桩人的素质。只有加强锻炼，由表及里、由浅入深、由现象看本质，才能不断提高观察力，提高处理问题的能力，进而养桩人素质也得到提高。

树桩最佳观赏效果及塑造利用

　　1. 什么是最佳观赏效果？树桩以观根、干、枝、叶为主，附带观花果。观赏内容多，观赏周期长，但是也有最佳观赏效果。与自己不同季节、不同加工处理时期相比，又有一个或几个最佳观赏时期。树桩的最佳观赏效果是在以树桩枝干不变的前提下，树的叶花与树桩相配合最美、最好看的一段时间。这种最佳观赏时间是发芽到新叶长成时、落叶观骨时，花果较美的在开花结果时。这是自然产生的最佳观赏时间，时间短，次数少，1 年只 1 次，不能最大限度地满足人们的观赏要求，而且不能与人的活动结合起来。另一种最佳观赏期在人工修剪后产生，树形美，枝片与树的比例最好，但随着树的生长、枝的伸长，破坏了构图的比例，观赏效果因而也会变差。

2. **最佳观赏期是客观存在的。**树桩本身和根干的美，在盆中数年，甚至数十年不易变化。但树桩与枝条、花果所形成的生命和谐之美，则在每年都会发生周而复始的变化。从发芽、长新梢、出新叶、开花、结果及以后新叶长大、新梢伸长、造型修剪、生理修剪、落叶后骨架凸现等。在这些树桩的生理变化与技艺的处理过程中，树桩的美学形象都会发生变化，客观地形成了相对的美与不美，美的程度，即符合人们审美标准的尺度有不同。如新芽刚出时，生机勃发，树叶嫩绿娇小，十分可爱。一般来说这是树桩在人们心理感受中的一个最佳观赏时期。随着树木的生长，枝条伸长，树叶变大，树冠变大，比例失调，比起嫩叶时期，人们观赏感觉中的美就会降低。能观花、观果的树桩，当花、果出现时，鲜艳的色彩、丰硕的果实能使人身心愉悦，这是又一个观赏佳期。秋后光照减弱，气温降低，落叶树掉叶，枝条凸现在人们面前，进入观骨佳期。这是自然条件形成的自然观赏佳期。

人工对树桩的影响无处不在，尤其在技艺处理中，人们为追求最佳观赏效果，为保持盆树的枝干比例时，人为地修剪、摘叶，人为地脱衣观骨、脱衣换景，也会形成反季节的新叶，出现最佳观赏时期。

3. **最佳观赏期的人工塑造。**最佳观赏期能最充分地展示树桩的美妙姿韵，人们在大自然赐给的次数和时间上并不满足，通过人工进行控制最佳观赏期，主要再现发芽、新叶及落叶观骨的效果。

再现最佳观赏效果有如下技法：①重剪枝条，使已生长变长有些杂乱的枝条回缩变短，保持树形的最佳比例，形成既不影响树桩生长，观赏效果又最好的生长态势。②在适宜的季节摘叶。摘叶应用于阔叶树，针叶树不能摘叶。落叶与常绿树都可摘叶，如银杏、黄荆、金弹子、紫薇、黄葛树、榕树、榆树等，其叶易摘，摘后萌发顺利，不会产生大的影响，可用摘叶培育新芽、新叶，产生最佳观叶效果。摘叶佳期在春末到夏末最好，可根据需要在 3～9 月进行。③观花、观果的最佳效果的培育，与适时适量上肥、修枝、松土，加强光照和通风透气，防治病虫害有关，需在日常管理上下工夫，重点是适时适量用肥。为提早观叶、观花、观果，可采用生长激素催花及促使

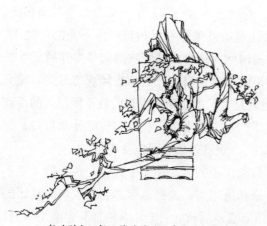

■ 新叶刚出，根干枝叶尽收眼底，是树桩盆景观赏的最佳时期。以造型方式突出枝骨，把好的造型放在最佳观赏位置，可以最大限度延长最佳观赏时间和效果

果早熟。观花、观果的最佳观赏效果人工只能加强，不能在次数上进行控制。而观新芽、新叶、观骨的人工控制次数也只能进行1次，以免影响树木生长。摘叶前1个月，应施1～3次追肥。

4. 最佳观赏效果的利用。树桩盆景是用于观赏的有生命的艺术品。它追求最佳的观赏效果，其生长机理又不断打破观赏的最佳效果。而处于最佳观赏期的树桩盆景最美，但其出现的时间短、次数有限，不能根据人的需求较大限度地满足人们的社交、庆典、交易、交往等活动。为了自我欣赏，或迎接重要的客人、佳节、展览、进行摄影、销售等，都需在最佳的时候。如果时间不遇，但又是有计划的活动，如佳节中的节日欣赏、有计划的展览，则可用人工方法，创造最佳观赏效果，以更好地利用好树桩盆景，在不影响其生长前提下，提高其观赏效益。而摄影录像做资料时则尽量安排在最佳观赏期进行。

人工胜天工

自然造化形成的异形桩，多姿多彩，离奇古怪，复杂高难，变化大，受到人们的喜爱，被推为难度至极，人力不能为。

在树桩盆景上，人工能不能胜过天工，这是一个问题。对待这个问题要一分为二地看，全面分析，用实物说话。想象推理可以证明，有实物为证，更能说明问题。

天生之桩有老、大、难、姿、韵、意，它的形成是因为各种外力因素与自身的顽强生存形成的。种子萌发时胚芽向下，可使树根弯曲生长。本人用金弹子的树种做过实验，将20粒树种胚芽向下，播于盆内，发芽长出小苗后，根部弯曲盘结。生长中受石或其他物压迫，干会弯曲生长，需压迫得恰到好处，才能形成树桩盆景需要的形状，否则，奇形怪状而无法应用，出材率不高。生长中，泥土垮塌，造成树干弯曲悬挂。风对树的长期或强度压迫，虫的破坏，动物的啃咬撕扯，水的侵蚀淹泡，日晒干燥，树对其抗争生存，用异形发展来适应，顺势时，成为树桩盆景的精品。人们欣赏树桩的老、难，更包含欣赏它的生命顽强，突破限制求发展，是超健康的美。人工反复樵砍，也可帮助其塑形，而且通常是很重要的塑形。岩缝石壁石滩，树生于上，凹凸的石腔，尤可帮助树木塑形，成为树的铸模。树的根更出形，在土中生长时，受土中的石对根的走势方向的限制，发生弯曲，是成异形的条件。将其以根代干，也是天工造化。

■ 树干立体极化弯曲，天公不能成

自然造化形成老、难、怪异的桩头，最优势的是时间，上述条件人工能为树木提供，唯时间人不能直接提供，只可间接提供。天工可成，人亦能成。人工除了直接可提供上述条件外，还可在幼苗时造型，将其按人的需要形式进行塑造，创出天工无法形成的形状和难度，达到有控制、有计划、高质量、多数量地生产出精品树桩来。塑形上人工完全能与天工比美，人工可以胜过天工，如川派规律类古桩、岭南派的截枝蓄干、扬州巧云式。采用极化造型，多株并造，创出高难度，胜过天工是办得到的。而且人工塑造，难度大的形状可集中大量地出现在一盆树的根干枝上，天工造化不能达到这种程度。人工胜天工是可能的，也是有实物证实的。在今后盆景事业的发展中会有更多的实物作品来说话，证明人工能胜天工。人工胜天工最困难的是时间，人的生命有限，需要超长的时间、耐心的等待。毅力不够时、经济条件不能支持时，或受其他因素的影响时不能坚持下去。但只要有信心、有方向、有技艺、有追求，踏实去干，用接力赛的方式，一代一代往下传，人工胜天工在树桩塑形上是指时可待的。

树干立体极化弯曲，天公不能成。

人工胜天工是一种艺术上的追求，信心与技能在其上起决定的作用，超级的毅力是实现的手段，作品是证明，没有作品证明，只能算是预言。中国盆景、海外盆景的精品、极品，已经能够证明。有为的树桩盆景制作者，应该在其上努力。

嫩枝蟠扎出难度

生桩在春季发芽后几天到一个月，只要枝条有一定的长度（50毫米左右），枝条未木质化即开始用金属丝蟠扎，我把它称为嫩枝造型。绝大多数人枝条蟠扎是在枝条已产生木质变硬，且有一定长度后再进行。这种方式造型时间太晚，枝条变硬后所需的定型时间太长，造型也不能随心所欲地进行，出不了翻折虬曲难度至极的造型。特别是赤楠、火棘、杜鹃、黄杨等树种，枝条十分硬脆，硬枝蟠扎不分步进行，无法出难度，分步也出不了极化的难度。

嫩枝蟠扎采用金属丝，在生长初期与枝条伸长同步进行造型。要求操作者在制作时心中先有型，或采用设计好了的枝条造型方式，向着目标分步造型到位。先蟠主枝，或跌宕回旋，或弯曲转折，拉好骨架，定好主枝的方向走势，主脉清晰，占据主要位置，统领过渡枝及其次枝小枝。要达到走势协调一致，又能各自独立，符合自然类树桩盆景枝片造型的审美标准。

自然类树桩盆景就其外形来说，是老天造化的，桩头全由天成仅枝片才是制作者自己的。因此枝片的造型必须极端严格，才能称上作品，否则只能叫商品。

嫩枝蟠扎很少为人采用，因为一不小心，即会折断幼枝，影响树桩的生长。许多人连想都不会这么去想，本人由想到实验到成批采用这一方法，体会颇深。嫩枝蟠扎时间进行得早，枝条纤细柔软，可进行极化式的高难度造型，造型效果好、定型快，3个月后即可拆丝而无回弹。若不拆丝，金属丝吸热降温作用显著，陷入枝条内的金属丝限制枝条的生长，而无丝的枝条部位生长加速进行，可出鸡腿枝或苍老怪异的造型，十分符合树桩盆景对枝条的基部要求粗大、苍老、有型的审美定式。

嫩枝蟠扎应根据出枝的粗细，选用适合的铜丝进行，铜丝比较细，柔韧性强，易于缠绕，不易折断枝条，而又能达到弯曲嫩枝所需的机械强度。金弹子蟠扎嫩枝用直径较细的铜丝即可，罗汉松需略粗一些才行。细软的铝线也是嫩枝蟠扎的好材料。

稚嫩的枝条软而脆，造型时必须注意蟠扎的方法。缠绕铜丝时先选好着力点，将金属丝固定好。缠绕嫩枝时一定要用左手保护好枝条的基部，以免缠绕用力时造成基部折断。枝条缠丝时长度增加，右手移位后左手要捏紧枝条的中部，防止折断嫩枝基部，前功尽弃。如果是极好部位的枝片基部折断，更让人惋惜，因为重新培育造型部位枝比较难，金弹子新桩从枝条基部折断后，能在折断处芽原基上再生新芽。缠丝时

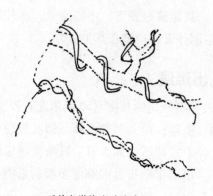

■ 硬枝与嫩枝造型的对比

■ 嫩枝造型出难度

要缠得稍紧稍密，需要弯曲的部位后面要有丝，才有机械强度，以免变形时跑丝无法弯曲到位。弯曲时注意双手配合，对枝条弯曲的外侧易断处用手指加以保护，并不要在一个地方弯曲变形，要在弯曲的整个弧度内变形，将力分散，才不易折断枝条，而又达到极化造型。分枝的一、二级次枝也应采用幼枝蟠扎，使整个枝盘做到见枝蟠扎，达到一寸三弯的效果。

幼枝造型可塑性极大，能蟠出各种复杂曲折的枝式，在造型上有所突破。自然中所有弯曲变化极大的枝和干，都是幼嫩时受外力作用而形成的。利用这一规律到嫩枝造型上去，可产生无穷的变化，体现出人的创造力来，人工胜天工就可以体现在这上面。枝条上弯曲、回转、跌宕、翻卷、起伏等形，都可无碍地在嫩枝上做出来。弯曲时如果怕断枝，不能一次极度弯曲到位，可采用分步到位法，第一次弯曲后 5 天左右，进行二次调整，以后枝条木质化后再作调整，可产生奇妙的效果。嫩枝长度不够，必须多次造型到位。

嫩枝蟠后新的枝条还能继续生长，增粗变形，还会发生膨大，出现扭曲、转折、挤压等多种变化。时间越长体现越强，出苍老、弯曲、节奏、动感的变化和功力的难度，达到人工夺天工。嫩枝蟠弯后生长增粗速度慢于自然枝，这是其的不足。

盆景树脱胎换种

1. **什么是脱胎换种？** 盆景树有上百种，但优良树种只有一部分。另外有些山野之树桩头，品种较差，形象较好，可以利用。直接利用效果较差，采用脱胎换种，则改善了树种形象，在观赏价值及经济上可产生较大的增加值。

脱胎换种是利用嫁接技术，改换树的品种，改善树的性状的一种植物育种、换种方法。在树桩盆景上，既可改换品种，也可用以促进快速成型。

2. **脱胎换种的意义。** 使用脱胎换种法，可有效利用野生树桩资源，使粗野的树种变为优良的树种，既可增加观赏性，又可提高经济价值。它带有一种创造性，一定程度改造了物种，人的作用在其上比较突出，技术要求较高。能给制作者带来自我价值实现的乐趣，又能受到观赏者的欢迎，利用好了，可有所为。脱胎换种使一些很难产生和寻找的野生树桩，有了更好的发展利用前景。五针松枝叶美观，但无好的桩头，用野山松桩头嫁接五针松，可得到桩美叶好的五针松桩头盆景。效果改变，数量、质量都能产生飞跃。雌雄不同株的树种，如金弹子、罗汉松、银杏等，可改变雌雄性状，变雄为雌或雌雄同株，达到观果的目的。观花树桩，可改变花的品种，或在同一株树上增加多个花色品种。用于观叶，可将大叶换为小叶，将绿叶换为红叶、黄叶、花叶，或同一桩上有多种颜色。用在能观干、观根的各类树桩上，将根干有姿的不良树种之

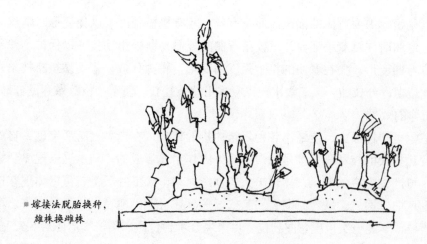

■嫁接法脱胎换种，
雄株换雌株

桩，换为优良树种，如桃李换为梅花桩。大型果树的果与叶、与枝干的比例失调，可换为小型果品种。

3. **脱胎换种的方法**。树桩脱胎换种的方法为嫁接法。枝接、芽接都可应用。枝接的方法有劈接、靠接、搭接、合接、舌接、皮下接等。枝接要有适宜的较长良种枝条，不如芽接节省枝，但可较快成型，接活后就有较长的主枝。如果用已作嫩枝造型的预定枝靠接或搭接，接活后即有造型，能快速成型。芽接法有多种，"丁"字形芽接、套芽接、嵌芽接等。嫁接时注意形成层要对准，采的芽或枝要新鲜，绑扎不可错位，注意密封。

4. **宜脱胎换种的树种**。可用于脱胎换种的树较多，换雌雄的有金弹子、罗汉松、银杏。它们换雌雄时还可同时换为小叶。换叶色的有青枫嫁接红枫，绿（檵）木换红（檵）木。大叶栀子换花叶栀子。普通六月雪换花叶六月雪。大叶换小叶的有，榆树换榔榆，紫薇、蚊母、罗汉松等都可由大叶换为小叶。还有换花、换果上的应用。

嫁接换品种一般只能在同科属的树种上应用，不同科属的树嫁接没有亲和力，不可嫁接换种。

树桩不良痕迹的消除

树桩盆景依靠人工造型，使其成为可观赏的姿态。造型中，由于人及外力的作用，会产生较多的不良痕迹和人工匠气，如弯曲的硬角、陷丝痕迹、绑扎产生的鹤膝、树身上的锯截刀齿印痕，都是影响观赏的不良痕迹。还有树桩自身的不良痕迹，是在山采及生长中形成的。

不良与人工痕迹影响树桩的美观，降低观赏价值，给人们带来遗憾。好盆景要减少不足，增加美感，产生较为完美的作品。人工痕迹的消除，就是其重要方面。

不良与人工造成的痕迹，分为能否通过树的分生组织进行愈合。能通过培育产生分生组织自然愈合的痕迹如陷丝、小的伤口，可在生长过程中自然愈合。修剪后不太大的切口，经过长期的培养，可以基本愈合。较大的砍痕，生长较慢的树，不易愈合的痕迹，可通过雕凿、舍利干、孔洞、袒胸露腹等手法，进行消除和掩盖。其实质是掩盖不良痕迹。如雕凿得当，可在较短时间达到消除的效果。

时间是消除人工痕迹和匠气的良方，许多痕迹尤其是不自然的痕迹，经过多年的生长，可很好地消除人工匠气，甚至达到出人意料、人工胜天然的效果。

有时在蟠扎中，未给树干松绑或伤损，形成了鹤膝（即树的养分积聚形成的异形生长物，形状似仙鹤的膝盖，故名），可用利刀分次削除，可消除异形的膨大，产生过渡自然的形状，产生愈合组织后，其形更自然。

严重的陷丝，采用锤击、修凿等办法，刺激该部位生长，既可产生老态，又可消除人工痕迹，长出水线、孔眼、疙瘩，既有造型作用，又可掩盖不良痕迹，可达一举两得的效果。

山采树桩，砍痕较大没有曲节的断面，可在生长成活后 2～3 年时，于顶芽处往下进行雕凿处理，使其产生有收头的节，露骨露腹，或弯曲扭旋，消除急剧的矩形断面。经过数年的促成培育，可产生树皮愈合形态，达到过渡自然的效果。

不良痕迹的消除，需与促成培育结合，依赖的是生长对其的支持。因此应加强培育管理，从发育的根本上着手进行，才有好的效果。

摘叶后修剪蟠扎构图

常绿树其叶茂密而小，欣赏较为美观，修剪蟠扎时却碍手挡丝，不太方便。枝叶重叠交错，观察困难，有时出现错剪。

带叶蟠扎时，叶和芽都束缚手及扎丝，顾及伤叶伤枝，因此不方便。叶阻挡人的视线，判断出芽留枝方向受影响，枝条构图不能精细。

为了方便修剪，尤其是方便蟠扎，见枝蟠枝时，将树叶大部或全部摘除，可有利观察，不错剪，便于操作，构图可达到精细整形的标准。

摘叶后蟠扎与造型更能得心应手。

■ 摘叶后蟠扎与造型更能
得心应手

摘叶最有利的是蟠扎小枝，从落叶树小枝的精细蟠扎中，可体会到。

树桩散点出枝造型

■采用散点透视进行造型

树桩盆景造型，一般以树干上出枝造型为主，干与枝关系紧密突出。而有的异型树桩在主干以外的桩身上多处散点出枝造型，形成多点透视，散点构图，加大景深，利用好了，别有风味。

散点出枝一般在异型树桩上应用，其主干并不突出，有时无主干，如疙瘩式。桩形比较曲折复杂多变，树味不重，桩味更浓。

散点出枝一反树桩盆景只在主干上出枝造型的常规手法，成为在桩上直接出枝的新方法，丰富了造型出枝的方式，加强了景的深度和宽度。在纵深方向可以出枝成景，在左右、上下方向都可因形布枝成景。能够用枝更好构成三维空间，体现四维时间，显出桩的苍老。

散点成枝造型为远景式树桩盆景，以桩构成山势的较多，成为树山式，具有一定意义的创新。树山式的出枝造型即是散点出枝、多点透视、枝成树意的树山式树桩盆景。

散点出枝是异型树桩客观形式决定的，人的主观作用将其因形赋意，成为造型中的一种方法。此法在实践中久有运用，只是人们少对其在文字上进行总结概括，上升为理论用来指导实践制作。

散点出枝改一点透视为多点透视，将一个焦点分散为多个焦点，将一棵树变为多棵树，从数量上形成造型的变化。具体造型布树时，应注意均衡性，兼顾好主从关系，主体突出，衬托客体，丰富全景。

金属丝蟠扎出风格

金属丝蟠扎是树桩盆景发展到一定阶段，在继承了传统的棕扎法的基础上，产生的更优越的枝干造型加工的好方法。

纵观金属丝扎法，它材料易得，变化较大可根据不同枝条，采用不同规格的材料进行造型。造型时间可以提前，培植期完成造型也可初步完成。金属丝造型易于掌握，操作方便，弯曲自由，可着意塑造盘曲，创造出极化造型的风格，使枝干虬曲富于变化，制作出技艺精深的造型。造型后也易于调整，有利改进。

传统的树桩枝干造型，多在与盆面平行的线和面上弯曲变化，云片、扇形片、椭圆片、平枝、花枝等达到了一寸三弯见枝蟠枝的难度。虽然功力精深、技艺精湛，但都受观赏方向的限制，必须近观或由上往下俯视，才能见到枝的弯曲，在稍远的平面上看不到弯曲变化，尤其是摄影摄像，平面弯变成了粗实线，反映不出弯曲，严重影响了树桩技艺的展现，降低了观赏价值，不符合树桩盆景的观赏艺术特性。

如果树桩盆景枝干造型在主枝基部作上下弯曲，其虬曲折枝状即可在多个观赏面上展示其美学价值，使其美一览无遗地展示在观众面前，使观众对树桩盆景的技艺美、姿态美、生命美更加心悦诚服，可征服更多的观众。

现有的自然类树桩受传统影响，以平面弯曲为多。因其"自然"可作出改进，只要符合审美的要求，就要坚定不移地走下去。改进是长期的，在改进中推陈出新，形成新风格。

树桩盆景造型贵在极化，而要达到极化造型，只有平面是不够的，必须将平面与立面相结合，在枝的基部成立面出露各型弯曲，而在枝的片子上则可立可平。或在枝端起始处就达到立面与平面相结合。岭南风格枝上无片，主枝显露，更可平立弯相结合，可中远景处理与观赏。

自然类树桩靠自然天成，仅主枝是制作者的，枝的技艺功力要求更高，才能称得上好作品。否则得到一个好桩，就成就一件好作品，是践踏盆景这一艺术品的形象的。有作为的盆艺爱好者所走的路不是跨捷径，而要探索艺术发展的方式和新路子。

金属丝蟠扎与嫩枝造型相结合，由平面弯进到立面弯，平与立相结合，必然走出枝干造型的新路子。

树桩盆景叶的控制

树桩盆景选择树种，以小叶观赏价值较高。而植物的先天遗传因素决定了叶的基本大小。如要从原种上得到小叶，除了嫁接品种脱胎换种外，就要靠控叶来实现小叶化。

■ 立体弯显，平面弯隐

　　控叶的方法有水控法。在春季发芽前后，不要大量浇水，让盆土保持偏干的状态1～2月的时间，一直到出芽长叶定型，叶色转深后，才给以较充足的水肥。夏季末温度开始下降，秋芽将出，也要进行控水。特别在出芽时让盆土保持短时间干燥，新芽会明显偏小。出芽后在三片叶处摘心，既能控叶，又能保持树桩构图比例，效果更好。控水需在发芽长新叶期间重复多次进行，稍有不慎，水多就会前功尽弃，水过少使树体失水脱去老叶，严重时甚至危及生命。因此，控水期间必须十分注意观察，每天判定盆土的含水量。当出现枝叶无力下垂、叶色发暗、轻度萎蔫时，就必须浇水，以防进一步掉叶枯枝。几天内的浇水量要严格掌握，做到心中有数。只要做到了心中有数，出现少量掉老叶不足为虑，脱衣换景观骨的操作手法之一就是如此。局部的老叶掉落，是植物适应干旱，产生落叶素，自我保护的生理功能作用的结果。只有出现全株严重的焦叶干枝且不掉叶或掉叶少，才是真正危及生命的失水状态。

　　控水期间遇上下雨未及时遮盖或转移，控叶失败；某些树种叶控不下来，可采用剪叶法。为得到小而美的叶迎接重要的客人、节日和展出，也可用剪叶法。控叶树剪叶时间放在春天、秋天发芽前夕，或春叶发出后过大时，迎展剪叶时间放在展前1至1个半月。将整株叶悉数剪除并剪去较长的枝梢，剪叶前适度浇水施肥，1个月内会重新出叶，新叶会明显小于上一轮叶。1998年夏，笔者住地的行道树小叶榕，树叶被虫啃食殆尽，秋天发生新叶，普遍小于老叶一半，从观赏角度出发，它叶小玲珑可爱，美于老叶；在盆景的比例上，优于老叶。金弹子每年春或夏，采用摘叶法培育小叶。摘叶同时进行缩剪，初春发芽后满树小叶十分可爱。如因品种问题或其他因素，初春摘叶后所发新叶仍然偏大时，可在加强水肥的同时，再次摘除新叶，这样必然会再发较小的新叶。本人的岩豆用此法，育成了满树蚕豆大的小叶。

　　如将控水法与剪叶法相结合，用心去做，定会得到人工控制的观赏小叶，效果会更佳。在高低温度到来之前促发新叶，新叶在不适的

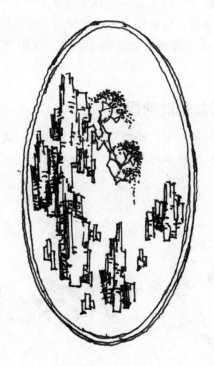

■ 挂壁式盆景，树
　的空间极其有
　限，不控制树形
　就没有空间

气温下，更易形成小叶。

剪叶法适合在该树种生长激素活跃、新陈代谢功能强的春夏秋初时节进行，必须在成熟的树上进行，3年以下的育龄桩不能应用。摘叶后短期内会影响树的光合作用，影响为根输送养分，必须在叶的生长期进行为好，只有特殊情况才在晚春到初夏时进行。

盆上、石上题字刻字

一般的盆景爱好者盆上、石上不刻题款，有的作者、所有者为突出风格、个性，产生意韵，采用了盆上、石上刻字的方法，效果较佳。

题刻的内容有：

1. **命名**。可突出盆景的题目，免去另法标注的不协调，保留时间长，随盆性好。诗词短句题于盆上或石上，可增加文化含量，引导人们欣赏，产生烘托效果。好的诗句与盆中之景相配，格外有意。好的书法雕刻效果，也能增加盆景的内容和分量。

2. **作者或盆景所有者的姓名**。可从中大略看出盆景的产地、风格，出自名家之手，更增添身价。

3. **时间年代**。表示出制作盆景的年代，可加强时间概念，如成型时间长，流传时间久，更为可贵。与名人有关，保养长寿，则可成活的文物。其本身的数百年数十年生长时间也是文物古董的概念，不在此列。

有条件者可刻写意画，简笔素描画，与盆中之景情景交融，形神兼备。

盆上石上刻字比较困难，最好采用电动雕刻器与锋利的刀具。现在市场有电动雕刻器及刀具成套出售，价格在300元左右，已能适应精品盆景的消耗价格。手工雕刻也能完成，只是费事一些。

适合刻字的盆必须有一定的壁厚和面积，才便于布置和加工。题刻占的部位要配搭合理，为使醒目，有时可适当上色，以吸引人的注意。一般只能采用阴刻。字的书法效果好，题刻更有意义。

树桩的雕凿塑形

海外盆景中，用加工的方法对树桩进行雕凿，结合吊拉技术处理改变树桩的形状，并对树身进行加工处理，成舍利干、水线、孔洞，形成伤损愈合痕迹而显出生命顽强。国内雕凿久已有之，应用在修饰树桩的不良痕迹上较多，如处理断面，达到收头有节，处理为孔洞袒胸露怀，处理腐烂部位及肿大部位等，均为小手术，对树形改变不是太大。雕刻应该加强应用在对树身的改造处理，变直为曲，变无节为有收头，变废为宝，增加出作品的方法和机会。

雕凿是应用传统的木工工具及先进的电动工具及各型号刀具，对树桩进行挖割、去除、雕凿、切削、塑形的加工方法。通过对材料的去除和修饰达到造型目的，使树桩一定程度地改变形象，达到树桩的审美要求。

采用木工的凿子，用锤子手击作动力凿削，可施以人工随意的线条、凹槽、凸槽、孔洞、深槽等各式几何形状处理，可达到较为复杂丰富的变化。应用的凿刀有各规格的平凿、圆凿、角凿、异型凿、勾刀。非标准的异型凿可用木刻工具，在美术材料店有售，无需自制。有加工条件及能力者，可以自制，能达到设计需要，以善其工效。

电动工具制作流畅弯曲的长线条，舍利干，处理大面积断头，工作效率高，不伤树及根，易使线条弯曲变化，甚至是大角度的曲线变化，只需在走刀时，手感上略加方向力量变化，即可达到效果。其线形，受刀具的限制，形式变化小，但可通过人的手感掌握，控制线的深浅、方向变换，达到线条形状的不断连续变化，产生更好的效果。为达到线条变化，可多置备几个刀具。此类刀具，一些木工加工机械商店有售，价格不等，低者20元，多则百元。自制比较困难，需专用机床及技术，费用较高。驱动工具可用转速较高的电钻，或直棒式的电磨。直棒式的更好掌握用力，效果更好。

适宜于雕切加工的树桩，一是其形态不美的，有逆的姿态，如上大下小，无弯无节无收头、断头、断面，弯曲处式逆的，即该小而大了，该弯而直了，可辅以雕刻处理，在处理中加入塑形，而不是简单地处理了事；二是树干粗大，形不甚美观，必须加以改造，而又可以加以改造的树桩。如栽植多年、长势健壮、干身竖直粗大、无变化者，其形虽然可看，但加工以后更美的，可加工成有收头的大树型，或加工成敞开胸怀的空心型。如有角度变化者，对其用雕凿作视觉上的收放处理，弯曲处的外侧不凿，内侧大面积雕凿以后，从视觉上增强了弯曲的急速变化，效果会比较理想；三是有计划地进行难度处理的树，实行白骨化，处理为舍利干、枯梢式、愈合水线，或进行观其心骨的挖心剥皮处理，露出坚硬的木质和心髓。如用金弹子制作山峦岩岭之形态，以形成树山式，可成高峻险夷的高山，可成横亘连绵的峻岭，形异而桩奇，耐看而不厌。人工刻意进行雕刻，可产生树味变化的形态，也可产生让人想象的异样形态，有别于树味的加工形状，如人物、动物等。

适合于雕刻的树种，应选择耐腐的杂木，如赤楠、杜鹃等，松柏类中，柏树、罗汉松木质耐腐力强，木质暴露不易腐朽。金弹子有生命力的木质部外露后，受空气、水分、阳光作用，可碳化（木质外层发黑，变硬，随时间增厚可抗腐朽而长久不烂）这一特性，可供雕刻利用。其他种类的树，只要生命力健旺，雕刻处理后，都可抵御腐朽变质，而生命力弱者则易朽。

雕刻加工处理，可按人的需要，进行预先设计，按图施工，按形雕凿，塑出变化和难度来，也就是必须根据对象，因树制宜，有选择、有目的地进行。

雕刻应用好了，可出有形有神、有变化的姿态，改善树的形象，多出好作品，其前景大有可为。

枝片的整体取势

树桩枝片整体是由各个分片组成的，造型有时注重分片，有时注重整体，有时二者必须兼顾，有时是以一片为主，带活整体。

整体取势能在枝叶外形上达到一种美妙的姿态，以外形吸引住人，给人较好的第一印象，先从气势上给人一种不凡的感觉，使人们有意进入其殿堂，细心观赏，由形入神，实现艺术作品的感染力。

整体取势上，现在较普遍受公认的是不等边三角形取势，这是人们审美感在造型中的取势体现，源于人们对自然的感受。不等边三角形的变化大，用延长线可画出正三角造型外的许多三角取形法。而实际的枝片并非三角形，而为半圆、扇形、椭圆形。三角形构图说引入延长线在其中，是一个方法。不等边三角形造势突出动感，有主有次，灵活而生动，较受重视。

日本盆栽过去整体取势成等边三角形者多，有工整、对称、均衡、稳定的观感，也有失之呆板的一面。

对称工整的取势方法，缺乏节奏变化，现在应用较多的偏重式取势法，以大飘枝为代表，一侧较重，一侧较轻，一侧较长，一侧较短，轻重相衡，有动势，较活泼。

逐级上升的取势，也是常见的整体布局形式，多见于较高的树干上，有的对应布枝，有的非对应布枝，在总体上取上升之势。

灵活跳跃是一种取势，整体上扬是一种取势。岭南取近景，川派取远景，整体取势上，各有自己的表现能力。

取势应注意变化灵活，形成独特风格，注重自然，枝片取势与配置成景有关，应互相促进，如下跌之枝与上升的地物相配合，则有互补之势。

取势布枝中，还要考虑枝条对桩的生长供养条件，保证受光、通风、不重叠、不影响枝条生长。

■枝片整体取势协调，各有自己的空间

∽҈ 春叶、夏叶、秋叶 ҈∽

萌发力强的树，春、夏、秋都能发育新叶，如重庆的金弹子、火棘、罗汉松、小叶榕等。但各季节树叶随温度高低，雨水多少，根系的活动力及养分的变化，而萌发力有大小不同。一般早春的叶和秋叶小，仲春及夏的叶大。在金弹子、黄葛树、小叶榕树叶上最明显。

萌发较早的春叶，气温尚低，根活动力缓慢，生长速度慢，叶较小。仲春初夏的叶，受适宜温度光照的促进，根活力增强，加上此时雨量充沛，叶普遍较大。秋叶受温度日照逐渐减弱的影响，发育后劲差，叶普遍较小。

人工可以利用在成型树上，早春用套袋加温，促发早春芽，得到早春小叶。仲春到夏季则严格控水，防止夏叶过大。秋季剪除过大的夏叶，促使形成较小的秋叶。秋季小叶塑造靠树桩的健康，摘叶前施2次以氮为主的肥液，摘后萌发较容易。

∽҈ 观果盆景硕果技巧 ҈∽

观果盆景在稍有经验的爱好者手里，坐果不难，年年硕果却难。怎样提高盆景树木的坐果率，实践中有如下经验。

对成活后的树木加强常规管理，主要是保证肥、水、光、气、土和剪枝，满足观果盆景树木的正常生长所需的营养物质，不但要满足树桩的营养生长，还要能满足其生殖生长的需要。施肥应注意氮、磷、钾的比例，磷的比例应大于氮和钾1倍，其比例为1:2:1。以有机肥为好。城市阳台积肥不易，可向花木市场购买。一般在花芽分化期和幼果膨大期多施磷肥，花前花后多施磷肥。花期不要施肥，以免落花落果。在整个挂果期及秋后，每周1次肥液，可克服大小年，年年硕果累累。

水分管理在各个时期都要注意。秋后果熟期、花芽分化期，水分不可过多，而应

■ 加强光照、培肥土壤、保润防燥、调整树势是观花、观果的基本技术

■ 人工授粉

偏干，并进行大量施肥，提高植物细胞浓度，促使孕蕾。花期要避雨，利其授粉。果实膨大期要避免连阴雨，防止过湿落果、裂果。过干也会造成落果，过干、过湿是硕果的大忌。

光照是硕果的重要条件。在植物生长过程中光照可积累较多的养分和信息。据现代生物科学研究，植物体内的光敏素吸收光后分子结构会改变产生一种酶，它可刺激开花结果。城市阳台的观果盆景，应特别注意增加光照、用剪枝拉开枝距等办法可增加结果的机会。整枝应剪去过密枝、徒长枝、无效枝，保留结果短枝和老枝，未木质化的夏后秋梢次年不能结果。

盆景植物脱离了大地母亲的怀抱，离开了养育它的生态环境，来到豪华的盆盎中，土少根密，必须注意经常换土或培肥土壤，保持土内的透气性，达到良好的土气比，使根系保持较强的活力，为生殖生长提供物质条件。

观果植物有的花多，有的雌雄异株。花多伤树徒耗养分，不利于稳果，易造成果树大小年。应从孕蕾期就开始疏花，不应在挂果后疏果，这样有利于枝叶与幼果一起生长，可克服大小年。有的树种授粉难，可人工授粉，有的树种雌雄异株，人工授粉最为有效，如流行四川、重庆的金弹子。还可将雌雄株嫁接在一个树枝上，供其自然授粉。

在肥、水、土、气、光、剪枝各个环节中，它们的作用是同时综合发生的，终年更替周而复始，抓住了它们就会硕果累累，在一定程度上克服大小年，以劳动换来丰收的喜悦和美的享受，乐在其中。还会增加盆景的观赏价值和经济效益，得到劳动的报偿。

〜∙〜 陷丝的利用和消除 〜∙〜

金属丝蟠扎拆丝过晚，会造成陷丝。有丝处限制枝的增粗生长，无丝处放任枝增粗生长。金属丝吸热降温系数大于树枝，会对枝的生长产生各种影响，形成变异形状。时间越长，生长速度越快，出现的变异越多。金弹子、火棘、罗汉松、银杏、雀梅、榆树、小叶榕、黄葛树，在枝与干的基部，出现膨大挤压愈合的变异较多。作为观赏树桩其形符合盆景的审美取向，求异求变，可以利用。

金弹子、火棘、小叶榕枝的基部弯曲角度小时，发育长粗后挤压变形，可成鸡腿形状、龙蛇枝，是较佳的利用形态。为了达到此形，可以有意塑造。采用较粗的铝丝，延长拆丝时间，造型时取小弯加强培育，可促使形成鸡腿枝、龙蛇枝。而有的陷丝痕迹会形成鹤膝、丝痕，不甚美观，必须加以消除。鹤膝是扎丝压在皮层内养分积累而形成。首先必须拆除扎丝，否则会在后期树液流动不畅，枯死树枝，破坏造型。消除影响美观的鹤膝膨大组织，可采用局部修削法，削去部分肉质皮层，待其愈合皮层形成，树液对流畅通后，再修削对侧部分，分几次修削完，可消除鹤膝。丝痕随着生长陷进皮层的现象较常见，影响美观者，可用铁钳夹伤，用刀刻伤，用钉扎伤，用锤击伤树皮，刺激形成无数小疤，经久后可掩盖陷丝痕迹，还可用刀削皮形成有老态的愈合水线，最好消除较长的陷丝痕迹。

透视与造型出景

透视是人的视线观察处于地形上的物体，产生的近大远小、近高远低、近景清楚远景模糊的视觉效果。人们利用它来表现高低远近的景或物，达到形体造型艺术的要求。

透视的这种关系可在造型艺术上加以利用，在平面或立体空间上表现出来，达到一定的表现效果。使形象产生大小远近距离的变化，增强表现力。经过人的技艺处理可将小塑大，将大变小，产生的作用全在人为，是树桩出景的一种技巧。树桩盆景既要表现树的苍劲古老，又要表现与地形地物的关系，产生景。透视法在其中就有重要的作用。

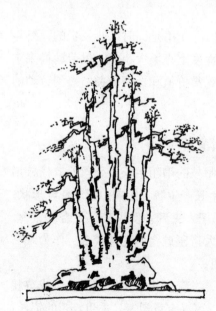

■ 丛林式的透视效果

透视效果与取势的手法不同，取势主要是用枝来表达走向和气韵，出枝多取左右方向。透视表现方法多取前后出枝，前枝表现近，后枝表现远。枝叶的清晰程度也可表达透视效果，近景枝干清楚，远景枝叶模糊。在侧后的隐形枝，也可产生宏大深远效果，烘托主树与景。

在具体的树桩上，有的树形不利于前后出枝，如高耸的直干式。有的则十分有利于前后出枝，如树山式、水旱式、丛林式、异形式、象形式。不利于前后枝者，可利用枝叶达到景深的变化效果。

有摆件、配石、水域的盆景，树与地物形成较好的比例关系，透视作用更易表现。但不可比例失调，影响透视效果。自觉应用好了透视关系，可使树桩与景有机结合，创造更良好的作品。

新技术在树桩盆景上的应用

现代社会，各种技术飞跃发展，新技术在树桩盆景上也进行了应用，增加了树桩盆景的科技含量，产生了较好的作用。

新桩栽培上进行生理处理，用生根剂、生长刺激素激发树桩的活性，提高成活率。资源利用好，成型也快。

栽培管理方面，土、肥、水、光、温、气的应用技术增强，土壤改造，应用适应性强的培养土，大水大肥，大土大光，叶面施肥，微肥利用，喷、淋、滴、浸用水用肥，室内培植，升温、降温、增光、遮光处理等措施，使树桩快速成型，并能育出较好的过渡枝和片。定型后由促成培育转为抑制培育，并采用抑制生长刺激素，达到良好的观赏效果。

造型上，蟠枝、蟠干又蟠根，吊扎修剪培育相结合，多种方法的应用，多种枝型的选择，做片做干较为自由。极化效果的应用增多，有龙蛇枝、鸡爪枝、鱼刺枝、风吹枝、波折枝等的应用造势。主干、根形变化美观。金属丝蟠扎简便易行能出风格，嫩枝造型能出难度，极化造型能出变化，极大地改变了传统方式，也可改变造型的形象和效果。

在造型中注重取势，注重比例，注重文化内涵的表达，如风动式是新的造型取势的观念的进步。造型取势观念的进步对树桩盆景的推动将会更大。大量的盆景作品已经带给我们了这样的信息，在今后还可更广泛地表现出来。

采用雕刻技术对树干进行造型，可改变许多粗坯大桩的形象，利用好桩源，还可

■抑扬又顿挫

■垂头叠枝的造型具有新意

■ 以根制作树形

塑造扭曲旋转的形式，也可制出神枝舍利干。电动工具用于雕刻，增强了效果，减少了工作量，降低了技术难度。

景的设置中，由于新材料方法的出现，也更加自由，使过去望而生畏的方式能够进入普通盆景爱好者的家中，如景盆法、砚式、水旱式。

小苗造型虽为传统所有，但引入极化观念，制作中小型树桩，能出形状，增加变化和难度，可改进树桩的形象。并可得到优良树种的树桩。有的树种采用多株并造方法，应用助长枝、助长根，大水大肥加速培养，重取势造型，可实现快速大量生产。既可提高难度，又可增加产量，利于树桩盆景的普及提高。

造势的夸张比例与度

■ 造型夸张，取式典型

树桩造型要有个性表现，有一定的创意。要打破传统格调，必须在造势上下工夫，讲究一点夸张比例与度，才能出势。势不是格式，而是取式，无格式限制，有法无式，在形式上有神韵的表达。在师法自然的基础上探求势，高于自然形象。风动有势，大飘枝有势，垂枝有势。斜干有动势，悬崖有险势，曲旋干有姿势，大树式有气势。势是在普通的形式上提炼发展起来，有形有神，有动感、有节奏、有韵律。高雅的造型方式由形表现，由人的心灵感受出来。

势的创造与各种方法有关，而度、夸张、比例的利用在其中作用较大。度即尺度，有极限的意思，它有一定宽度的范围，不是一个具体准确的数量值。超过了度，事物就可能往其反面发展，不到度又无气势出来。造势必须正确地将自然中典型的树相树姿的优美集于树的一身，是度和夸张的应用，也是技艺处理的目标。造势必须正确处理度与夸张的关系，在形状、长度、高度、宽度上取势，夸张到最适度，与比例和谐到最适度。

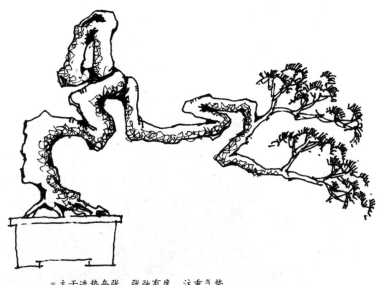

■主干造势夸张，张弛有度，注重气势

树干与枝的比例最明显，粗干粗枝是老、大、难自然古树的特征，比例在干与枝的协调中体现出来。在枝片所占的空间位置关系中表达出来。在适度的范围内，它们可造出势，达到一定的艺术效果。

树桩倒栽法

一些树种适应性极强，正栽易活，倒栽也能成活。火棘、竹有倒栽成活的经验介绍。本人1995年春，将一金弹子桩误判根干，无意地倒栽于养盆。当年此桩未发芽，误以为未成活，于冬季欲将其拔出处理掉。拔时见有许多根系长于土中，部分根受到损伤，见其有根，未拔出又将其复栽，翌春于根上发芽后成为一曲干之桩。

有此经历后，我每年用金弹子桩作倒栽试验，每年有收获，均能成功几桩。尤其以根代干的金弹子桩，更易倒栽成活。

有的树种倒栽能成活，但成活率低，适应的树种窄，许多树种未经试验，不得其可靠性，可用价廉易得之树桩试验，以掌握第一手资料。但以该树种生命力强、萌发好、采挖时间短、季节适宜、养护方法得当、根长干短靠近根颈部的桩，倒栽的成活率较高。

云林仙境

制作：任德华　树种：金弹子
形式：配植丛林式　规格：盆长170cm

密林景象,用单树配栽成林,根基紧密挨连,似成一体。组合的林相高低疏密、搭配自然、穿插有序、景深强烈, 让思绪回归山野林间,是何其自然生动。且在夏季用净根组合配栽,把人的技术作用发挥到一个最佳的高度。

盆的变化用了天生云盆,底座为人工的仿制云盆。盆是石、石是盆,盆是景、景是盆,盆生幽境,地貌更加突出。

"繁而不乱,野趣十足,虽为人组,却胜天然,确实是一个不可多得的作品。""盆与树的完美组合"这是盆景网站上对它的客观评价。

剪枝是技,留枝有艺。枝的剪留是密林景象成功的保证。透视感强,比例协调,动静配合,主从疏密有致,以小见大,用树达林,反映出来的树林景观在形上能赋以原野山林的意蕴。创作原理的应用在作品里处处得到体现。

以配植的多株树桩组合构图。林深参天,嵯峨绵延,有古雅的林相,是心中的丛林式盆景。技法尤其好,在狭窄的空间布放了27棵大小不同的树桩,密林景象在技术处理上难于疏林,本作品却处理得很成功。各树独自成林,其更有树味。在丛林式里,用独立的每一株树来形成树林,更有技术含量。其树林分布高低有错落,前后有景深,呼应有配合,树的取势极为恰当合理。盆景的创作原理在自然应用方面体现出很高的水平。造型与养护的功力也很到位,是好技法、好功力的集中体现,饶有诗情和画意。枝叶经过精细修剪,布式合理有韵味,争让关系良好,脱衣可观骨、观新叶。另外,本作品用云盆表现出地貌与山林的结合,整体形式与气势均是动人的。

12 树桩与盆和几架
SHUZHUANG YU PEN HE JIJIA

树桩盆景用盆

盆景是在盆内造型、构图成景的艺术作品，盆的作用在其中较显著。盆景不管什么形式，都不离于盆，不止于盆。

盆景中盆的作用，一是载重物，是泥土、树桩、配石的承载体，有盆才能有空间将这些材料限制在相应的范围内。它能承受较重的泥土和树桩。有盆才能容土将树桩养活，维持其长盛不衰的生命与生机；二是能将其移动，方便欣赏，用来营造有自然生气、有文化韵味的优雅环境；三是盆将树、石、水等主要材料限定在一定的空间位置，框定一定的画面作为作品反映的对象。盆景以小见大，但不能反映无限的风光，只是借助于一景来反映自然，必须选择大小适度，既能养活树桩又不能过重或过小的规格，才方便移动。它犹如画纸一样，必须有大小，而且其大小远不如画纸可大可小那么随意。在生命性、移动性上二者兼顾；四是与树配合，构图成景，达到盆上有景、景生盆上、辉映树桩的效果。盆是构图的界限，也是地平线的参照物，帮助形成各种地貌；

■ 盆的作用为载重、容纳泥土、方便移动、限定空间、成景作比例尺

五是盆也是比例尺，能衬托出树的大与老。

盆的作用有互相矛盾的方面，盆大载土多，树的生长有保证。但盆大时，树桩的比例易被缩小，只有保持合适的大小比例，使树才能在盆内小中见大，才能保持良好的景物比例。

树桩盆景的盆形状多样，高矮不一，应用适合的盆与树桩相配。一般斜干、曲干、丛林式用长大于宽的盆，如长条盆、椭圆盆、马槽盆。直干多用圆盆和方盆，可变换角度多面欣赏。附石式、水旱式多用浅口盆，才显出石与树的深远与高远及平远，悬崖式必须用圆或方签筒盆，才有险峻下悬之感觉，如有成山岩形的写意盆更好。盆的质地有粗细与一般之分，好桩用质量优异的盆，以增加古雅高贵的效果；一般的桩用一般的盆，与其地位相称；商品盆景宜用质优价廉的盆。

代用材料做养盆

■塑料箱做养盆，取材方便透气好

生桩和未成型的树桩较多时，因为养育还有较长的时期，短则一年、长则三五年，如果用景盆，资金占用较多，不经济划算。

许多代用材料可用作养盆，木板盆、瓦盆、塑料盆、塑料桶、破旧洗脸盆，甚至砖块围土也可养桩。代用盆价格低廉，旧物利用可不花钱。

有的代用盆对树桩生长极为有利，如用旧木板根据所需尺寸自己制作木盆，十分透气，有利于植物的生长，且重量较轻，造型养护时移动方便。木板盆使用可达3年，树桩成型上盆时完成其用处。已朽烂的木板砸碎，可用来培植兰草、龟背竹、君子兰等观叶植物，可使兰草不干梢枯叶。

代用盆栽培新桩，以能移动最好，有利于管理，方便造型。造型方便才可能精扎细剪，制作出功力深厚的枝干造型。用砖头在地面、阳台、楼顶上垒土栽桩时不能移动，又没有人活动的空间时，管理和造型比较困难，要采取办法克服困难，如早期对嫩枝造型，无多余枝条妨碍，操作方便，工作量小易于极化弯曲和快速定型。

怎样用好养盆

用养盆一方面是为了节约资金，另一方面可达到特殊造型的目的，还可快速成型。

养盆材质一般为价廉的低档盆，甚至可找代用材料做养盆。因而占用的资金不多。

养盆可用较大的盆钵，如塑料箱、木箱、金属箱桶、水泥盆。较大的盆箱，可容纳较多泥土，使树的生长基质增多，便于养护，减少夏季浇水的工作量。大盆中，树的生长速度相对较快，尤其是二三年龄时期。为上景盆创造了根叶条件，为后期成型、定型、培育骨干枝、增大骨架，有促进作用。土多水多，生桩不易造成缺水死亡。

许多需要进行特殊处理的造型方式，尤其是根部造型方式需在养盆里进行，在景盆里不易实现。用较大的浅平盆，作树生石上、根抱石，然后根扎于泥土中，表现树的顽强生存、不畏险恶环境的精神，这样一种根上立意的作品，即需特殊的养盆，在平浅的盆中，堆土进行为好。首先让树桩的根，在平板石上生长好后，根再下扎，于底部盆土中，吸收养分和水分。任其生长几年，其间 3 年换土 1 次，加厚泥土，减少表土，待根长粗，抓住石后，再上入适宜的景盆中。此法培育黄葛树、榕树、金弹子、黄荆、六月雪、松柏、罗汉松、铁树、棕竹等较好。

做附石式时，可用深筒，将树根布于石上，用绳扎缚贴石后，置于深筒内，再放于浅盆的土中，进行养根，待养好服石后，再上景盆配景。养的过程中，可用生根药物、伤击等办法，刺激根基生长新根，产生大量根系形成根蔓附石。

有人用较深的筒做养盆刺激新根形成，培育立根式黄葛树盆景。3 年后逐年上提根部，形成较高的悬崖式树桩形式，以根代干，较有新意，是用好养盆的典型例子。

用好养盆，要与自己的目标结合起来使用，需培育什么形式，就采用什么养盆。养盆有益于树桩的生长，有利于快速成型，可出有创意、有难度、有目的的作品，较为随心所欲和得心应手。

使用养盆，上盆或换盆十分简单方便。木盆可直接拆除，塑料盆可剪开，脱盆十分容易。一些高深肚子凸出的瓦坛，甚至可以直接敲碎脱盆。

❧ 盆的产地、材质及改进 ❧

树桩盆景用盆，全国有许多地方生产，但材质与形状有较大的差异，有的材质疏松、造型单调、结构简单、不上档次。如四川三汇陶盆、河南瓷与陶盆、石湾盆等体态变化不丰富，材质也较疏松，盆壁较厚，入室不够美观。

四川荣昌的陶质硬，盆壁薄，一般上釉彩。适宜做盆，但外形设计太差，没有发展起来。宜兴陶盆无论紫泥、锻泥还是均釉，材质坚硬，盆壁薄而结实，不透水肥，造型精巧，登堂入室本身就是陈设品。现在产量增加，竞争激烈，价格下浮，用于中低档盆景，已有竞争力。而高档盆市场，长期被其独占，非它莫属。

盆的款式增加，使盆的选择性增强，大型盆有 10 种以上选择，中型盆有几十种选

■ 不花钱的养盆，
有利于树桩的
生长

择，制作者用盆更加自由，盆上立意配景方式变化增大，有利盆景的质量提高。

　　盆的改进还有潜力和方向，需不断地改进，方向是：一要减小壁厚，重量更轻，容土增加，移动方便，老人妇女也能随意移动，更有利盆景的普及应用；二要降低盆的高度，增加长宽比例，便于出景和经营树桩在盆内位置，且不减少土的容量；三要取形多变，将受欢迎的脚、口、线、壁、形状、字画题款等灵活处理，多重搭配，小批量大变化，生产出更具使用价值和收藏价值的盆；四要注重异型比例尺寸盆的小批量多变化生产。长宽比例大的如 60 厘米 ×22 厘米的盆，长宽比大于 2∶1。长宽比例小的如 40 厘米 ×30 厘米，长宽比小于 2∶1 的盆，可适用于一些异形桩，使特殊的布景处理有盆可用或有选择；五要注意用紫砂生产砚式盆、云盆、船壳景盆、岩石景盆、石意型的悬崖盆。盆与景结合，景是盆，盆是景，盆是石，盆上有立意的盆能受到市场的追捧，还有能蓄水养护树桩的功能盆，砚式盆即可设计观水的水域，与水旱盆景相似可蓄水，用水槽与盆土相通供水，简化砚式盆景的养护。石意的悬崖盆也有景有意，值得设计生产出来，供应市场。

〜〜 宜兴紫砂盆 〜〜

　　紫砂盆是以紫砂泥为主要原料，经煅烧制成的树桩盆景用盆。优质精制的紫砂盆主产于江苏宜兴，其质地细密坚硬，多为原沙原色，不上釉彩，吸水、阻水、透气，其造型古朴典雅，样式复杂多变，可以适应多数盆景制作和陈设展览，深受盆景爱好者的喜爱，闻名于世界盆景界。

　　紫砂盆以宜兴特有的紫砂泥为原料。紫砂泥分布于较深的地下岩层中，经过采挖、精选、炼泥、取形、制坯，再经上千度的高温烧制，随炉冷却而成。因烧制时加热快慢、温度高低、泥质差异、含水量不同等因素，使盆质有微妙的变化。烧制过程中，泥坯受热不均，升温快慢产生内应力导致变形、裂口。优质盆应颜色均匀、变形量小、线条流畅、盆面水平变形极小，以肉眼看不出为好。优质盆价格昂贵，流通也少。肉眼能看出制盆缺陷的，价格大大低于优质盆，为市场中常见的商品。

紫砂盆用泥有紫泥、红泥、锻泥、配泥、泥中泥等几大类。紫泥为上，配泥为好，红泥为多，锻泥为实。紫砂为其统称。各类泥以粗细分为若干个粒级，粗粒级制盆因沙与沙之间的间隙大，透气性好，外形粗犷，古朴结实，美观实用，细沙盆透气性能不及粗沙，但色泽美观，质感细腻，尽管价格昂贵，仍然大受人们的喜爱，中等粒级的精制盆，能满足透气、美观两方面的要求，在制作工艺上，用粗细结合的办法，内壁用粗沙，外表用细沙，既可提高细沙的利用率，又可改善盆钵的透气性能。现代的紫砂盆，经过数百年的发展，从宋至今，积累了丰富的经验，创造了众多的样式、等级、规格，以适应盆景市场的发展。从极深的签筒盆，到极浅的水底盆；从微盆到2米以上的超大型盆；从简单造型的盆，到堆花剔透雕刻绘画书法的工艺盆，应有尽有。

盆的外形有长方盆、正方盆、圆形盆、金钟盆、花篮盆、马槽盆、菊花盆、葵花盆、海棠盆、梅花盆、喇叭盆、鼓形盆、船形盆、印形盆、斗形盆、鼎形盆、荷花盆、签筒盆、竹节盆、树干盆、异形盆、六角盆、八角盆等，不胜枚举。

盆口的形状从上往下俯看，有正方形、长方形、菱形、三角形、五角形、六角形、八角形、多边形、圆形、椭圆形、腰圆形、扁形、盾形等。盆口的形式从侧面看：有直口，盆口直接向上；飘口，盆口向外斜向伸出；窝口，盆口向里面收拢；蒲口，盆口似蒲包；切口，用盆沿向内延伸，以增加盆口的厚度和美感。盆口在形状上起美观装饰的作用，较为吸引人的视线和注意力，也有实用效果。盆口带凸线的，能防止浇水肥时外泄，污染陈设环境。直口，飘口盆沿向外或上大下小，栽种植物时透气性好，翻盆换土易于脱盆，经常换盆的树桩宜选用此类盆。窝口的盆口小、盆肚大，换盆时，盆土无法顺利脱盆，既伤根又费事，必须撬掉四周表土，用水冲击内壁，才易脱出。窝口盆造型丰富变化大，线条曲折复杂，形状美观，且多数较浅，易于成景，盆树互相映衬，外形受人喜爱。在各种盆口形式上，再利用线条组合有许多变化，增加盆的立体空间变化，盆上口线还能阻止水肥外溢，选盆应注意盆口线的这一功能。尤其是窝口鼓肚盆，应有这种口线，才能防止肥水污染盆面。

盆脚的形式随盆形而变化，具有增加盆的立体感和装饰作用，有利底孔排水透气，防止蚯蚓，及其他植物的树根由底孔进入盆土，造成对树桩的危害。盆脚的形式有平脚、云脚、条形脚、兽脚、兽爪脚、圆脚、圈脚、高脚、竹节脚、鼎脚、裙脚等。各种脚有各自适宜的盆形。条形脚配浅盆、方盆、斗盆才好看，云脚配长或方盆。盆脚是盆的一个功能组成部分，不只是装饰效果，但装饰作用显著，选配盆时不可不察。一般云脚、兽脚制作复杂，造价略贵。

盆角是构成盆的一个要素，因盆的形状不同而发生变化，形成的角度就有大小。三角形盆角小于 90 度；方盆、长方盆角等于 90 度；六角、八角、多边形盆的角随盆形而变化，角度大于 90 度，圆盆盆角是圆弧状可随意转换，等于无角，有时用字画来界定面向。因盆的工艺处理不同，角也可以发生变化，如用于四方、长方、方签筒盆上的抽角，角上制成一沟槽，使方角变成两个小角夹一圆弧或两个圆角夹一条直线。使造型增加了变化，由方生圆，生动而不呆板，立体感增强，深受人们的喜爱。包角是在盆角上加料包裹装饰，起美观耐用实用的效果。这种角的处理方法属工艺处理，一般用于较高档次的盆上。

盆面的工艺处理方法较多，部位上分盆壁、上部、中部、下部的处理。盆外壁造型处理有凸奎、凹奎，盆壁有凸起或凹下的平面，上面可饰字画图案，以增加盆的文化含量。盆浅无壁，可做线条处理，装饰线条可做于上、中、下或盆沿。有单线和复线，单线多做于上部或底部，高盆也可做于中部，复线以双线为主，多做于盆的腰上，称腰线。线条在上者称为口线，在下者称为底线。盆面线条根据多少，在盆名上加单线、双线、三线。线条分为凸出和凹陷，凸出的称鼓线，凹入盆壁称凹线。在一些工艺盆上，盆面还要堆画、雕刻、镂空，加上色彩、花鸟山水人物字画。也有装饰回字、工字、万字等纹路。集书法、文学、绘画、雕刻诸艺术于一体，具有较高的工艺价值，算得上一种收藏品。

盆孔是盆的又一个重要组成部分，它在盆外观上看不到，但在盆的结构上起作用。一般的树桩盆景爱好者都用有孔盆，看中了无孔的盆，买后也要自己想办法打孔。盆孔有圆有方，以圆为主，少数大型孔用方孔。孔数有单孔、双孔、三孔、四孔、五孔等，孔的大小和数量因盆而异。孔的栽培作用是透水，防止连阴雨盆内积水，也有透气作用。盆孔不能贴地设置，以防蚯蚓、害虫、蚂蚁、草根由孔入盆，影响树桩的生长，还可防止水滞烂根。

有的盆带有水托、几座、脚架，以配成套，既有观赏作用，又有结构作用，完成一桩、二盆、三几架的盆几匹配，比另配几座和谐自然，只需陈设于桌案上即全有了。托座架还有承水作用，可承接盆中流出的少量之水，以防污染环境，具有实用价值。

宜兴紫砂盆大都落有款章，以表明制作地名、厂名、制作者、年代。出自名厂、名家之手的盆，是盆景爱好者及收藏者心目中的极品。

紫砂盆的具体称谓没有标准的命名法，按习惯进行延用。日本称呼以产地、形状、材料三因素进行标注，如紫泥长方、祝峰椭圆。也有用色泽、材质、加工方法和形状进行标注的，如黄钧窑椭圆。这种称呼还不能区分盆的细小差别。中国盆景著作中还没具体标注盆的形状、规格、产地、材质等内容。不如日本重视对盆的标注，应该学习这一方法，以增加盆的尺寸大小、材质概念，在图片上更好理解盆景原作。在生产经营中，采用了规格、形状、脚、线、面、口、材质等法混用，以明显的特征来简化称呼，不能简化时，则增加称呼的素材，直至能准确区分相似盆的差别为止。如七尺长方红砂凹奎飘口盆，如相似的盆有底线，再加上底线进行区别。如无相似的盆，则可简称，以能区分反映实物则止。如上盆则称作七尺长方飘口盆。盆的规格尺寸以周长进行计量，如七尺金钟盆，盆的直径为二尺三寸，合公制76厘米。七尺方盆边长应为19厘米，七尺长方盆有长边与宽的比例分配，以2:1分长与宽的尺寸，则可成25厘米比13厘米。长宽之比2:1的比例适合栽较宽大的树桩；大于2:1的盆，适合栽宽大的树桩；小于2:1约为3:1的盆，适合栽种体态不大、根部较长、有高远感的树桩，成景较优美，好配石和作地貌处理。

❧ 用盆的大小与深浅 ❧

成型的树桩用盆十分讲究，按照树桩盆景是有生命、有意境的盆中造型艺术品的特点衡量，生命条件要求用盆能维持树桩的生长，适当偏大多装土壤有利树桩的生长，盆土更能固定住树桩。从造型艺术的构图、比例与配景的技术要求来看，盆浅、盆小能衬托和突出大树，达到以小衬大和配合景色的气氛。

栽于景盆的树桩虽然体量较大，但树叶和根系已不是很多，根叶比和根土比已能在人工保养条件下，很好地维持它的生命了。对盆与景二者的认识程度不同，偏重的角度不同，用盆方法就会有所不同，表现出来的品位也有差异。

用盆大时，容土多，水口深，保养方便，日常有疏漏不会出问题。但盆大树小，树与地貌与石的比例被大而深的盆衬小，无法小中见大，造型中最易出败笔。盆小些、浅些，可烘托出树大，一峰则太华千寻，一树则原野百里。同样体积的树桩，小盆里见其大，大盆里见其小，树与盆的关系成负相关。树桩尤忌盆过深，浅盆大时尤可见其浩渺，比例可以成立。小桩用深盆时，树轻而盆重，见盆不见树，主次完全颠倒。

采用浅小盆配景，如果土较少时，可用人工方法满足树桩的生理生长与生殖生长的需求。多浇水肥，采用滴灌、浸灌、喷灌、叶面施肥、伏天置于阴地的办法，同样可维持丰满的根叶比与较大树形，同样可以保持健壮长寿。浅盆能使树由小见大，比例关系较强，在容土能满足树桩生长后，更易出景出对比，浅盆能将树养好，表明达到一定的养护水平。观赏桩用盆小还有利于控制树的比例。

盆小不是无节制的小，以盆小为美。盆小树过大失去比例时，显得头重脚轻，没有重心，没有均衡，失去美感。构图时为了表达宽广深远的景时，用盆可大但宜偏浅，突出景的深、远、大，树的古老也不会被盆歪曲。同时，盆内容土量也增加很多，并不少于深盆，浅盆根系能在盆面出露成蟠曲式，出景强于深盆。盆沿与盆壁构成假想的地平面，帮助出景，应利用好盆壁高度，达到这一效果。

盆上立意

常规盆比较千篇一律，不圆即方，用圆弧和方形变化，配合盆口、盆壁、盆脚进行造型变化，丰富了盆的形式，增大了使用盆的选择。同等大小深浅的盆，市场有上几十种、上百种的款式可选择。

尽管用盆的样式已有很大的选择，人们对艺术的追求仍不满足，驱使人们去作更大的努力，在盆上创出新意，不断丰富和发展盆景的创作表现形式，达到百花齐放、推陈出新。

盆上立意不只是常规盆外的用盆方式，尤须使盆上有景有意蕴，能产生诗情画意的方法，盆上立意既要对盆有突破，又必须守法，是可以推广应用的好方法。有的可普及，有的可应用于专业制作和生产、展览、展示。

盆上立意的方式现在已有很多，汉白玉水旱盆用盆极浅，改变了深盆的透视关系，使景显得更大，景中树、石、水结合，景更丰富完美，深受人的喜爱。最宜表现远景，宜近、中、远三景结合，盆有画纸、地平线等感觉。

砚式盆景用盆取材于自然形成的片状石，作为既养桩的盆，又是地形的景，将盆和地貌完美地结合在一起，打破了常规盆的概念，给人耳目一新的感觉，带给人们在盆上出景的创意，值得借鉴和推广。砚式盆难觅，宜表现远景，用树不是太挑剔。

云盆、根盆，也是自然形成，不能人工大量生产。盆上有意的景盆，由于数量较少，不易看到，但其景生盆上，盆树辉映的景观已为人们重视。已有人用各种材料把盆制作出来，改变了在展出时才能见到的状况。人工

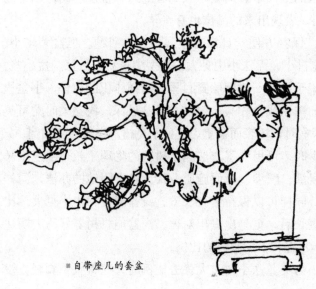

■ 自带座几的套盆

制作云盆、砚式的代用品盆，有技术到家的，效果非常好。

除了砚式、云盆、根盆以盆代地貌外，还有以盆代山的景盆法，山树结合效果非常强烈，人的作用和选材比较重要。有以盆代画纸、代天空的挂壁式盆景；更有以盆代山、代石、代水、代地平线、代公路等各种局部地貌的表现方法，都是用盆较有立意的方式。

盆上立意将盆的作用突显出来，符合盆景的特性，丰富了盆的内容，改进了盆景制作的表现方法，使盆上有树、石、水的结合，形与神融汇到了一起，诗情画意浓，意境突出。而且盆上立意效果的盆景方式，可以利用许多形状较平淡的树桩，有较大数量生产的可能性，能降低价格，保护资源，推动盆景的普及与提高。

盆上立意另外还有一些表现方法，采用与别人不相雷同的盆，如青石手工盆、花岗岩盆，盆上刻名落款打上时间，都有新意和寓意。

无盆与有盆盆景

有些树桩盆景形式，看似无盆，如砚式盆景、景盆法、附石式。砚式的树生于片石上，没有直接的盆的概念。但石起了承受泥土重量、容纳泥土与树的功能，并限定景的范围，实质上是起了盆的作用。只不过将盆与景结合起来，景生盆上，盆是景，景也是盆。景盆结合得天衣无缝。因此砚式看似无盆实是有盆。

景盆法是看似有盆实无盆。景盆法人工用石成盆，景盆结合很有风格。它可装于盆中，也可直接放于台上，能够独立成景。因此看似有盆实无盆。

附石式人们一般将其置于盆内，从盆中水或土里吸收养分、水分。其根基包容在石中的泥土内，或抱于石上，靠石或泥的毛细作用吸水吸肥。或经雨水淋湿，持水生长。看似有盆，实为无盆。

挂壁式盆景在盆景分类应用中有边缘性，也是看似有盆实为无盆的形式。它的盆作画纸应用，不能容纳较多水土，不能较好蓄养植物。应用于山石盆景较好发挥。

盆与景相结合，盆融于景中，景中有盆，盆中有景，其格调清新，极其自然，入画出意，有风格和创意，能打动人，受到欢迎。只要将滴灌、浸灌应用于其上，解决了养护问题，使它的普及更为容易。将成为盆景陈设中的常见形式，而不是只有在展览或专业盆景中才能见到的稀罕之物。

云盆和根艺盆

云盆是钟乳石形成的代用盆，为自然景盆。根艺盆是树桩异型发育形成的应用景盆。二者异曲同工，都是自然形成、能盆上立意的树桩盆景用盆。

它们有天然的容土面积，能与树桩结合得自然融洽，达到天衣无缝的程度。打破了常规工艺盆的概念，其风格清新，不太常见。

云盆石质能长期使用，也可展出活动时临时应用。根盆木质不能长期使用，只宜展出活动时临时使用。

■ 根盆、云盆

其日常养护浇水，可用传统的浇灌，也可用滴灌、浸灌，或与其他方法相结合灵活采用，加强养护管理，可长盛不衰。

石质材料盆

石盆是以石质为材料，用机制或手工制成的盆。如汉白玉水旱盆、花岗石盆、大理石盆、青石盆、钟乳石盆、云盆。

云盆不经人工制作，自然天成，也属石盆的范围。砚式以石板、建筑用材做盆，本质上也是石盆。

石盆有成批用机械生产的汉白玉盆，也有非成批人工生产的手工制作盆，如青石盆、花岗石盆，还有自然天成的云盆、砚式石板盆。手工制作的石盆数量极少，使用得法，有独特新颖的品位。制作方便者，可大量采用，形成风格。云盆、砚式盆因较为自然，桩盆景融为一体，受人喜爱，仿制加工的也多起来了。

景盆法

景盆法是盆上立意，使树与盆与景结合在一起，达到自然真实的效果的一种成景方法，较有风格和创新。

景盆法其意义是盆上有景，景生盆上，景也是盆，打破了传统盆的观念，拓展了盆的作用范围。

制作可用整石打洞，或用碎石组合粘接，种桩其内，布势成景。要留好底部吸水口，以便于泥土吸水，简便养护方法。软石能吸水，则可不留。养护用赏水供应，夏季高温不足时，可辅以滴、浸。水多时可不向托盆水域供水。

■ 以石做盆

广义的景盆法包括了砚式、云盆、根盆等天然材料或人工仿制天然材料成为景盆的方法。景盆也可放于水托盘中，养护和欣赏，也可单独成景。

景盆法是人作用于盆产生的效果，一定程度改变了成景方法，景的深远优雅更佳，注重景的描述，树景意结合好。对树的要求较宽，小桩也能应用，成本低、技术含量高、人的作用突出，有利于普及，也能被公众承认接受。

景盆法是个大概念，广义上也应包括砚式盆、船壳盆、云盆等形式。

■ 以石做成景盆

慎用异形盆

盆钵一般盆口形状较为简单，正圆、椭圆、方、长方，在此四类基础上对盆口作一些装饰性处理，如方盆用鼓凸线条变形为鼓形方盆，或作抽角，局部小范围改变这4种基本形状。

异形盆则打破了以上4种基本形式，用变化较大的曲线打破常规的形状。云状多曲线盆，则为其代表。由于线条变化较大较多，与盆中的树、景、地貌的协调性差，用以构景，并不中看，没有了盆的地平线的感觉，地貌的分界不清。尽管其工艺复杂，应用起来不适宜。所以应慎用异形盆。

另有一种细腰四方签筒均釉盆和鼓肚腰圆盆，形状好看，但换盆很不方便，不能顺利地将桩从盆内取出，不实用。

有的异形盆比较好看，如圆鼓肚云脚盆，其深度较浅，退桩时不是很困难，可以采用。

盆景与几架案

树桩盆景艺术固有一桩、二盆、三几架的审美方法，阐明了三者之间的体系关系。

盆艺的群众实践中，重桩、重盆而轻几架。有的爱好者有桩有盆可以花钱，买盆时原装几架却可以要盆不要架，轻视几架作用。说明对几架的认识水平还没有到位，也说明盆景爱好者只发展到桩盆阶段，受经济条件的制约，几案的发展还未到来。常常只见盆景见不到几架的陈设，而更不用说案了。达到几架与案还要经过一段相当长的时间。小几制作不复杂，用料好找。高几和案用料做工都十分讲究，陈设也需室内场地来摆放。盆景要发展必然被各种因素限制，案和几架即是2个限制因素。

几架并不是可有可无的盆景附属品，而是盆艺的组成部分。几架与盆景互相映衬，更显优雅，更具传统特色，几架也有欣赏价值，能锦上添花。评价盆景有时也将几架列入评定范围，最著名的范例是"秦汉遗韵"用的元代九狮石墩，完美地体现了盆景艺术一桩、二盆、三几架的效果。

几架还可调节盆景放置欣赏的高度，创造最佳的欣赏角度，将其美与意境充分展示出来。

几架的评定看其制作是否精良，与盆景的搭配是否合理，三者相得益彰而不是破坏了盆景的风格与意境的体现。用几有传统的审美陈设习惯，成为审美定势，创新时需守法。

广大业余爱好者条件有限，可采用因陋就简、就地取材的办法，利用现有的书架、茶几、桌柜进行摆设。或自己加工，或采用树根、石头、金属、塑料等物制作利用，可增加盆景陈设的情趣。庭院中的盆景，放于砖座、水泥架、竹木架上即可。

❧ 盆景的几架案 ❧

树桩盆景的几架可分为桌案、架几、案几、搁架。几架与盆、树搭配起放置承重，调节最佳观赏位置，装饰盆树的作用，三者交相生辉、相得益彰。

桌案一般放于地面，案几、矮架几可以再放其上，起承重、调节位置和装饰作用。也可单独陈设摆放相应的盆。矮架、矮几放于其上更显优雅。案的形体较大、结构稳重，与作用相应。案的数量较少，一般只在展览中能见到。代用品用得较多的有长条桌、方桌、写字台、平柜、茶几、高架、影视柜。案多为长方形，偶见四方形和椭圆形。

桌案分为明式和清式。明式线条流畅，结构简练，造型雅致，用料较大，案脚较小。清式案架造型复杂，多用雕镂和镶嵌，工艺讲究，富丽华贵。桌案架几结构采用三包尖隼，做工考究。

架几是指落地式高低不等摆放签筒、斗盆、圆盆、方盆的托架。一般形高体瘦，四腿或六腿，鲜见三腿或五腿。较桌案常见。高于桌案，也有置于案上的矮几架，高度低于桌案。常见形状为方形、圆形、连体，偶见椭圆形，形状变化较大。

架几的形式多样，常见的有虎脚几、直脚几、曲线几、连体几架、异形几、书卷几。每种几又有不同的变化，书卷几有卷拱弧度和渐开线上的变化，虎脚几有腿上的胖瘦、脚的内外向、脚的形状的变化。雕刻上的变化更大，重复的极少。老的几架已成为收藏品，较难看到。

案几，摆于桌案之上，起与盆协调与案过渡的作用，限定盆的精确位置，与案盆结合效果甚佳。案几使用频率最高，最为常见。

■ 盆景的几架案

　　搁架分为两搁架与四搁架，专用于汉白玉盆的托架，在盆景中经常见到。

　　放置盆景的案架几按用材分有木质、陶质、石质、根质、竹质，随着新材料的发展，塑料、金属等也可制作仿古几架，价格合理，可以普及推广。

　　案架几按放置地可分为室内与室外。室内多用木质高档案几，室外受阳光雨露，多用石材、水泥做成简单的几架，可长期放置不会损坏。

　　案架几放置的高度可分为落地式和桌上式。

　　案架几颜色通常较深，红棕、橘红、黑色、紫色、褐色、栗色类较多，显得稳重端庄。几架颜色搭配与盆树协调，能达到好的视觉效果。

　　案架几用于盆景需注意在大小、高矮、轻重、形状、色彩等方面配合协调，相映生辉而不喧宾夺主。选用几架一般高盆高几、矮盆矮几、方盆方几、圆盆圆几、长盆用条形几或书卷几。

　　有时方盆圆几或圆盆方几可以变化，悬崖式用矮几则无险峻之感。几架的面要大于盆底的面积，方显和谐稳重，盆大架小不合理，几大盆小也不相称。架的重心要稳定，与盆轻重相衡，大桩大盆要用浑厚稳重的案架，浅盆小桩可用轻巧的几架。微型盆景则可集中放于博古架上，陈设集中、琳琅满目、方便观赏效果好，博古架单体必须有稳住重心的脚，才适合下重上轻的视觉规律。

～ 新材料、新方法盆 ～

　　盆景之盆很传统，但也有新材料与新方法盆产生，打破了传统盆的概念。

　　目前的新材料有化工塑料、石料。塑料盆制作容易，能大量生产，保水条件好。国外有带水位标尺的套盆生产供应市场，简化了浇水的技术，延长了浇水的时间，比较实用。国内见有用石料制作特种盆的，上可刻固定的名称，如"蟠龙"，较有意韵，形状、尺寸变化大，可作特殊用盆。

　　砚式盆是较有新意的新方法盆，其景与盆结合效果好，应该受到重视。一般直接用石板料制成，有的是天然形成，也有人工加工制作。天然盆形成难、数量少，难于得到，但质量好，为精品树桩用盆。现因其意韵较深，已有人工加工方式，用石板加工，更加实用。如果采用陶料制作，其形状变化可加大，应用性能更好，可将供水系统融入盆上，使养护更省事。但需厂家配合，定型小批量大变化生产出来。有厂家能开发此产品，可以增加新盆种，占领市场，为盆的发展做出贡献，推动砚式盆景的发展和普及，使砚式盆景成为日常的形式。石料人工加工砚式盆已经比较方便，可少量生产出来，供自己应用和加工出售。

云盆天然形成，数量稀少，较难找到。人工加工比较麻烦，但可加工出来，用于精品树桩。用软石加工，则比较容易，唯坚固耐用性不如硬石，但吸水肥好，更方便养护管理树桩。天然根艺盆数量少，但成景有意，是值得重视的短期展示用盆。在材料易得地区，可注意开发利用。

另见有一类陶或瓷盆将山石、岩壁、竹树器物的形象设计为盆，与树结合，成景自然真实，效果较好。如盆景图片中有一用盆，盆为瓷质山岩形状，较逼真，将悬崖树桩种于其上，岩树俱全，景树相映，临岩飞挂的真实感强，是将盆变化为景的方式。

13 树桩盆景的命名、陈设和应用

SHUZHUANG PENJING DE MINGMING CHENSHE HE YINGYONG

树桩盆景应该命名

盆景命名是中国盆景的一大特色。过去有过树桩盆景命名与否的争论，盆景命名说占了上风，这与盆景的艺术特性相适应。盆景不命名，不能深化盆景的主题，不能区别此盆景与彼盆景，也反映不出作者艺术品位的高低。

如果不命名，一盆怪柳盆景"丰收在望"，表面看到的只是古干老枝，怎么与农民的丰收相联系，经此命名画龙点睛地反映出农民丰收在望的喜悦心情。不命名，盆景又怎样与人们的现实生活相联系。没有命名，人们看后只感觉树与人的存在与否，健美与否，不能引导人们联系社会生活与自身经历进行思考，深化作品主题，不能使物质对象与人们的精神生活发生联系，也不能突出创作者的主观意志，起不到艺术品的效果。这种无命名的树桩盆景，真的该称作盆栽了。

反映盆景的主题需要命名，盆景的艺术特性也要求有命名。既然是艺术品，就要有艺术品所反映的主题、精神、意境，这些都需借助与名称相结合，才能反映出来。否则一盆作品，仁者见仁，智者见智，各说纷纭，无一统领的提纲，无法表达作者的主题思想。艺术品的属性反映了人的一定的创造性，而人的创造性不只反映在对枝干的造型培育技术上，更反映在人的精神作用上，形成真正的盆景艺术。日本及我国香港、台湾的盆景，有许多长处，其选桩养护深得现代技术的滋润，但无命名，每盆优秀的盆景，就只是一盆古老大树，主题的表达见不到，不能引起人们深入主动的思索，这是后来模仿者未学到的精神内涵。我国台湾盆景过多的吸收日本盆景的造型方式，重选材、做工、培育技术，而丢失了中国盆景的文化精髓，达到的是形似而非神似。所以他们的盆景暂时还叫盆栽。

树桩盆景的命名还能有助于分清个体。如同是金弹子盆景，有直干弹子、有曲干金弹子；同是一个作者的金弹子盆景，有悬崖金弹子、有丛林金弹子；同是丛林，

■命名让它有了"垂钓"的称呼

有稀林和茂林之区分。如不命名，很难分出此金弹子与彼金弹子盆景，十分容易混淆，张冠李戴，在评论、交流的时候尤其如此。

在中国盆景艺术的发展中，形成了一种盆景文化，这是中国盆景成为国粹的一个重要内容，是中国盆景的一大特色，中华文化博大精深，这也是一个佐证。我们要将盆景发扬光大，盆景的命名就是一个方面，盆景与文学结合，才能提高其艺术魅力。

盆景的命名不能简单化，不能故弄玄虚，应该因景赋名，因意取名，景名相符，深化内涵。题名准确，确有寓意的名称，人们是赞同的。取名不实的命名时有发生，过分夸张、词景背离、生搬硬套的题名，才会受到人们的反感。也不是所有的树桩盆景都需命名，可根据自己的爱好、用途而定。尽管有时无名胜有名，但是用于展览、发表的作品，个人的精品，还是以命名为好，以便交流。实在过于勉强，无题名也可。

盆景命名难

树桩盆景命名比制作更难，制作是操作、实践性很强的活动，只要动手就可进行。命名则很抽象，需借助自身经历和素养等各种综合条件进行。很多人都为命名开动脑筋，感到了命名的难度，更感到了命好名的不易。

命名难，难在命出好名上。同是命名，有的人命名能达到景意结合，超然景上，以景反映出时代精神，反映出诗情画意，反映出人情风俗，及人的内心活动，达到引人入胜、情景交融的境界。

命名难，难在对它的学习、研究不够，对命名的方法掌握不好上。多看书，善学习，循方法，常练习，肯改进，是能命出好名的。只要有心，只要去做，像实作一样，动手动脑，可以达到熟练命名、命出好名的效果。

象形式作品"龙眺嘉陵"的命名，经历了反复思索、不断改进的过程而命出来的，达到了本人基本满意。开始命名"龙之王"，后来命名以象形结合地域进行，也将龙王巡江的传说带进去，结合重庆走向全国走向世界的美好愿望，命名为"江龙出海"还不够明确地表达时代精神和地域特色，江之指谁，不明确，出海只是走出去没有请进来。"龙眺嘉陵"则是借龙之眼和形，有敞开的心怀，走出去请进来，将直辖后的新重庆的面貌，介绍给世人，并给人一个美好的希望。地域特征明显，有鲜明的时代感，有积极向上的社会进取精神。文字较含蓄，能引人思。直辖后的重庆，如火如荼的经济发展，吸引了沉睡海中之龙王，它也要来看看重庆大地的巨大变革。展望的内容实在太多，无法描述，只有人去领会了。

■ 此桩龙首具象，龙角、龙须、龙鼻、龙眼甚至腮帮子，似活的雕塑，形成极有难度。造型服从龙形，突出龙的面部特征。"龙眺嘉陵"之命名，寓巨龙被改革开放所唤起，展望长江上游西部开发的中心城市的新英姿，贯以时代精神

怎样命名

盆景的命名，必须要遵守一定的规范，有它的形式、要求和方法，有它切合实际的精神内涵。命名不当，也会影响盆景的美学价值。在规范中自由发挥进行命名，较为实际。

命名中，要做到景名相符，文字要简略，不宜成句子出现。只要能表达作品的形、韵、意，能表达作者的思想，字少比字多好读、好记、好发挥。少要少到不能更少的字数，有调动观者的思维参与欣赏、升华作品内涵的功能。中外的许多艺术作品，都是以短语进行命名的。

有人对一盆银杏笋的树山式盆景命名为"活石林中绿云绕"。景名相符，紧扣题材和造型方法，但用字太多，成了句子，还可减少，不如"石林绿云"文字简略，同样能点明主题。再加上"飞"字成"石林飞绿云"则可强化动感。

命名要符合语法规范和用语的习俗。地方性的语言、生冷的语词，尽量避免少采用。注意语言内容的同时，可以兼顾读起来流畅押韵，产生韵律和节奏感。向诗词、书画的命名学习，读起来抑扬顿挫，顺口好记，读后能使人产生较深的印象，较快较深地记住命名。命名含蓄、委婉，让观赏者思，更有价值。能增加意趣，比平铺直叙有味。一览无余，没有回味，不是好命名。

命名要画龙点睛，但不能画蛇添足，将命名的实与意相结合，达到弦外有音、画外有意的意境上，由它生情，以名寻胜，用名提高作品的意境，提高人们欣赏的

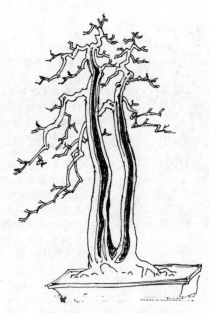

■"和谐颂"的命名以名称,点出形式的特征,也歌颂和谐社会建设受到民众的支持

兴趣和水平。

命名的技巧很多,切题,有形象,有节奏,有动感,有声色,有实虚,突出重点,突出意韵,守语法,好记忆,注重人们的审美习惯。达到其中的几项要求,一定能命出好名来,收事半功倍之效。

命名中,要防止平淡离题,直露与含蓄相结合,忌呆板无声无色、繁杂面面俱到,唯恐别人不知道作品的手法与意图。不好的命题,反而会降低作品的欣赏效果和艺术水平。

命名的方法有:

1. 用古诗词中的名句,结合盆景的画面命名,宜切题。古诗上口,有诗情画意,人们熟悉,借用时必须景名相称。以免弄巧成拙。诗词命名易重复,可在文字上进行处理,以免重复。如不能处理时,可用作者名及树种名加以区别。

2. 用树种命名,能直接介绍出树种,比较形象直观,使观赏者能一目了然,有介绍功能。但极易重复,无法互相区分具体的盆景对象。如加上一些含意,进行提炼升华,则更有味。如"六月飞雪"、"古松"、"双龙柏",就有树名,有意趣,结合较好,容易区分同树种命名的盆景。

3. 用摆件、配石应用材料命名。摆件配石用以点景命名,可收到较好的效果。"丰收在望"、"八骏图"即是用摆件命名取胜的范例,可供借鉴,如果有发挥,青出于蓝胜于蓝更好。

4. 以主景形象姿态命名。主题以树为主,可突出其形,可突出其意,如"一山飞峙"即以树代山、屹立大江之边的主景进行命名。

5. 以树、景的意境命名。"生死斗"为象形意境盆景,命名不以形象为题,注重它的内涵因素,以鸟蛇的搏斗,突出生与死的较量,引申出生物之间优胜劣汰的残酷和自然生存规律。也引申出竞争的技巧能力,可决定胜负,鸟蛇之间,谁死谁手,还有待用搏斗来最后证明。其造型与命名,互相能够紧扣主题,突出的是意境。

6. 形与意结合命名。形意结合命名,使命名的文化内涵有物质载体,实物能丰富文化内涵,如"龙眺嘉陵"形与意互相结合,相映生辉。

7. 以中外著名民间传说、故事、典故命名。能增加民族特色和丰富文化内涵。"望夫归"、"被盗去头的海的女儿"即融入了民族特色、文化典故。

8. **拟人化命名**。拟人化命名不是以形象命名，而是另外一种命名手法。如"生死恋"、"同心连理"、"凤舞"，是因形而意的拟人化命名。

9. **系列化命名**。扬州的巧云式盆景的命名，有用云来系列化命名的方式。"飞云"、"层云"、"追云"系列化命名有连贯性，可以形成风格。赵庆泉先生的系列水旱盆景用"图"命名，如"烟波图"、"归樵图"。

10. **地域化命名**。嘉陵风光可出系列化命名，如"嘉陵古渡"、"嘉陵朝晖"、"嘉陵春光"、"嘉陵歌乐"、"嘉陵新貌"。系列化命名有表现手法上的连贯性，有助于形成个人风格和地方特色，从命名上即可反映出风格派别来。单盆也可用地域化命名，如河南开封王选民先生的"黄河之春"，从命名上突出了地域性和地方特色。

11. **个性化命名**。个性化的命名比较能突出自己的艺术特色，思想倾向。个性化比较广泛，如喜欢清秀、古朴、粗犷、险峻、水石结合等，实在丰富多彩。人们的命名可按自己的爱好兴趣方向发展，产生出个性来。

贺淦荪先生的作品命名有历史沿革，突出了时代主旋律，反映了先生强烈的革命爱国主义的思想，既有个性，也有时代精神。

本人崇敬毛泽东，它是普通人民的真正代表。本人将对毛泽东的热爱用于盆景的命名中。"一山飞峙"、"刺破青天"、"高树入云端"、"金猴奋起"等，均采自毛泽东诗词。

12. **以时代精神、时代特征命名**。树桩盆景在时间上与历史结合较多，与现代结合的较少，现在开始注重与时代结合。"海风吹拂五千年"、"我们走在大路上"、"更立西江石壁"、"巴山蜀水换新颜"都是有时代特征的盆景命名，值得提倡。

13. **用内心世界的活动命名**。这种命名方式极少，但在现有的盆景作品中也可见到。它能反映人的内心世界的活动，大到历史的决策如"心潮"，小到丰收的喜悦如"丰收在望"。此命名生动，较能调动人的感情参与，富有感染力，可在创作中注意使用。

14. **多因素组合命名**。命名的因素很多，有时用单因素命名，有时用双因素命名，有时可用多因素命名。多因素组合命名不是将命名复杂化，而是有机结合，使命名更富形和意。是一种方法，不求面面俱到。用好了，可深化命名的技巧与内容。如"望夫归"，有拟人化、意境、形象、民间传说、内心思想等综合因素的融合，言简意赅。

15. **多个命名**。有的树桩，因季节不同，构景的方式改变或立意变化，体现另外的主题，可作多种命名。如"不屈的少女"又可命名为"望夫归"，还可命名为"被盗去头的海的女儿"。红枫、红檵木的桩头，春叶绿时，命名为"苍翠"；秋叶红时，可命名为"万木霜天红烂漫"。多种命名时，应注意应时应景，因需设题，尤应注意不要混淆，以免出差错。

16. **以树或景的部位特征命名**。有的树某个部位较有特征，或整个树形有特征，可用作命名。如一挺拔向上的树桩，命名为"试比高"。以景的特征命名也是一种方法，如本人一盆水旱盆景，江中砥柱中流的石头为碚，流水回旋的地方叫沱，以其命名，为"嘉陵碚沱"。

命名的个性倾向

盆景的命名是制作中要进行的一个程序。有时放在制作之前，指导制作按命名的主题方向进行。有时是得到素材后，边制作边构思命名，将作品的内涵发掘表达出来。

命名时，由于个人素质不同、经历不同、材料不同，命名会有差异，也会有个性、风格产生。决定个性化倾向的是事物的复杂性。个性化倾向是从复杂回到简单的应用结果。

艺术作品技艺达到一定的层次时，作品就有一定的风格，这是艺术的发展规律，命名也不例外。命名的个性化形成命名的风格，贺淦荪大师的作品有风格，命名也有系列化的个性倾向，反映出大师的爱国主义倾向。

命名的个性化倾向，源于自身经历，文化上素来注意学习思考形成的修养，学历文化程度只是其中的一个方面，是基础的东西，基础不用，也就没有其上的宏伟，关键是平时的锻炼，长期习得。生活的地理位置，对故乡的认识和感情，对生活的态度，甚至政治倾向，文学修养好，作品本身好等，都是命好名的基础。命出有个性化倾向的好名，是这些因素的综合作用，是智慧与勤奋的结晶。

命好名，追求个性化倾向，是一种艺术追求。个性化的倾向与风格有一定的差异，需要用系列化的作品来体现，如贺淦荪大师的作品命名"风在吼"、"我们走在大路上"、"心潮"、"海风吹拂了五千年"、"祖国万岁"，有系列化、个性化倾向，有社会精神主流的表现。个性化强烈，倾向强烈，是命名上的典范。这是爱国主义精神在命名上的倾向性表现，也是主题化了的系列命名法，不可否认的也包含了作者的政治思想。

以地域上的特点命名，也可形成个性化的倾向，如河南开封王选民的作品以柽柳为主，突出黄河中州特色，命名"黄河之春"其地域特色突出。

重庆的一些作品中，命名用嘉陵江、峡江、歌乐山，突出地域特点与风景的结合，可产生系列的地域化命名，形成有地方特色倾向的命名，是突出重庆盆景的一个思路。

树桩盆景的陈设布置

盆景的陈设是用于展出参观欣赏的摆放布置方式，使其处于较好的角度、高度、距离，有利于欣赏，有利于用环境与盆景互相衬托，展示出盆景的风姿，而且不严重影响树桩的生长。

树桩盆景的陈设讲究空间、环境、陪衬、几架及其相互配合，兼顾一些特别的需要。

空间与环境相似而不是一个概念。空间是盆景放置的具体地方，环境则是放大了的空间。陈设放置的空间不能过于狭小，才显得自然而协调，给陈设处增加美感。小房放置大盆景会打破均衡，制造不协调的气氛，对开阔空旷的平远式盆景，会影响景深的表达。摆放的盆景与空间协调，才不会影响主题的表达和被环境破坏，产生压抑感。空间不能随意形成，只能加以利用。空间对陈设期树木的生长会产生影响，陈设的空间必须注意到这种影响。

环境具有空间的意义，有放大了的空间的作用，环境在盆景陈设时，与其他物质共同增强气氛。它可以有各种条件来配合，如庭院中、建筑物、广场上、公路边、楼台旁、室内案几器物上等。盆景对环境能起美化作用，使环境优雅，增加情趣，丰富内容。环境对盆景也有衬托作用，好环境使二者互相促进，锦上添花，相得益彰。杂乱无章的环境，与优雅的盆景不太协调，能减低盆景的美感作用。陈设中应隐恶扬善，用较好的环境，来增加盆景作品的美的感染力。

陪衬是为了增加陈设的气氛，而采用的突出文化、喜庆、主题的渲染方法，用诗词、对联、图画、背景、色彩等，将主题烘托出来，加强陈设的效果。在较大的展览中，常用单一背景的方式，在雅室中陈设可用对联、图画、诗句作陪衬，以增加文化氛围。个别特别突出的桩景，有主题意境，可结合主题进行文化陪衬，以加强陈设效果。陪衬也可用其他方式如赏石、根艺、插花、工艺品等进行。

几架托承盆景，互相烘托，是盆景艺术的一个组成部分。几架的作用，一是放置承托盆景；二是调节最佳观赏高度和位置；三能锦上添花，与桩盆互相辉映，更显优雅与传统特色。中国盆景固有"一桩、二盆、三几架"的审美定式，较重视几架的作用。正规的木质高档几架陈放于室内，室外则多用代用品，才能经受风雨阳光空气的侵蚀。

陈设中盆景摆放的高矮位置很重要，平时摆放都偏低矮。造成低于视平线，俯视的较多。正确的观赏位置应以主干与人的视线平行，才能充分看到盆景树桩最美观的树基与树干结合部，透视关系才能出来。树体虽小，小中见到大，地貌与树的透视感也强。室内放于各种案桌上，适合于坐姿观赏，不适合站姿时树木与人的高矮视角关系，也不适合人与自然树木的透视关系。悬崖式盆景更宜高些，树干中部与人眼平行最恰当，悬崖之树临崖高挂险峻顽强的树姿与意味，才能体现出来。过于低矮，无悬的感觉。摄影取景，也应注意不可造成平视取景构图，更不要用小俯角取景，以免失去悬险之感。常见放置悬崖式的高几，仅胸高，罕见能达视平线的站姿高度，不适于站姿观赏。

■ 陈设的文字陪衬

陈设的角度能隐恶扬善，将优美示于人，将缺陷藏于美中，达到藏露得法的效果，在陈设中应注意较好地应用。

盆景的陈设有临时和长期陈设，有室内陈设与室外陈设，有展览陈设和应用陈设，还有欣赏与养护相结合的陈设，家庭陈设应用较为普遍，较有典型意义。各种陈设各有其特点，应针对其特点进行布置安排。

展览陈设数量多，盆钵大，摆放集中，需较大的环境场所进行布置安排，尽可能按规模布置好，讲究气氛。一般采取搭台设帷进行，重点的也可用几架配置。家庭陈设可简可繁，无条件者利用家具、窗台、阳台、金属栏都可因地制宜进行。有条件者用案架几配合，用固定的地方放置，气势格调迥异。家庭室内陈设时间较长，需注意光线通风等生长效应与观赏效果相结合。平时放于室内有利生长的地方，有社交活动时，放于需要的部位，或轮换陈设。

陈设中摆放稀疏效果好于密集。常见的盆景展览，由于条件场地限制，过于密集。盆景与盆景，人与人之间干扰较大，使人的视线和注意力不够集中，影响欣赏和欣赏效果。陈设没有陪衬时，背景就要简洁，以浅色为好，与盆树的反差大，能突出盆景。场地的光线要好，才能集中欣赏者的注意力，看清枝、干、根、叶的细部结构，达到品评的目的。陈设中不同类型的盆景及陪衬品，要注意搭配。不同颜色、类别、树种、盆式、风格要用搭配增强效果。开花结果，落叶与常绿也要搭配布置，大中小型，也可互相映衬。不同风格的盆景，更需注意互相搭配，以增强展览陈设的风格变化，产生节奏起伏。有时需要突出主题，如某一树种、某一盆景作品，具有地方风格或历史意义、名人效应，或每届盆景展览的主题，可用突出的位置进行陈设。

陈设中还要因盆景的形式、景深、观赏面等，决定盆景的陈放位置。远景式应背景清晰，避杂乱以免影响景深的表达。悬崖式宜高，才有悬挂感。多面欣赏的，则要放在中间位置上，以便于前后左右进行观赏，达到展示效果。在大厅、广场及家庭客厅的中堂茶几上，宜摆放多面观赏的盆景，主客多方都可兼顾到。

养赏结合

树桩在栽植造型过程中，周期很长，通常需 5 年以上时间，缓生树要得到粗壮的枝条，需时更长。如小叶罗汉松、金弹子、石岩杜鹃、五针松等。为了得到较粗的多级枝组和得到良好的树相，必须先期蓄养树势，形成正常的根叶关系后，才能修剪达到培育与造型目的。

培育期树桩姿态未出，骨细枝弱，枝条瘦长，许多人没有耐心等待，急于进入观赏。采用养赏结合的办法，可减少苦心等待的时间。早期修剪，布成雏形，边育边赏，不失为一种办法。

修剪过早，骨干枝及次级枝均不能增至较粗，当年修剪还影响新根的形成，必须加强培育，增加光照，薄肥勤施，促成造型枝大量生长。根外追肥，生长激素促叶促根，可增强树势增粗枝条。

有姿态、有格调的精品树桩，应按高标准制作，使骨架分布更趋合理，枝与干的过渡关系更好，突出技艺和功力，体现出良好的时间和空间关系。因此宜缓剪，每级枝组增粗达到一定比例后再剪，多留助长枝，调节好长势。育桩前期不剪和少剪，是调整好树的长势、增粗枝条的根本方法，出型更快。适时合理修剪，也能促进快速成型。赏养结合，必须注意培育与造型的关系，才能避免欲速则不达、事倍而功半的情况发生。

盆景的家庭室内应用

树桩盆景的家庭应用是盆景的应用功能之一。家庭应用能美化家庭环境，增加室内生气，增强陈设品位，提高生活质量，还可休闲娱乐，增进身体健康。

家庭应用以陈设与养植相结合，平时可养可赏，轮换应用，有家庭活动时，以陈设品出现，目前中国盆景陈设已进入一部分家庭。

家庭应用必须有阳台、楼顶、较宽的住房或庭院，以便于陈设和日常养护。

家庭通常在阳台作固定陈设，利用室内窗台、案、几、桌柜临时陈设，光照较弱，应选择耐阴的树种，如金弹子、杜鹃、黄杨、雀梅、罗汉松、岩豆等，这类树种在弱阴下，能较好生长，比较适合家庭陈设环境。家庭适宜中小型盆景，摆放居室墙角处用悬崖式、临水式高盆，摆放茶几用直干、曲干、斜干、丛林式，窗台、写字台、条柜均可摆放陈设。办公桌上陈设应用，更能与人密接触，改善工作环境，提高工作效率。

室内应用宜与室外轮换陈放，生长期 1 个月、休眠期 2 个月轮换 1 次，可保证树桩生长健康。

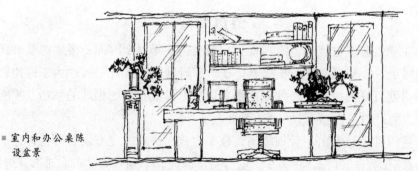

■ 室内和办公桌陈
设盆景

地植树桩成景

地植树桩，以增加环境功能，有较好的效果，已为环境设计重视而有所采用。地植树桩主要是大型树桩，优于其他绿化植物，在体量相当时，也优于山石盆景。

地植树桩成本较高，但作用较大，树桩的难、老、大，不是其他环境陈设品可比拟的。其具有生命性、变化性、难度大、存世少、无法复制、许多艺术品比不上等特点。因而树立城市形象、商业形象、企业形象、个人形象，都有极好的作用。其植物具有净化功能、环保功能，更为可贵。

地植树桩成本较高，但成活较容易，能得到地下水的支持，比盆中陈设树桩的生命受威胁要小些，不是特殊情况，不会导致死亡。企业陈设树桩，无论是地植还是盆养，都必须指定专人、兼职或专职负责浇水，可免除生命危险。

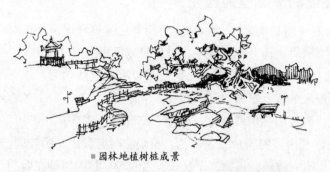

■ 园林地植树桩成景

地植树桩的来源，可用自然类的大树桩头，其形象变化大。如资源有限或资金有限，可作规律类桩头，或生产大型树桩。一个街区或企业，用适宜的树种作地植桩头，10年以后，其势不凡，不可低估。

盆景作商品

商品盆景是用来交易进入流通的盆景，有的是自己生产，有的非自己生产。自己生产成本较低，转手购买成本较高。而商品属性要求进货成本要低，售价随之降低，流动快，薄利多销，利润相对多。也有的采用高出的方式，等待买主，货卖要家，虽然周转慢，但获利较高。二者异曲同工，都是操作手法。树桩盆景低档货多，采用薄利多销较好。高档盆景数量少，来源少，易卖好价钱。

盆景进入市场要有竞争力，除了质量价格因素外，要面对好自己的市场，面对好自己的潜在顾客，采取较好的销售策略和方式，用较好的服务，来扩大自己的市场。内容是热情服务、品种介绍、技术咨询、实行三包。用营销心理学指导销售，打动购买者的心，或成为潜在顾客。

实行"三包"在一般的盆景经营者中还没提出，经营思路中提出"三包"的促销保障措施。内容是：一包成活，死了包退或换。时间为 1 ～ 3 个月，前提是期间不使用化肥药物；二包技术服务和咨询，电话咨询，口头咨询，上网咨询、十分方便；三包上门服务，在购买 3 个月内因购买者缺乏经验可上门进行服务和管理。

商品盆景调动了生产经营者的积极性，满足市场的需求，是普及提高盆景的有效途径，能使盆景进入千家万户，丰富人民的生活，二者有机结合形成产业，应该提倡。

盆景作礼品

中国是礼仪之邦，在交往中重视感情上的交流，辅之以礼品是交流的重要方式，许多人不远万里，携送礼品。送什么作为礼品是非常讲究的，在商品经济非常发达的现在，带有铜臭的礼品，甚无格调，毫无新意，高雅的礼品开始兴起。

盆景作为礼品有重要的作用。一是满足人的爱好。送与有此爱好的人叫投其所好、授之所爱，不会枉送，二是不会重复，独具一格。许多家庭无盆景，作为礼品不会重复。就是有盆景的家庭，因样式、风格、品种、类型的不同，也不会重复，只会锦上添花而受欢迎；三是高雅大方，物有所值。盆景有益环境美、身心美、存世较少，有益无害，摆放室内几案前或阳台上，增辉不少；四是每天可见可赏，能够引起主人的联想，不易遗忘；五是来人来客直观，能增加谈话交流的内容。

中国与日本，曾用作国家之间的高级礼品赠送。在今后的社会生活中，以盆景作为礼品，会受到人们的重视。在经济活动、文化活动、商业活动、政治活动、外交活动乃至日常生活中发挥它的潜在作用，使用好了，效果突出。

盆景作为礼品还具独一性、

■ 广州流花西苑代表中国政府送给英国女王的九里香树桩盆景，成为国家级礼品

艺术性、升值性，是其他礼品不好代替的。

❧ 盆景是良好的收藏品 ❧

收藏品应该具有一定的艺术欣赏价值、经济价值，还要求它存世量稀少，能够保值和升值，群众、专家能认可。

好的盆景是有生命可移动的盆中造型艺术品，树桩有悠久的生命，少则几十年多则几百年才从悬崖岩缝中生长起来，又经过人们的发掘栽培造型构景，具有生命与风景相结合的独特艺术性。美国有 300 年时间的东西算是文物，那么几百年的树桩盆景呢？誉之为活的文物、活的雕塑、活的古董恰如其分。好的树桩盆景自然美、生命美与人工美结合得珠联璧合，取材难得，功力深厚，制作精湛耗时长，画面优雅，意境深厚，还需栽培技术与日常保养的支持。

在艺术品中，具有生命美、自然美、技艺美的除了树桩盆景绝无仅有。从这个意义上说，它具有艺术的魅力，从收藏价值来说也有别于其他收藏品。

树桩盆景作收藏品具有可观赏性，人人可见，直观性强，交谈话题多，商业升值机会也多。它每天可见，满足感强，能愉悦人，调剂心态，有益身心健康，还能从立体空间美化环境，陶冶人的情操，丰富和升华人的感情。

■ 几经易手的传承下来的日本古柏树盆景

树桩盆景的独一性是其他任何收藏品所不具有的，它不能复制，也无法批量生产，连赝品也没有。树桩的寿命长，能成传世之作，"凤舞"即是两代人的结晶，被人收藏。好盆景价值高，保值与其他收藏品相似，树龄与盆中栽植时间越长，功力越显深厚，枝条树根越苍老壮观，价值越高。所以说，树桩盆景不是一般的收藏品而是良好的收藏品。

作为收藏品的树桩盆景，需要浇水保养以维持其价值，这是它的收藏性中的弱点，需有一定基础和认识的专门收藏者收藏，无保养条件者不能收藏。

❧ 门楼、厅堂、广场盆景的应用 ❧

在绿色环境陈设艺术中，大门、大楼、厅堂、广场等场所，是重点对象。用普通的大型观赏植物作陈设栽植，是常用的方法。在高档的地方或商业价值高的这类门楼厅堂场所，可使用树桩盆景，以提高档次，塑立良好的自身形象，增强环境功能，吸引众多的客源。

■ 门楼、厅堂用盆景提升环境形象

树桩盆景富有生气，是住惯了水泥楼房的城市人所向往的绿色环境艺术，而且有高雅的景致，以其难、老、大、姿、韵、意，赢得人们的青睐，更兼制作精良，不用介绍一看即知非一般草木能比，高贵典雅，气质非凡，可大大提高被装饰的楼堂馆所的身价，此非常规的工业化产品所能达到的装点效果。在其内工作的人员，心情舒畅，企业有凝聚力，外来人员能感受到气氛，心有向往。

树桩盆景的应用

盆景过去是达官贵人、富豪名士所享有，百姓对之见闻较少。由于树桩盆景的诸多功能作用，加上社会的发展进步，逐渐被应用于百姓日常生活之中。

较早应用的是公园盆景。过去是公众休闲娱乐、观花赏景的主要场所，为适应公园自身建设和满足游客观赏，一些公园备有盆景，以飨游客。园艺水平较高的公园内，设有专门的盆景园，更吸引人们的注意。公园盆景是早期人们接触盆景的主要形式，它在普及宣传盆景中，起了实物示范的启蒙作用，开始使众人认识了树桩盆景。公园盆景给了人们更丰富的休闲娱乐内容，是盆景应用最普遍的场所。

随着社会经济的发展，藏之深闺的盆景逐步走向了街头。首先在重要的闹市区、商业区、金融区，有少量的大型树桩出现。让来往奔忙于生活工作的人们，在匆忙中感觉到了树的另外一种高级形式的存在。使人们对树的典型的姿态美、古老美，有了更多的感受，了解了人对古老树桩的技艺处理的作用，被众多的大众认识。街头盆景增添了街区环境功能，树立了更好的城市形象，使人们流连其中。新兴街区、商业区，现在已经十分注意用树桩点缀布置环境，以树立良好的形象，吸引客源。

宾馆大楼是早期应用盆景、增加环境功能、吸引顾客的场所。在盆景发达地区，如成都锦江宾馆、金牛宾馆，地栽树桩树姿优美、体态硕大，与宾馆的地位、建筑般配，幽雅华贵。现在雨后春笋般发展起来的商业大楼和企业公司、一些机关团体学校，也比较重视树桩盆景的应用。大门两旁、大楼两侧、厅堂前、大门的照壁，都注意应用大型树桩或山石盆景。显示了其与众不同的地位、实力和眼光，增强了企业的形象。良好的环境让人心情舒畅，工作愉快，身心健康。对提高知名度，提高工作

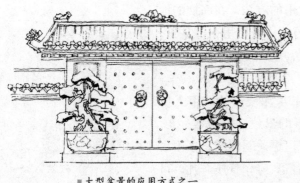

■ 大型盆景的应用方式之一

效率，增强企业凝聚力，不无益处，是一种潜在的投资，不失为明智之举。

作为百姓居家过日子，有希望生活美好的愿望，是人们从事各种活动的动力。美好的生活是多方面的，在物质条件基本满足人们的要求后，精神上的需求也大起来。树桩盆景能愉悦人的心情，它有生命美、造型美、山林野趣，具有收藏观赏价值，能益智益健康，可增加交流内容，使人的智力、创造力得到开发，达到人的自我价值的实现。满足人们的一些欲望，拥有、交往、人与植物的交流。陶冶情操，磨炼性格，培养爱美的心灵，在物质文明上铸造精神文明。因而成为一部分人喜闻乐见的消费娱乐方式，许多普通百姓，加入了盆景欣赏、制作的队伍，培育诞生了盆景市场。百姓的阳台、窗台、屋顶甚至室内出现了不少树桩盆景，是应用树桩盆景功能的有生力量。

由于盆景有一定的市场，能产生经济效益，盆景的生产由过去的小批量家庭生产，进入了大批量商品生产，由小规模进入到专业生产，由低质低效发展到高质高效深度开发上。有的地区还开创有出口业务，使盆景不光带来社会效益，同时也能带来经济效益。许多地方形成了盆景市场，采桩、购桩、制作、消费形成了链条。有了盆景生产、供应渠道，成为盆景普及提高的源头，发挥了树桩盆景的应用功能。

盆景作为礼品、收藏品都有前景。中国送给埃塞俄比亚、英国，日本送给美国，都曾以盆景为国家级礼品赠送。民间的人情交往与经济交往中，也都有以盆景作礼品的行为事例。作收藏品有观赏价值高、能升值、存世仅一盆的综合特点。

盆景的应用随着社会的发展，会更加普遍，中小型化了的树桩盆景将会大量被生产出来。高档盆景作艺术品，中低档作商品，高档有利盆景的提高，低档者有利普及与应用，并能以较低的价格供应市场。树桩盆景的管理方法、管理材料、工具、盆钵也会配套供应，方便人们应用与掌握，也方便购买。盆景的书刊也越来越多，质量也有提高，实用技术得到普及。树桩盆景必定能在人民生活中得到更多应用，其应用前景必定辉煌。

14 盆景交流和展览

PENJING JIAOLIU HE ZHANLAN

盆景技艺的交流学习

盆景技艺的交流是互相之间的一种学习方式，通过交流能不断提高制作者的技艺水平，在普及与提高、深度与广度上推动盆景创新和发展。盆景离不开技艺交流，技艺交流是盆景发展的方法。过去，盆景技术因受条件的限制交流比较困难。在现代，交流手段飞跃发展，盆景交流还进入了互联网。盆景交流主要的方式有：实物交流、图像交流、文字交流、口头交流。

实物交流的方式最直接和直观。直接是区别于图片和图像，实物无法从技术角度上掩饰盆景的缺陷，也更能展示树桩之美。直观是便于从各个角度、前后左右、高低错落、空间布局的多方面观察学习和品赏作品。细节、转折、体态大小、透视方位，在图像上看不准确，在实物上看则是一览无遗。干、枝、叶造型的功力、分布、走势，这是自然类树桩盆景观赏的重点，在图像上不作专门处理，不易表现出来。面对实物，展开讨论，指点作品具体而又实在，便于表达，易于理解，容易接受，是目前盆艺作者最多用、最重视、最受益的交流方式。盆友间请进来走出去，互相走动，面对实物进行切磋，乐于被采用。各种规格的盆景展览也是互相交流、观摩学习的极好机会，欣赏作品，评头论足，被众多的爱好者所实践。不远万里，也有人去参加展览和参观学习，得到不少收益。实物反映的内容多于图片，因为制作发表图像不普及，相当多的好作品及好技艺未能成图和发表，有时在实物交流中才能见到。但实物交流受个人素质的制约，深度不及文字交流。实物刺激感觉器官，给人留下的印象和记忆最深。

图像交流分为图片与影像两种方式。图片交流的方式经常持久，影像有色有声还可有角度变化，但观赏受限制，时间短，不如图片那么容易那么持久。图像交流是受众最多的交流方式。不识字或识字少的人，通常从图像中得到启示较多。

图片交流最经济，各种有关的书籍、报纸杂志上有资料出现，保存下来，可随时进行观摩学习，能不断加深理解。

图像交流缺点是平面二维空间，平面弯变成了直线不易在图上看出来，立体弯才易表达，前后的枝片重叠，扰乱枝片的图像，有时无尺寸介绍，大小高度把握不准，树桩的景深，枝、干的立体空间位置反应不十分清楚，细部结构也不能表达，被遮掩的部位还需有一定的判读能力。

文字交流通过专业书刊、报纸进行，是方便、持久、深入的学习交流方式。文字交流凭借文字进行，是深思熟虑经过推敲的产物。它系统专业，有深度广度，也可以做到与实际技术、时间季节相结合。新的经验、方式、方法能及时传播。有充分的思维参加，有较长的时间供消化吸收。受文字写作和表达力的限制，文字交流中受众多，能进行深入讨论的少，有这样的制作者，在国际及全国展上可获大奖，但没写出一篇文章来。还有部分制作者，读文章感到吃力，局限于听、看的交流方法，不能读。只有多读，才有深思，而后才有佳作。

口头交流是最实际的交流方式，它在人与人之间直接开展，可进行讨论，交换各种各样的看法，甚至文字无法表达的内容。上述几种交流方式都有语言交流的参与。口头交流不受条件限制，任何人都可进行。非同行间也可进行，有时不乏高见。口头交流深度不一定够，广度尤大，信息量多且快，易受专业气氛的熏陶，强化人的素质。古人云"三人行必有吾师"，口头交流必然能从别人那里学到一些好经验、真东西，不失为提高盆景技艺的必由之路。

口头交流的范围很窄，通常在认识交往的人之间进行较多，他们的素质决定了交流的深度。有的人思想保守，看人下菜，有的人哗众取宠，唯我独尊，是不好的思想作风，缺乏高尚的艺德。

随着电脑和互联网的普及，网上盆景作品多起来，国际间的盆景技艺交流会更方便，还可在网上进行讨论，提出问题，得到回答。

■ 互联网上树桩盆景的交流学习盛况空前，扩大了语言、图像、实物交流范围和时空，交流氛围好，更加促进了树桩盆景的发展和交流的便利

꧁꧂ 小范围的技艺交流 ꧁꧂

盆景技艺的交流在各种范围进行，以图片、文字、实物、口头进行。现代传播媒体工具日益增多，是交流的主要方式。而小范围的技艺交流在不断进行，其特点是交流频繁、人员少、深度广、口头实物相结合。交流方式更直接，日常中即可进行。还可进行有专题、有针对性的探讨。需在志同道合的同行中进行，不同意见也可交锋，使争鸣贯穿于其中。在交流过程中，可得到许多真知灼见，如本书中的"景深"一题。小范围的技艺交流，人们自觉不自觉地都在进行，效果好，实用性强，如果有目的地进行更好。在盆友聚会上，举行盆景爱好者"沙龙"，探讨一个专题，可促进爱好者盆技认识水平的提高。

꧁꧂ 大范围的技艺交流 ꧁꧂

大范围的盆技交流，是指通过文字、图像展览或其他广泛传播的方式进行技艺学习，深化个人或整体的技艺水平，是盆景爱好者学习技艺的主要方式，对传播普及盆景技艺，作用巨大。也可达到深化盆景技艺的作用，有利于整体水平提高。应站在树桩盆景的高度上，克服保守僵化思想，将个人的一些技艺及心得展示出来，推动中国盆景的发展。

大范围的技艺交流，对个人学习能力有一定的要求，文化程度、领悟能力、记忆力是交流的基础。专业知识可在交流学习中提高。盆艺从业人员中，有相当大一部分人文化程度低、学习水平不高、文字交流能力差，更多地依赖于图像、实物和口头交流，应根据从艺人员文化构成情况，在交流中有的放矢。

꧁꧂ 盆景技艺要中外交流 ꧁꧂

盆景技艺的中外交流比较重要。盆景虽然是中国的国粹，但传到世界各地以后，一些国家融入自己的文化观念、审美视角，并将现代养护造型技术施加于上，与中国的盆景形成差异，其中很多是应该学习的。例如科技的含量、培养精品的意识、打破传统格式的意识、夸张造势、审美视角、大胆应用雕凿工具施艺、先进的养护管理等，都值得中国盆景学习，使中

█ 日本的树桩盆景有许多值得学习的技术和方法

国盆景艺术更上一层楼。

如果没有中外盆景艺术的交流，国外的先进盆景理念和技术、认识就传不到中国来，中国的盆景技艺就没有竞争对手，不能融合人类文明的先进技术和文化，盆景局限于一隅就没有旺盛的活力，就进步不大。交流中有比较、有竞争，才有大的发展。中外盆技的交流，更有利于树桩盆景的思想解放，也有利于中国盆景各种不同风格的发展，形成百花齐放的格局。

盆技的交流是双向的，中国学习外国，外国学习中国，共同促进盆艺的进步就是必然的了，这是中国盆景局内人士所高兴的事。

盆景欣赏

盆景欣赏是根据树桩盆景的特点进行的，树桩盆景作为一种有生命的盆中造型艺术，它是将植物的美学与生命特点、外部形态特征相结合，加上艺术处理，互相穿插融合在一起。它不光凝结了大自然造物的美，也集聚了作者的聪明才智，反映了盆景的技艺水平，因此欣赏盆景应围绕欣赏对象的特点进行。

作为欣赏主体的欣赏者，由于各自具有不同的文化修养、经历、爱好、角度、生活情趣甚至政治态度，其欣赏出发点可以有很大的不同。有的人有一定的生活经历，对自然界的山水、树木、地况、地貌有所认识，就有助于对树桩盆景的欣赏。欣赏者有一定的艺术修养、文学美术、美学知识、植物知识、园艺知识，对自然美、生命美的向往程度等，都是对欣赏主体进行积极欣赏的条件。

欣赏过程中有了欣赏者身心感受的条件，还要调动身心各种器官进行感受、思维、认识，产生强烈的共鸣。如果调动不出身心各种感觉器官进行感受，作品的意境及艺术感染力就感觉不出来。

调动起感觉进行欣赏，可进入一种兴奋状态，产生极大的兴趣，勾起丰富的想象，进行联想。欣赏者被带到如诗如画的形象与情景中去，随象神思，入意旋转，仿佛置身其中，闻其声观其形，节奏舒缓激昂，形态奇妙无穷，并以自己的体会和经历，想象和补充作品的未尽之意，达到欣赏其景外之境的最高境界。

有的欣赏者只是观，见到的只是外形而见不到内涵，可谓走马观花。对作品只是一般意义的观赏，可以发出"美"、"漂亮"的赞叹，但不知意境，不知美在何处。有的观赏者不光是观而带有"思"，观了之后又想，由其形看到其意，美之所在、意之所藏尽收眼底。发出的赞叹是"妙"、"绝"。再进一步可出神入化，由其自然美、造型美、意境美达到创造美，激起人的思维激情，将感情注入进去，产生一种永久不忘的记忆。一篇介绍盆景欣赏的文章，有一观、二读、三写、四品的观点，总结得很绝妙。

■ 树桩盆景主体和客体的欣赏能由其形看到其意，激起人的思维，将感情注入进去，产生美好的联想和记忆

作为欣赏客体的树桩盆景，树桩应体态优美，树体能表达主题，走势曲折，枝条分布有序，功力深厚技术老道，构图合理，能反映大自然的风貌和作者的意图，有诗情画意，并能为人们所赞同。

树桩盆景客体的欣赏

树桩盆景的欣赏有主体与客体之分。主体是欣赏者的自身条件，是软件，客体则是盆景的各种条件，是硬件。欣赏中主体与客体二者不可或缺，欣赏是主体的人对客体的树，以自身的各种素质对客体发生心理反应，产生各种不同感受的过程。欣赏主体的变化较大，各人有不同的经历、素质，会产生不同的欣赏效果。被欣赏的客体基本不变，但所含的具体内容有一定的变化。

树桩盆景欣赏的对象有多种，可分物质对象的欣赏和文化内涵的欣赏。物质对象的欣赏内容有整体的树姿，具体的观叶、观花、观果、观骨、观干、观根、观景。文化内容有诗情画意和意境的欣赏，是在形的基础上的升华，人的技艺表现在对景与意的处理上，是欣赏的对象。观赏客体美学效果好，可带给人们精神上的享受。

有的树种其花艳丽，其果形美色佳，能给人花繁果硕的心理感受。杜鹃花开似啼血满树，金弹子缀枝金弹满身，火棘花开满树挂雪，果红时遍树着火。金弹子、九里香等还有幽雅的馨香。花香艳果美满，观花能吸引艳丽爱美的人，果硕有劳动后的喜悦，能带来丰收的联想。

观枝骨，能使人领略苍老大树的风姿，又能看到作者栽培处理的技巧，是一种空间造型与时间塑造相结合的产物，观骨在于领略大树的风姿。

观干则是以百年大树苍劲虬曲、粗大有力的姿态，给人以稳重、坚韧、变化、动感、节奏、自然之美。是时间与空间相结合，产生形态上的美。观干犹如欣赏人体，男人要健美，女人还要看腰身，仅看相貌是不够的。自然类树桩基干为天公所造，还

■ 树桩盆景作品是欣赏的客体对象

能看到造化之美。

树桩的根作为观赏对象，能衬托大树的古老苍劲力量。没有出露较好的根，缺乏表现力，差一个结构，不能称极品只能称精品，缺乏一个观赏的结构对象。根也是生命力旺盛强健的表示，树的生机不单独表现在枝冠树干上，更表现在根上。根表现的生机更强大持久，因而中国盆景对根有较高的要求，"盆树无根如插木"。

树桩盆景对根干枝冠有专门的要求，表现的方式较多，可看到各流派对盆景的认识。对各个具体部位欣赏构成了整体的欣赏。有时欣赏是从整体到具体，有时是从具体到整体。

盆树与山、水、地形、摆件构成整体的景，与题名结合在一起，有的富有文化蕴含，如"古道西风"给诗意以诠释。有的极富诗情画意如"海风吹拂五千年"，表达了改革开放的强劲之风，吹遍了沿海改革开放城市为代表的神州大地，促进了社会生产力的发展，带来了几千年的经济、思想变革。盆景的文化内涵由艺术处理形成，由人根据其形领略到。

制作技艺也是欣赏的客体内容。人们将古木大树移于咫尺盆内，是制作技艺之功。树的苍劲古朴、弯曲变化、动静节奏、兴旺蓬勃的形态，人们通过技艺处理将其表达出来，有的功力深厚，几乎人工胜天功。对景的处理，也是人的技艺的表现方式。这些人的创造力产生的技艺，反映在盆景作品上，构成欣赏客体的一个方面，是欣赏树桩盆景的一个内容。

盆景展览

盆景展览是制作者互相学习交流经验、宣传盆景、展示自我、检验作品的特定方式。盆景爱好者不可不参加，参加不是参观，参观是学习点评别人的作品，参加是将自己的作品展示给众人，让人家品评指点。从中一是可以得到行家里手的点评帮助，

▪ 盆景展览有力地推动了改革开放后树桩盆景的大发展，形成了中国历史以来的最好局面

成功与不足任人评说，自己从中吸取；二是可以得到一般观众的印象反馈，他们怎样看待你的作品。观众中不乏高见，能听到善意的批评和振聋发聩的见地，有时也有不客气的指责。听到他们的意见有益个人技艺的提高和盆景事业的发展；三是作者好的作品参展，可得到自我价值的实现使艰辛的劳作有所回报。

展出中盆景制作者之间的交流比较多，各种风格、各种层次、各种代表人物都有。可以互相之间直接询问、交谈、观摩学习。没有实物在场参与的交谈讨论对象不直接，容易出现误解，有实物在场，直观而又具体。展览中还可得到平时不易得到的信息，不同技艺，不同制作方法，别人的风格，博采众长变成自己的技艺风格。从广博上学习技艺只有在展出中能大量吸收到。看个人作品展览，则在专上深一些。看实物展览，感受深一些，印象强一些，学习容易些。

展览中可以将各种有风格、重技艺的作品及个人推出来，扩大影响，不失为盆景发展和个人成功的途径。展览中可听到批评意见，比闭门造车、孤芳自赏好。观众不讲情面，评委更是各抒己见。展览中的评奖活动，是对作品的检验，也是同行之间的比赛。能够得到等级奖，可以对作者产生好的影响。因为种种因素，确有风格的作品未能评上等级奖，会对盆景及制作者产生不好的作用，但不值得作为放弃参加展览的理由。

展览过程中作品可能有意外或人为损坏。意外损失有运输事故及丢失，展出中受儿童及其他人为的损坏损伤，但极罕见。展览举办单位应为其承担一定责任。

实践证明，盆景展览是促进盆景发展的好办法，它有力地推动了改革开放后树桩盆景的普及与发展，形成了中国历史以来的最好局面。树桩盆景展览主办者与制作者要积极开展活动，促进当地盆景的长期进步。

树桩盆景评比分类项目

树桩盆景的交流，促进了盆景的发展，交流中它需要自身的标准，按标准进行分类项目评比。标准的提出具有科学性、规范性，也有强制性。必须按标准执行。中国风景园林学会花卉盆景分会 1988 年制定的评比分类项目内容为：

　　树桩盆景：包括附石式。

　　花果盆景：即观花观果类。

　　盆果盆景：主要指水果盆景。

　　竹草盆景：如竹、苏铁、兰草、芭蕉等。

　　山水盆景：包括水景、旱景、水旱景。

　　壁挂盆景：各种壁挂包括山水和树桩，但必须是有生命的盆景。

　　组合型盆景：主要指用于博古架上放置，数量为5～13盆的组合式。以架的大小分为大型和小型。

盆景评奖

　　在盆景展览活动中都有评奖，评奖是对作者技艺、树木姿态，造型成景和文化创意的一种肯定，带有竞赛性质。能够获奖说明制作者技艺有一定造诣。一定级别的奖，代表一定的水平等级，能获大奖者，更是技艺达到较高水平的表现。

　　评奖一般由有名望的专业技术人员和行业管理人员进行，具有权威性、公正性。但由人进行，就有一些主观随意的东西，往往难于打破一些局限性。能打破门户之见者，是有艺德的智者，能够超越自我，在盆景认识上一定能有建树。不可避免在某些评奖中，为平衡各种关系，对个别作品，带有照顾性质，非该级别最高水平。有的作品有实力而未被评上，不是作品本身不行，有时是奖额太少，有时不为人识，或其他原因都不可避免会造成漏评、错评。被漏评、错评时，不必过于计较，只要是有实力、有风格、有创新的好作品，人们是会认识的，只是时间的早迟而已。盆景寿命长，不似运动纪录有偶然发挥性，是金子总是要闪光的。

　　而有的盆景制作者，其作品只是某些方面的优点，自认为应该评奖，一旦没能获奖，情绪很大，也是不正确的态度。

　　盆景评奖也是一件很难周全的事，专业人士有自己的认识，盆艺作者有自己的认识，群众有自己的看法，各自角度不同，谁能说服谁，只有从推动盆景事业的大局出发，服从决定。一盆数盆不能评奖也无所谓，重在参与，重在表现技艺和

■ 在重庆市盆景展览中获奖的金弹子盆景

风格。评奖与否关系作者及作品的价值，及今后技术风格的发展方向，关系参展的积极性，应该慎重评奖。有的地区评奖把专业评委与群众选票相结合，打破个人说了算，较为公正、说服力更强。

评奖有国内评奖与国际评奖。国内与国外评奖因为对盆景的认识有差别，国外将盆景视作盆栽，中国视为盆中之景，中国重文化意境，对盆景有深层次认识。盆景是中国的国粹，根在中国。因此就盆景而言，外国的月亮并不比中国圆，国外的奖也不一定比国内的质量高。盆景的评奖中国理应走在前面。

各地盆景评奖也有差别，有的地区盆景发达，如广东、江苏、上海、湖北、安徽、福建、四川、重庆等，也有的地区落后一些。在同级别的奖上有一定的技艺差别，有的地区奖水平高些，有的差些。这种差异客观存在，但逐步在缩小。

展览临时用盆景

盆景展出中有时可看到一些盆景是为了迎接展览，专门临时组装的。尽管是为了应展，但日常已有成竹在胸，需要时即可装盆成景，这类方式称为展览临时用盆景。

有各种情况可采用临时装盆，一是为突出主题，用已有的桩与特定的景相配，以表现气氛。如重庆列为直辖市后的第一届盆景展览中，用一古罗汉松桩临时布景，成"红岩"形象，以突出红岩精神。有的树桩太大，平时栽于土中，展览时制盆上架，参加展出。还有一些树桩，平时在养盆中，应展时才上入景盆。这些有的是盆不耐用，如根盆不耐腐蚀，长期渍水即会腐烂变质。有的是不利于养护。

有人认为展览用的树桩盆景，必须是在原盆内栽种很长的时间。这是一种认识上的误区，展览是展示成功的作品，也要展示各种上盆成景的方式，各种风格，它不是商品。而临时装盆能将风格、制作方法介绍出来，不必要求经过了较长时间才能参加展览。

■木盆不耐腐蚀，作展览临时装盆应用

盆景摄影

为了进行交流，一些优秀的盆景作品需进行摄影。制作过程中的半成品，也可通过影像来进行造型改进。影像资料加大了交流的速度与范围，是最经济、最大量、最持久的盆景技艺交流，有力地推进了盆景的发展和提高，具有不可取代的作用。

盆景图片反映作品比较客观，造型构图的优劣一目了然，便于反复审看、检查、改进作品。上下左右二维空间反映最好，前后纵深立体方向表现欠佳。因在透视关系中，互相遮掩、平面弯、平行枝反映在图上是一直线段，需一定的判读能力。

盆景摄影是一种静物摄影，要求图像中的树和景都清晰，用光准确，背景对比度大，构图合理，树干与枝叶之间光的差异要处理好，以突出主干为主，兼顾树叶。焦点应在树桩的干上。

盆景爱好者进行作品摄影，必备的器材有照相机、闪光灯、射灯、反光灯、背景板或布、反光板、脚架等。有条件者，配变焦镜头。照相机最好采用可调焦调光的单镜头反光照相机，以增加画面清晰度和增加曝光量。现在的数码相机清晰度高，并可与电脑扫描仪连接，修改图像及作品，处理修改背景，传送图像尤佳。

盆景摄影为了突出主体，需进行背景处理。背景以硬质为好，其平面无皱纹，景深大小曝光多少都可有平整的背景，无需额外处理。软质的布作背景，表面皱纹较多，景深较大时，皱纹会反映在图片上，有失整洁。现场使用布做简易背景，皱纹不易拉平时，可采用最大光圈，虚化背景为一色块。或增加二档曝光量，既可消除大部背景皱纹对图片的影响，又可增加树干的曝光量，使树干清晰，一举两得。背景色调宜与树对比度大，色宜浅淡，主体更突出。

盆景摄影用光不同于其他静物。树桩盆景的主干，是树的精华部位，必须将根与枝配合表达出来。但它们处于叶的笼罩下，叶遮住了较多的光线，使主干光照不足，正常曝光不能将主干细部清晰表达出来。尤其使用自动测光相机，平均中心重点曝光法，主干细部不能正常表达，必须采用各种办法，突出主干效果。在枝叶较丰满的作品中，有时甚至在局部上牺牲枝叶的效果，满足主干，采用辅助光时，要注意克服树干阴影（办法是调整角度）。使用傻瓜照相机增加曝光量，可采用改变胶卷感光度调节盘的定数，增加二档曝光量。

盆景摄影焦点应在盆景的最佳视点上，居于盆景的几何中心，才能体现盆景的综合观赏效果，这是由盆景的欣赏方式决定的。

盆景摄影因为单一静物，景深较小，构图比较简单，一般将焦点居中进行。有动感、有节奏，斜向伸展，左右飘走的枝条，可在构图上进行渲染，突出其动势。悬崖式，则可略带仰角，以突出险峻风格。盆景一般为全景摄影，需将整盆表现出来。特殊情况下，采用局部特写，以说明细部。

盆景摄影有一些限制性要求，摄影者必须按其特性进行摄影，个性表达的空间较小，因而较少吸引专业摄影家的注意。但将其加以较好地处理，在限制性中突出个性，定会使盆景增色不少，也会诞生一些盆景摄影名家名作。

∽❧ 盆景的解说 ❧∽

在电视、录像、多媒体光碟中，介绍盆景作品时，可用语言文字对其加以具体详细的解说，或者提示，以增加人们对其的注意、理解。在日常的实物陈设展览中，以个人自己进行欣赏，没有人加以解说。只有在进行重要的交流时，才有专人陪同、跟随，具体地进行口头解说。

盆景的解说，能使人了解盆景的详细情况，树种、产地、盆几架、风格、艺术手法、创作过程、经历、作者等，都可比较详细或择其主要的介绍出来。还能使不了解盆景的人得到欣赏方向和方法。而有些历史意义、典故的作品，在技艺上有示范意义的作品，更需解说，供人了解。

盆景展览由于经济原因、技术原因和组织原因，一般没有用解说员作解说。这并不是其本身不需要解说，与其他展览相比，它更陌生，更需要有一定的解说。现在盆景展览的文字标注开始有了"立意"这一要求的栏目，有助于进一步用较少的文字，将其解说出来。在较高规格的展览、盆景园中，应设专职或兼职的解说。无此规格者，可作文字解说，或一部分作文字解说。

∽❧ 盆景的文字标注说明 ❧∽

在盆景的展出、发表实物图片中，都有关于该盆景的文字说明的简略标注。中外盆景都一样，只是标注的内容略有不同罢了。盆景的文字标注是对盆景实物的一种说明补充，能介绍出它的名称、风格形式、材料、规格尺寸、制作者姓名等。分为实物展出的文字标注和图片文字标注。实物展出可以不标规格尺寸，而图片必须标注规格尺寸，才能帮助读者了解树的大小，理解其气势。

盆景的命名，可领会到作者的创作意图，从文化上引导观者去读整个盆景，由形到意，领会精神内容，使情景与意境结合。还可在命名上读到作者及其内涵，最具表现力。风格形式是对树桩造型立意样式的一个介绍，有时未作此标注，由观众自己去理解。规格尺寸可在图片上判断树的大小尺寸，起到比例尺的作用。实物展出时不加规格尺寸，人们可以一目了然地看出来，无须画蛇添足。而图片应加强规格尺寸的标注，让人能读清楚具体的盆景。这是众多盆景书刊读者的共同愿望。制作者具有知识产权，有署名权，有时也能表明该盆景的地方或流派风格，比较重要，不能混错。如是盆景收藏者，应另立标注项目。材料是指所用树种、石种的准确说明。

日本盆栽文字标注内容与中国不同，注明树种、作者、盆的产地形状、材质，少见规格尺寸，少命名。命名多以树种进行称呼，容易混淆，实无命名。这是因其盆景以盆栽为指导的结果。中国盆景可向日本学习，增加盆的文字内容，使其更具体、准确、丰富。

盆景的文字标注不是可有可无，它能促进盆景与文化蕴涵相结合，引导人们读盆景而不是看盆景。能帮助人们辨清所用材料、形式、规格、盆质，用极少的文字起到说明文的作用。如能对盆景的风格、造型、意境加以简短地说明更好。

∽ 盆景评论 ∾

盆景评论与文学评论相同，是促使盆景健康发展、克服缺点、发挥优势的有效手段。

盆景评论能够在盆艺从业人员、爱好者口头普遍开展。盆景杂志中在文字上也在开展，引导盆景往正确方向发展提高。

盆景评论是进行学术讨论，应允许各种不同意见发表，出现百家争鸣的局面。应正确对待和开展盆景评论。

盆景评论自身也应健康发展，人身攻击应杜绝，评论者要有一定的修养，正确的立场观点，勿使错误的思想方法和言论占领评论阵地。评论中赞颂与哀歌并重，实事求是，饶有见地，被批评者能从中受益，这样的评论要提倡。评论不能脱离现实，也不能割裂历史，不能违反逻辑，以假设作结论，观点方法不能强加于人。同行生忌、门派之争、争风吃醋、以我画线、哗众取宠等现象应杜绝。

评论不是攻击，应多开展评论，使中国盆景在技艺上更进一步，出现一批立场观点正确的评论家，是中国盆景的一大幸事。

树桩盆景评论有时近于苛刻、偏颇、极端，忠言逆耳可促使你在之后真正找到自己的不足，提高认识，变成不断提高的动力。

∽ 盆景术语要统一 ∾

中国盆景流派多，各地技术用语中口语较多，方言不同，过去局限于本地区传播，因此术语有少数不统一的现象。现在交流增强，各种混淆不清的用语在书籍、刊物等传播媒体中时有出现，容易造成误解或费解。盆景从业人员文化程度普遍不高，用词造句更不能影响他们对盆艺的学习。

有作为的盆艺工作者、爱好者、理论宣传者要捍卫盆景术语的统一性、纯洁性，使盆艺交流活动更加规范化、大众化，打破地区界限，建立常用盆景术语的规范化体系，推动中国盆景事业的发展。那种以冷僻术语为高明的文风，背离了盆景的现实，应该纠正。

　　盆景术语的统一化、大众化，是盆景技艺交流的基础。怎样统一是关键，也是难点。原则应以中国汉语中最通俗易懂，最常用的语法结构、构词规则，按约定俗成的称谓进行。规范要在交流应用中动态地自觉进行，克服骄傲自大地的思想倾向，大家都尽量使用较正规的语言，形成规范化术语，为中国盆景事业作出努力。

中国盆景理论的特点与现状

　　树桩盆景的作品，是制作者多年心血技艺的体现。盆景是动手实践，通过作品表达制作者技艺、创作意图的一项艺术活动。它是实践性很强的艺术活动。盆景的技艺、盆景理论，必须通过作品进行表达。没有作品承载制作者个人技艺再高，也只能是人的一种能力，能力必须变成为作品，才能将制作人的内涵表达出来。理论、技艺只能达到交流促进制作发展的作用，作品才是表达理论和技艺的载体，技艺必须与作品结合，才能证实和发展理论。

　　盆景理论与其他艺术的理论相同，它的形成与发展，是在实践基础上形成的，但也有它的理论工作者与实践者。理论工作者可以从盆景的实干家中诞生，也可以是以理论工作为主，但要能正确总结和丰富发展盆景理论。

　　树桩盆景的系统理论起步不久，多数理论涉及盆景的深度还不够，目前，盆景理论中，关于什么是盆景，盆景的审美创作原则，各种制作技术，还只是雏形，还需大力总结、丰富和发展盆景理论，才能形成树桩盆景的理论体系。盆景理论工作者只要勤劳耕作，就能有所收获。

盆景理论的作用

　　各门艺术都有自己的理论体系。树桩盆景目前已有盆景学的理论框架，书目丰富但各细目还不丰富，深度和广度仍需加强，进一步形成体系才能促进和适应盆景的发展。

　　树桩盆景是实践性很强的艺术活动，过去理论滞后于实作。现在树桩盆景理论已有新发展，形成了体系的深度、广度并有超前性，开始走到制作的前面，对制作起一定的引导作用、促进作用，达到了理论与实践相结合，理论从实践中来，并且高于实践，指导实践。

　　盆景著作、杂志中关于盆艺理论探讨中的许多论点，都有指导意义。本书中，嫩枝造型、金属丝蟠扎出风格、盆景的多面观赏、极化造型、透叶观骨、叶的控制、观察法养桩、不良痕迹的消除、水旱盆景的养护等，都对盆景技术和艺术有一定的指导作用。盆景理论中有的具有超前创新作用，有的对实践指导意义强，有的实用价值高。有的有创新，有的在现在与将来都有作用，有的作用明显，有的作用需在制作中加强理解，才能吸收转化利用，理论性较强。

盆景技艺包含的内容不少，通过众多的从艺人员的实践，丰富和发展盆景理论。个人的实践有很大的局限性，偏重的方向不同，涉及面各异，许多技艺不能事事实践，去亲身体会。事必躬亲耗时太长，而从理论与作品中吸取则快速有效。

对盆景理论的作用，有的人接受文字快，有人文字图片都能兼收并蓄。有的人接受图片、实物快，但不能因个人的特点，而片面地否认盆景理论的普遍指导作用、超前作用，更不能受理论之益而贬低理论之功能作用，此为数典忘祖的不良作风。

盆景从艺人员中，过去文化程度不高，花匠居多，技艺以口头语言存在，先后传承，同业之间传播，理论没有形成文字，造成失传、佚失、断代。现在，人们将其作为一种艺术活动，休闲益人，作为一种产业小规模发展，从事的各阶层人员增加和广泛了，素养高的人进入其领域，积极活动，对推动盆景技术和艺术的发展，推动盆景理论的发展，注入了活力。盆景理论进入了园林技工学校到重点农业、林业大学本科的教学中。盆艺理论作用在培养人的专业素质中，发挥作用。实践已经证明，受理论武装起来的盆艺工作者、爱好者、收藏者，其作品和技能，创新精神和个性远优于理论指导不足的人。

理论是个人技艺进步的桥梁，善于从理论中学习是进步的阶梯，重视理论的人，应该更加努力形成风格和提高技能。轻视理论的人应当认识理论的作用，迎头赶上去。从艺人员要将丰富的实践经验上升为理论文章。理论工作者，应将理论系统化、深入化、实用化，丰富和完善盆景理论，促进实践，达到理论与实践相结合，弘扬盆景这一国粹。

15 树桩盆景的生产
SHUZHUANG PENJING DE SHENGCHAN

树桩盆景的价值与价格

树桩盆景的价值与价格是不同的概念，价值反映的是盆景作品的内在质量，而价格是用货币来表示的交易中的数量值，二者有一定的联系。

树桩盆景的价值是指它的用途功能所具有的作用，由材料、技术、艺术、经济各方面的价值因素综合作用形成。

1. **材料价值**。①因树种不同而观赏效果不同，有的富有文化内涵，有的树种稀少难得，因而价值较高。②树桩的姿态各不相同，有难度差异，难度大、好看、有品位的树桩，需特殊条件才能产生，形成难而少，价值较高。③树木生长中受外力作用发生弯曲扭旋变化，所需长大成桩的时间超长，非几十上百年不可才能形成古老有姿的好桩，其价值也较高。④除了树桩以外，盆钵、配石等材料生产寻找的质量与难度，也有多方面的价值。

2. **技术价值**。①人的技艺有不同，做工的难易有不同，有创新与模仿的差异，简单的劳动价值低，复杂、技术含量高的劳动价值高。②技艺处理不同，取势成型的精巧，也会产生价格的升值。③为达到高难美观的形式，加工的量更大，对技术要求更高。技术价值是盆景价值的重要组成结构。

3. **审美价值**。①一件树桩盆景作品，必须遵循相应的形式，有格式及异形桩美学价值高。②有创新风格的审美价值高于常规形式的价值。③难以形成和制作的树桩盆景形式，如悬崖式、一本多干丛林式、树山式具有树的形态特征的典型性，可体现更多树的意志品格，具有的审美价值更高。审美价值是树桩盆景价值中的重要部分。

4. **时间价值**。时间在树桩盆景上有两方面，一是树桩形成的时间，另一方面是人工制作培育的时间，通常需要 5 ~ 10 年以上时间。其中人、财、物的耗费，花的心血大。时间是人们最赔不起的因素。时间在树桩产生与生产上不可缩短，因而其价格较高。

■观赏价值决定经济价值和市场价格

5. **名义价值**。盆景制作者中普通制作者与名家大师之间差别较大，知名度不同，社会交往关系也不同，在价值与价格作用上就有不同。很多人认同好的作品，也认同名家大师。名家大师的名义价值在价格上体现较多。

价格是盆景由艺术陈设品进入市场的价值尺度。每件盆景作品由其各种价值，加上生产和商业成本，再加上一定的利润形成。其中的审美时间、材料价值定价比例应该较大，是价格中的基础成分。生产成本有人力、物力、材料的消耗费用，利润应该适当。商业成本则由固定的费用组成。

价格是有一定波动的，而且属市场行为，人的因素大，因人而异，因供求关系中的一些复杂微妙因素、商业技巧等，都能产生差异。树桩盆景有它独特的价格规律，它的生产周期极长，成活造型培育难度大，技术要求高，有不可再生性、生命性、数量少、不可大量生产的多种因素，都应有适应它的价格。价格中按质论价是原则，不良商业行为应减少，价格过低出不了好作品，价格适当才能产生好作品。

盆景的生产

市场是可以培养出来的，为满足市场，普及推广树桩盆景，小规模的个人制作树桩盆景已不适应市场，必须进行生产，以满足市场和刺激需求。进行盆景生产是一种市场行为，使盆景成为商品。因而必须按商品生产的特点进行，要考察市场，确定销售对象和生产目标，节约投资，降低价格，提高质量，配套服务，才有市场。

盆景的生产投资较少，生产周期长，需几年以上的时间，才能收回投资。竞争不算激烈，从事盆景生产的人还不算多。其生产受资源限制，以后的竞争也不会过于激烈，重点在资源的获得上。产品不怕积压，在生长中时间越长越升值，比早期还有价值。这一升值特点，在商品中是绝无仅有的。盆景生产与国家宏观经济形势相联系，将来会有较广阔的市场，符合全球环保大趋势，也适应城市建设绿化美化的方向，适合进入各种家庭。对市场的预测要有信心，也要有眼力、魄力。

商品生产容易销售难，要制定好生产销售策略，面对好自己的潜在销售对象，以高、中、低档，大、中、小型，高级、中级、低级消费者作选择，确定好发展方向才会赢得市场。

盆景生产对人的素质要求较高，懂盆景各种技术只是基础的方面，还要有市场能力、生产知识、管理经验、公关能力、社会关系，有一定经济条件，还需场地和防盗条件。盆景生产时间很长，必须要有充分的思想准备，身体素质好、能吃苦的人，才可进行。否则最好不要进行，以免半途而废造成亏损。

盆景生产必须要有资源条件。自然类树桩要有野生树桩来源，小苗生产则要有好的种苗，如小叶罗汉松、五针松、金弹子、杜鹃、银杏等。要有廉价的土地和劳动力等条件，也要有良好的生产条件。水源及交通条件比较重要。必要时还要有防盗设施和能力。

作为商品，都要求质量好，价格低，服务好。规模化生产是降低价格的保证。服务靠生产者的措施、智慧。盆景生产要降低价格有多种途径，桩坯、土地、劳动力、盆具、税收等成本要低，生产效率要高，利润率要合理。在技术上采取有效的措施，加速树桩的生长速度，缩短生产周期，是降低成本的途径。

生产出来的商品由于数量多，产生了竞争性。要提高竞争力，重要的是质量，还需流通中的服务保证措施，满足人们购货心理。销售要有策略，采用宰客和欺骗的方式，会有损形象，丧失信誉。盆景销售也可"三包"，内容是包成活、包退换、包技术咨询。这样生产出来的树桩进入市场就有一定的竞争力。

园林部门生产盆景

公园出于自身建设和服务游客的需要，制作了一些盆景。园林部门生产盆景是早期盆景的一个重要来源。由于当时园艺人员集中于园林公园，一些实物收归园林部门，园林部门盆景有较高的质量和较多的数量。园林盆景出了人才，也出了作品，当时的盆景技艺书籍很多也是园林部门所为。

■ 公园和专业户生产和应用的盆景园子

∽ 专业户盆景 ∾

盆景专业户是从事盆景生产的主要力量，有专门的生产场地和生产条件，盆景数量多，能产生一定的规模效益，以生产出来的盆景进行盈利活动为目的。

专业户的生产由于直接目的不同，生产追求效率，质量被数量淹没，不如个人盆景加工精细、技艺精和专。农村中专业户文化素质不如城市爱好者高，对盆景认识的局限性大一些。生产中低档盆景多，用小苗自幼蟠扎加工的多，其价格较低，以增强竞争力。

专业户取材面较窄，审桩不够，技术处理由于数量多，无法精细，许多仅提供初级桩坯，可供进行深加工。专业户生产的树桩多数用于交易流通，有了好桩也可能被卖掉，较少保留好桩，所留好桩也多是待价而沽。真正高级好桩在爱好者手中，还有在经济条件较好的个人手中。

专业户用盆景园生产的盆景，数量大、品种多、售价低，面对的主要是大众消费和集体单位消费，有利于盆景走入千家万户，是普及盆景的生力军。

专业生产树桩盆景者，应从选桩、蟠扎技艺、成景布置上努力，提高盆景的加工质量，增加盆景的技术含量。靠近山区的专业园户，应利用好树桩的资源优势，同时要加强盆景理论的学习，适应盆景发展的需要。

∽ 个人盆景 ∾

盆景是最适合个人进行的一种艺术与技术相结合的活动，尤其适合业余休闲进行。许多盆景爱好者在树桩盆景活动中，做了有益的尝试，出了不少好作品，形成了有指导意义的理性思维及理论，为树桩盆景的发展做出了贡献。

个人盆景不受他人的制约，见到好桩就可决定购买，无须他人或领导批准，因此容易购到好桩。有的个人为了购到好桩，不惜重金，不辞百里千里，制造机遇，唯要得到好桩，才肯罢休。重庆花市，每年购桩时节，不少爱好者起早前往，从花市到旅馆、车站、码头、农家，开动脑筋，提前选桩，务求得到更好更多的机会。购桩除了审桩，也有更大的机遇问题，好桩几乎人人会看，得到却难。先见到购到了好桩，就有出作品的机会。个人不会轻易将到手的好桩转让。

树桩盆景爱好者这种执着爱好，是一种强大的动力。在商品社会的今天，更有人将其与经济活动结合起来，又产生了一种持久的动力。盆景这种商品，产量不可能多，投资风险不大，投资金额不多，不怕积压，对技艺依赖性强。与桩的好坏、个人技艺高低、名气相连而降低竞争性。从事制作的时间越长，越有价值。精品级树桩永远不会过剩，只有供不应求。

由于爱好和有动力，盆景爱好者能认真学习盆景技术和理论，认真开动脑筋，解决实践中遇到的各种各样技术问题，博采众长，形成自己精益求精的技艺和战略思路。

个人对树桩的培养制作特别有耐心，执着地进行培育保养，不怕吃苦，不怕劳累，不怕脏臭，不怕日晒雨淋，年复一年，日复一日，把业余的时间都花在上面，其精神十分可嘉。个人盆景养护好，时间长，功力深，耐性好，生命力强。

有投入就有收获，个人有好桩、有技术、有耐心、保管收藏好，其对盆景的占有和发展都不可轻视。

个人盆景一般在楼顶、阳台、窗台、庭院内进行，体态较小，但形状较好。注重造型处理，注重文化塑造，注重意境开发，命名较好。个人乐于进行树桩盆景的制作，不单纯以盈利为目的，培植时间长，注重技艺处理，无数量优势，有质量基础，这是个人盆景的重要特点。个人盆景也只有走精品战略的路子，才有前景，也是盆景提高发展的方向。

■ 大师盆景作品

藏之深闺的民间盆景

民间盆景是相对于公园盆景、企事业单位盆景、专业户盆景而言的个人盆景，是个人喜爱拥有的数量较少的业余爱好者盆景。个人盆景爱好者人数众多，综合起来是一个群体，他们拥有的盆景数量不少。以重庆为例，每年上市的桩头不低于6000个，全被个人买去，以成活率60%计算，10年来，也有3万余盆散藏于民间。

民间盆景由于人数众多，什么身份、素质的爱好者都有。医生、学者、艺术家、企业家、干部、工人、农民、军人、学生、教师、商人等，无不在其中。他们有的文化素质极高，有的文化程度极低，甚至未上过学的人也有。有生活经历复杂，阅历较多，走过名山大川，见过不少古树名木者，有对艺术有基础者，也有无美学基础知识者。因而对盆景的认识各不相同，制作出来的盆景技艺也参差不齐。但因其人数众多，形形色色，金字塔结构的顶上总有辉煌者。

在业余盆景爱好者中，他们将爱好化为行动，长期执着地搜集好桩，上山采挖，市场购买，上门收集，开动脑筋得到好桩。因其深爱，他们手中不乏出众的桩头。在学习盆景技艺上肯下工夫，审桩，认识树种的特性，技艺、流派风格的消化吸收兼收并蓄，守法以至于无法，耗费的时间、精力、物力不少，有相当水平的制作功力。因而民间盆景成为我国盆景的一支重要力量，重庆市盆景展览，民间作品质量、数量俱佳，尤其是树桩上乘。

民间盆景之所以藏龙卧虎，是因为参与者众。参与者有真心的热爱，投入了一定的人力、物力，作品是个人所有，乐趣大。专职从事树桩盆景的人，是谋生劳动而不一定是乐于从事盆景的制作与养护工作。而且盆景爱好者手中的盆景树桩好，栽培时间长，养护精心，造型成景深思熟虑，能不断进行改进，完善自己的作品，乐于作品的深化，乐于自我价值的实现。而且不少人四处搜寻，开动脑筋制造机会，功夫不负有心人，收有一定数量的好桩。个别民间生手有极好的机遇，能碰上好桩，买到手后，成为出好作品的机会或收藏。

现有少数先富起来喜爱盆景的人，他们有雄厚的物质基础，有宽大的房屋场地放置和养护盆景，不光在本地搜集好桩，而且到各地搜集好桩，拥有一定数量的上等好桩。

许多人将高品相的树桩盆景作为一种有生命的收藏品，相信其观赏价值、收藏价值及增值潜力。它们与桩的好坏程度相关，越是好品相的桩，增值潜力越大，越受人的重视，因而民间盆景藏龙卧虎。

说民间盆景藏之深闺，是因为它分散于民间，藏而不露。藏的原因很多，有的是不愿意示人露相；有的是制作技艺不到家；有的是没有摄影技术，未出较好的摄影效果的照片；有的是未参加盆景协会或盆景协会未开展好活动，没有动员较多的人参加各种展览；还有的是造型未到时候等这些综合原因，使藏龙卧虎的民间盆景浮不出水面，处在深闺状态。

～∽ 专业制作与业余制作 ∽～

盆景制作有两条线，分为专业制作与业余制作。专业盆景工作者与业余爱好者之间，有许多相同点，也有一些不同点。

共同点是都在进行盆景的学习制作，产生供人们欣赏消遣的作品，推动盆景事业的发展和盆景的应用。

但因为各自环境不同，专业制作者是职业驱使，应用时间多、投入多、场地好、材料多、学习交流多、具有顶尖级的人才和作品。

业余爱好者应用时间少、投入有限、场地较差、占有的材料少、参加培训交流少、以自己的认识理解进行、分布面广、作品形式变化大，也有不少顶尖级的人才和作品，但优劣分化现象严重。

现阶段专业与业余都是盆景制作的重要力量，共同繁荣着盆景的创作。

盆景的现状及发展

现代中国盆景，随着社会的进步，有极大的发展。进入商品化生产制作后，有一股推动力量，使树桩盆景的发展加快，达到飞跃的提速。其表现是数量多、质量好、品种丰富，全国各地齐发展，各种风格形式更丰富和有创新，理论发展也较快，盆景制作者队伍扩大。

以重庆为例，20世纪70年代，养桩人靠自己上山就近采挖，只能找到一些稍好的树桩，数量少、质量不高、制作技艺也不成熟。树桩市场形成后，出现一些专门从事挖桩的个人，采挖生桩上市，桩的质量提高、数量增加，促进了制作的发展。采桩、养、收藏多层次形成。

随着现代盆景的发展，盆景理论也有很大的发展，专业著作不断出现，专业图集，各地方图集，专业报纸杂志，丰富多彩。创作者的心得体会形成的论文也不断发表，丰富着盆景实践和理论。更有佼佼者，能集大成，形成专著。

盆景理论现已走到实际制作之前，能为其引领方向，指导制作，形成风格，有所创新，并出现越来越丰富的局面。

实际制作中，全国各地参与者众，好的作品不仅仅只出自名家或专业人员之手。业余制作者创造了更大的发展空间，他们思想开放，不受传统约束，手法新颖，眼力独到，敢于创新，形成百花齐放的局面。

专业队伍中，在全国各地有顶尖级的人物，赵庆泉发扬的水旱式，潘仲连、胡乐国的松，张夷的砚式盆景，陈思甫的蟠艺，重庆姚志安的树石处理技术，都有浑厚的功夫、独到的技艺，堪为人师。

在地方盆景中，广东岭南派盆景雄风不减，佳作与人才不断涌现。湖北盆景后来者居上，时间不长，进展很快，有资源，地理位置好，有较好的理论实践带头人，有政府部门的高度重视，受益很大。原川派盆景实力雄厚，有资源，有人才，有理论，有作品，但却甘于寂寞，于无声处求发展。各地都开始重视开拓和发展盆景，有了起步，并发展较快。地方盆景与地方经济相联系，经济发达地区，盆景事业也较发达。有的地区，资源丰富，但发展不快。

目前树桩盆景依赖自然资源，大力发展它必然会破坏自然植被，毁坏保护水土的次生林层。必须进行有选择、有限制地开发，由有环保意识、有专业眼光的人选挖，才能避免一哄而上，乱砍滥挖，破坏资源，毁坏植被。节流还要开源，采用人工长期培育的中小型树桩的办法，历史上已有先例，规律类即是之，现在各地也有之、海外也有之。改变其造型样式，就可提高难度，改善形状，快速成型，不失为中小型盆景树桩生产的一个方向。已为中外盆景界初步采用，应该推而广之，可成为一条少破坏自然环境而又能发展树桩盆景事业的路子。

中国盆景，仍要走景的道路，突出树桩在盆中的地位，应用各种材料与景结合，有树有景。

盆景文化是盆景诞生发展的基础，在发展中文化不能弱，诗情画意不能少，意境内涵不能缺。

盆景的发展还要依赖市场，才能扩大盆景的数量，提高质量，得到发展的动力与支持。人的发展是盆景发展的保证，从艺人员素质的提高，可为中国盆景持续发展提供保证。

盆景材料的发展，也是制约或促进盆景发展的因素，如汉白玉水旱盆，过去生产少，全赖人工制作，较少见作品。现在生产多了以后，水旱式发展较快。砚式、景盆法现在应用仍不多，因其盆的材料有限，制约了它的发展，有桩无盆作品就不能实现。采用工厂化、小批量、多变化生产，则可促进砚式与景盆法盆景的发展。

盆景市场要规范化发展

盆景市场隶属于花木市场。在盆景比较发达的地区，如成都、重庆，为比较重要的一部分。盆景市场是用于盆景交易的固定集散地，能吸引众多的货源与客源。早期的盆景市场，为约定俗成自发产生，如重庆的鲁祖庙花市、石桥铺花市、新山村花市。后来市场经济发展，花市设立提速，人为地培育出了不少的市场，如重庆江北花市、南坪花市、天星桥花市。

花市在人民生活水平不断提高的今天，有了较快的发展。花木成为美化人们生活中的又一个新兴产业，有利于社会的物质文明与精神文明建设。

盆景市场要继续发展，形成气候，必须向规范化发展。自发形成的市场，有群众基础、有影响力、知名度高，要培育好市场，使市场形成竞争力，勿致客源、货源外流其他市场。切忌吃市场的老本，收取较高的市场费，不向市场投入。

市场的培育要从软件与硬件两方面进行。软件是市场的信誉、管理、地理位置、货源客源、知名度等。市场信誉是市场管理者与经营者共同营造建立起来的，受经济杠杆的自发调节。卖假花，以次充好，价格欺诈逐渐被市场冷落，货真价实才能长久获利和赢得较多的顾客。薄利多销是经营手法，也是竞争的结果，是市场发展的最终走势。只有较低的同比价格，优质的货源客源，才能促进市场的发展。

市场的硬件是场地、设施。市场的场地由管理者提供，要有适应客源货源的面积，有必备的基础设施。如放货的台架、避雨设施、车辆存放处、安全设施等。好的市场，还应有供交易者接触、交流信息的场所和条件。有货物需要的一些必备材料如水、包装材料、配套材料供应。市场收费应该合理，过高吸引不了更多的货源，影响客源，无异于杀鸡取卵，不利于市场的发展。

花木盆景市场有客观需求的条件，主观条件也可培育市场。因此市场组织者要减少短期行为，经营者要重信誉，减少不规范的行为，价格要合理，优质优价，以较好的服务取胜。

以桩养桩

许多业余盆景爱好者，在不言商的时期，愧于囊中羞涩，为了喜爱的树桩盆景，将手中的初中级成品出售，购回更好的材料，采用的一种良性循环发展的方法，完成由初级到高级、由少数到多数的过渡。

业余盆景爱好者，初期只是一种喜欢，并不精通技艺，用零花钱购得一些初级的材料，进行盆景技艺的实践。有了一定的基础后，不满足现有水平，希望有更高级的树桩、材料，用于盆技的提高，出更好的作品。过去的桩占去了他们宝贵的资金和场地。将其出售，又碍于面子，美其名曰：以桩养桩。

用以桩养桩的办法，让树桩盆景作品在商业中流动起来发展壮大自己的盆景事业，不失为一条路子。它满足个人爱好、发挥人的特长、有益环境、有益精神文明建设，应当成为三百六十行中新兴的又一行。

■"凤舞"

盆景谚语

树桩盆景是有生命可移动的盆中造型艺术品。

盆景贵在有诗情画意。

意境是盆景的生命。

树桩盆景是四维艺术。

盆景是中国的国粹。

盆景是回归自然的媒介。

无声的诗，立体的画。

高等艺术，美化自然。

活的文物，活的古董，活的雕塑。

以画意剪裁小树。

树咏人的情怀。

树桩盆景要耐看。

盆树需品读。

一观、二读、三写、四品。

室有树石雅，胸无尘俗清。

天人合一，人工自然相结合。

树种优劣在于外形，也在于内涵。

审桩一根、二干、三曲、四节、五神韵。

选桩看形易看神难。

盆树无根如插木。

树根、树干是精神的载体。

主干是树的精华，根是树的结构，枝是树的过渡，叶是树的音符。

重根又重干，重节又重弯，重外形又重神韵。

树要难老大，不要大老难。

体态要适量，树龄要奇长。

桩贵难、老、大、姿、韵、意结合。

小苗育桩大有可为。

十年可树木，多年可成桩。

养桩场地要宽敞。

填土实防吊死。

干细土栽桩换土好。

树根要润，树干要湿。

树干保湿利成活。

成不成活在于水，成型快慢在于肥。

大水、大肥、大光多土利快速成型。

生桩不怕水，生桩最怕肥。

土多水多，土少水少。

生桩不剪枝，生桩可造型。

盆内要松土。

松土利浇水施肥。

观察是养桩第一法。

光肥要均衡。

用水用肥是技术似艺术。

干透浇透，见干见湿。

多浇水将树爱死，少浇水将树害死。

树桩度夏易越冬难。

夏季骄阳要炼根。

干湿交替强光好炼根。

本固枝荣。

根深叶茂，叶茂才能根深。

叶茂根深才能枝壮、花繁、果硕。

促成与抑制培育相结合。

一枝一叶总关情。

控叶要控水。

树干、树叶要保清洁。

要养好桩需多观察。

防虫防病不可不察。

通风利防病虫害。

防早防了，防重于治。

生物防虫好。

以虫治虫。

用药需安全有效经济简便无污染。

枝不蟠不弯，根不蟠不美。

枝干造型要有预见性。

枝上下工夫出技艺。

自然类塑枝，规律类塑干又塑枝。

剪枝实质是留枝。

心中有树，盆中才有树。

师法自然，心源造化。

枝片造型讲究样式，讲究比例，讲究功力。

造型要极化。

造无可名之形。

工夫在盆外。

形式美比造型美更重要。

有争有让，有疏有密，有聚有散，有实有虚。

抑扬顿挫，形成节奏，弘扬旋律。

一寸三弯，枝无寸直，见枝蟠枝。

一寸三弯夸绝技，枝枝叶叶见精神。

一寸枝条长数载，佳景方成已十秋。

立弯显露，平弯隐约。

上下弯显现，前后弯一条线。

分枝布四方，注意巧穿插。

枝条左右宜长短变化。

左右弯舒展前后弯缩敛。

后片出景深，前片可遮掩。

分枝布势讲张弛，长短疏密巧搭配。

剪扎结合，宜扎则扎，宜剪则剪。

粗扎细剪，精扎细剪，逆扎顺剪。

三分造型，七分培育，培育是基础，造型是表现。

造型是毛，培育是皮，皮之不存，毛将焉附。

养枝留下可助长，托下可成树。

步移景换，移步一景。

时间感是更强的姿态。

脱衣能换景。

常绿树叶骨共观，透叶能观骨。

疏叶密枝，稀叶遒枝。

疏可走马，密不插针。

枝干过渡要自然。

取型造势要夸张。

换盆时候宜蟠根。

树桩盆景要有景深。

近景枝叶清楚，远景枝叶模糊。

形似不离神似，神似更重形似，神形兼备。

形载神，神寓形。

树桩形式要变化发展。

有法无式。

有法以至于无法。

创作无定型。

造型无格式限制。

天工人能成，人工天不如。

人工胜天工。

造型要动手动脑，动脑重于动手。

造型得型，塑成佳景。

树有石则有骨气，有水则有灵气。

树与石结合好，与水结合妙。

树水以石过渡。

以石作技，以水作艺。

石伴树灵，树伴石活。

石与树配尤有骨气。

配石摆件，增加景深和比例。

摆件有时空出比例。

树为山之衣，石不可无苔。

养苔之道在于润。

树因石苍，石因树雄。

树不在大，有石有水则灵。

石小韵味深，树老诗意浓。

树景地景要配合。

丈山尺树寸马分人。

丈树尺山寸房分人。

小中见大方为大。

一峰则太华千寻，一树则原野百里。

小中见大，移山缩树。

藏参天大树于盆盎。

以咫尺之盆，成古木之景。

巧于构图，精于立意。

扬长避短，藏露得体。

虚实疏密，富于变化。

因形赋意，因意赋形。

观察万物，夺其神韵，写出灵性。

小中能见大，大中能见小。

盆上要立意。

盆景不离于盆，不止于盆。

盆上有景，景生盆上，辉映树桩。

盆小树更大，盆大树更小。

盆小景可大，盆大景可小。

盆作地平线，盆作比例尺。

盆是景，景是盆，盆是石，石是盆，景盆能结合。

一桩、二盆、三几架。

几架能出气势。

几架托重烘气氛。

盆技要交流。

口头好交流，实物好学习。

有比较有竞争才有发展。

理论学习更重要。

理论，盆景技艺进步的桥梁。

理论是学习的阶梯。

盆艺重文化。

一观二读三写四品。

精益求精出好作品。

盆景要增加技术含量。

盆景爱好者要不断提高素质。

模仿易，创新难。

盆技有心皆学问。

多读深思而后才有佳作。

盆技无止境。

工夫在盆外。

盆景讲艺德，不良风气要根除。

树品即人品。

盆艺重风格，讲个性贵创新。

继承是盆艺的基础。

树桩盆景要创新。

创新要有美感，有人认同。

创新有时效，久则成常规。

创新之路天地阔。

要做盆景艺术家，不做"花儿匠"。

盆景命名好，贵在要出意。

命名要让人思。

因景赋名，因意取名，景名相符，深化内涵。

只要有好树，不愁没人买。

盆景的效益要以艺术价值为基础。

盆景要出精品。

盆景是礼品。

盆景是收藏品。

养桩过程乐在其中。

树桩盆景的工具

工欲善其事，必先利其器。制作树桩盆景必须有相应的工具，有好的工具制作应用起来时得心应手，十分方便。有好的工具事半而功倍，没有好的工具事倍而功半。

如果将工具的作用发挥好，甚至创造出工具来，可以帮助产生好的作品来。

制作树桩盆景的工具主要有：螺丝刀、水壶、喷壶、枝剪、铲子、容器桶盆、凿子、刀子、斜口钳、小锤子、拿子、电动切割机、锯、小山子。

螺丝刀：松土起土，换盆时脱盆用以从下部顶起泥团。上盆时用以扎紧根隙间的泥土。较经常使用，可准备大小各一支。

水壶：用来浇水施肥用，长嘴可伸出很长距离，用起来很方便，是经常使用的工具。

喷水壶：用来叶面喷水、喷肥、喷药，是非常方便的常用工具。有一种压缩式喷壶，喷水、喷药无渗漏，十分方便和卫生，但用水需清洁无杂物，以防止喷孔堵塞，还需注意润滑维护，以利使用。

枝剪：用以剪除多余的根、枝、叶，比较省力，较常用。锋利的枝剪用以修整生桩外形和熟桩补充修整，有时比平凿利刀好，用熟了可用出水平。

容器桶盆：容器塑料壶用来由上向下进行滴灌，一只5升以上大壶，可连接多个滴液针管，用以滴水滴肥，四季适宜，夏季尤佳，可加速树桩生长，加快成型。容器盆用来由下往上浸灌水肥，效果与滴灌相似，不易发生肥害。还可用以过滤、混合、稀释肥液。

凿子：作树干造型和截断枝干用，有的部位锯子进不去，使用凿子比较方便。树干树枝造型用凿子非常锋利好使，可凿出许多形状。凿子有半圆、平口、"V"型等，各有其用，应因需选用。

刀子：新桩外形修整和树干造型、干部处理用。嫁接时也需用。

斜口钳：用金属丝造型时，用来剪断金属丝及枝条，枝条定型后用来剪除金属丝，不易伤枝又方便省力。

小锤子：用来击打树干，以形成各种苍老的树皮愈伤组织形态。击打凿子作动力。

拿子：用来弯曲较粗的树干，可保护树皮不受损伤，树干逐渐变形而不被拉断的一种专用工具。弯曲树干非常实用，一般需自行制作，土办法可用两根粗铁丝作力点，绞紧铁丝逐步拉紧达到弯曲树干的目的。

电动切割机：有条件者可准备一只电动工具，购买或自制相应的线条花边刀头或旋转锉刀，用来加工树干作苍老变化的线条造型，十分上手，分外省事。木纹能随意在树干上弯曲和旋转，还能有深浅变化。比凿子修形加工省事又不伤根，木纹很自然合理。更换刀具，可作小石料的切割或磨削。电动工具日本做舍利干用得多。山水盆景加工石料需用。

锯：木工锯和手锯，最好有挖锯，可在宽锯无法施展的窄缝中使用，还能进行形状上的弯曲变化。手锯可在木工架子锯进不去的部位或简单地锯截时使用。锯的使用较少，一般在新桩修整期间使用，个别在盆桩上作修整形状使用。

小山子：用作石材的雕凿造型，加工软石最佳，也可作小锄头用。扁头加工大面，尖头加工线条较好。

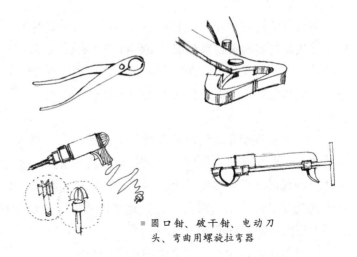

■ 圆口钳、破干钳、电动刀头、弯曲用螺旋拉弯器

🌿 树桩盆景要出精品 🌿

1. 什么是精品。树桩盆景是由它的精品为代表的，也只有其中的精品才称得上艺术品。

树桩盆景的精品，应有奇妙的姿态美、人工技艺美、意境升华美，三美融于一身。根干枝结构齐全，具有典型意义，能受人喜爱，是人们公认的优秀作品。它不光具有观赏价值、经济价值，而且具有收藏传世价值，这样的作品，才算得上精品。

2. 精品有较高的观赏价值。精品树桩，观赏价值较高，人人看了喜爱有加，拥有的欲望强烈，能产生百看不厌的效果。人们爱美，追求美，好的精品树桩，其经济价值自然也高于其以下的盆景，有时成倍数增加。精品数量少，存世也少，而且互相之间不重复，同姿态的仅此一盆，收藏价值更高。精品树桩随年限增长，增值更高。需求更大，其数量少，供不应求。

3. 怎样出精品。盆景制作者从自我价值体现，从审美情趣，从发展的规律、目标上，从动力的源泉上都追求精品。但出精品要有条件。首先是要有人的条件，有追求精品的目标意识。有了意识，才会千方百计创造条件，制造机遇，产生出精品的可能性。哪怕桩坯孬一点，精品意识强，也可选用多种技术作用其上，产生优秀作品。

人的素质是出精品的前提条件。素质好的人拿到好坯，可顺利地因式就势，从审桩栽桩、栽桩成活、成型、构图成景、养护长寿、配盆、命名等一系列过程中，达到出精品的目标。素质不好的人，有机遇拿到好桩，但有可能审不出来，栽桩损失，栽种死亡，更不要说造型布势了。同样的桩，有经验者可成精品，无经验者只能成商品。有经验者采用先进栽培技术和造型方法，可以快速成型，减少成型的时间，增加数量。

要有好的树桩根坯，这是物质的前提。得到好的根坯现在比较困难，仅靠在城市附近寻找采挖和购买越来越难，得到好桩既有机遇，也有人的作用在里面。持之以恒，开动脑筋，创造条件，才能得到好桩。在一些采挖较少的地方，仔细寻找好桩，不辞辛苦，可得到好桩。好桩的本身是物质条件，得到好桩的方法却是人的条件，二者必须结合。

好桩要实行精品战略，从开始就要按精品构思制作，在造型布势上创造难度，增加技艺美，增加其观赏价值，也就是增加其他价值。客观条件与主观条件的结合，是出精品的保证。出精品要用更长的时间，塑造有难度、有功力、有姿态、根干枝叶全结构的造型。并用极长时间塑造，达到消除匠气，增加苍老自然的形态，出根露本，将三维空间丰富，将四维时间突出。

构思制作中出精品，要将桩的造型、配盆、布石、摆件、地貌处理与盆景的表现形式有机结合起来，如水旱式、景盆式、风动式、砚式、附石式、极化式造型。突出树，又突出与各种材料与景的结合，突出树景结合的诗情画意。用形象表现意境，用意境升华作品的艺术境界。如果水旱式、景盆法、砚式用了上好的桩选，其艺术效果更突出，产生的影响力会更大。

精品还要有好的命名，突出主题，表达作者意图和树景关系。陈设中采用一桩、二盆、三几架的方式，进行配套。在专用盆上刻字题款，从命名陈设上强化其艺术效果。

■ 此作树根和基隆极好，制作人技术处理拘谨，气势不够。指导思想应有出精品的意识，采用主干飘斜下垂成为中型的临水式，气势更强。树干从嫩枝做起，可达到扭曲旋缠的技术状态。加强水肥光气的促成培育技术，3～5年可出精品

16 盆景与制作者
PENJING YU ZHIZUOZHE

盆景制作者要不断提高自身素质

盆景是通过人对它的认识理解，由人对材料进行栽培、造型、利用、置景，产生出作品，它是一个长期系列活动的结果。要产生好的作品，除了好的树桩与材料以外，还需要制作人的自身素质，作用于制作的全过程。因此，树桩盆景爱好者的素质在其中有重要的作用，决定盆景质量的好坏。素质好的人，树桩在他们手里，通过有效的处理，可以产生令人叹服的好作品。即使材料差一点，也可产生较好的成景效果。如赵庆泉先生的水旱盆景，材料一般，成景后效果优良，就是人的素质产生的超越材料的效果。如果赵庆泉先生用了更好的古雅之桩，其作品不是更令人叹服吗？

盆景爱好者的素质，是一种广泛的技术能力，是爱好者从事盆景活动，自身必须具备的基础条件，是人素来养成的自身质量，决定从事各种活动的效率。素质是人的能力，人的信心，人的创新和作品的个性风格形成的基础。表现在选桩造型成景上，技术学习交流中，悟性极强，只需点到，闻一言而知一句。有的人有了点化，仍不能悟出，一方面是悟性差即素质不强，另一方面是钻入了死胡同而出不来。

盆景爱好者的技能素质有哪些呢？可分为两部分：一是基础的知识，二是专业的知识。基础的知识有文化程度、阅历、观察分析的能力。涉及的边缘学科有语言、文学、诗词、音乐、美术、地理、历史、民间传说、民俗风情、自然风光、美学、哲学、一般常识等。专业的知识有盆景学、盆景技艺、栽培学、土壤学、植物学、植物分类、植物保护、应用化学常识、气象物候、盆景材料的直接知识（树、盆、石、水、摆件、几架），陈设、展览、生产、应用等专门知识。

人的素质决定人的作品，有什么样的素质，就有什么样的作品，其作用具有决定性的意义。有的盆景爱好者，文化程度低，自身不重视学习，或不善于钻研问题，作品到一定程度就停止了，形不成风格，创不出新。究其原因，素质就是其中之一。另一原因是钻研的实干精神不够，方法不好。还有的是不敢创新，认识及思想方法不够。

盆艺爱好者及工作者素质提高的途径要通过学习得到，也要通过积累转化加强，形成经验技艺能力，上升为理论。学习要广博与精深相结合，勤钻研，多看、多问、多想、多思，勤动手、多实践，靠长期锻炼习得。

学习要多看相关书籍，不只看技术书，还要看文化书、诗词、土壤、栽培、植物学知识。只重实作，不重理论，就会知其然而不知其所以然，只知其一，不知其二，停留在"花儿匠"的水平上。学习要与实践结合，用理论解决实际问题，丰富自己的头脑，使盆景技艺有发展和创新。

制作盆景要多看实物、图像、资料，多探讨交流。盆友之间的交流探讨，是文化程度不高、自学能力不强的人学习的主要方法。学习贵在钻研上，要有钻得进去的心态，又钻得出来，用学习解决实际问题。

学习还要多动手，树桩盆景是操作性很强的技艺活动，光有好的构思和腹稿，不能转化成作品，达不到学的目的。作品代表一个人的技艺水平，动手与动脑相结合，才能产生有风格和创意的作品。有的在实物上不能进行的学习，可在代用品上进行。如在其他树枝上练习蟠扎，在金属丝上练习取形，盆内摆布上练习构图置景，画稿设计上帮助布势造型，照片图样上审势修改，甚至头脑想象也能进行学习。还可采用试验的方法，用速生树做造型试验、枝干变异试验、根的蟠扎发育试验。取得的感性认识，形成的经验和方法，可推广到盆艺中去。小苗育桩即是用5年以上时间，才可制作成功的。

盆艺爱好者的素质不但通过学习实践习得，还要通过积累转化，将个人潜能积淀，与其他学科的知识能力结合，共同作用于盆景技艺上，用作品体现出制作人的素质水平。

盆艺工作者的素质还包含其他方面，吃苦耐劳，坚韧不拔，不计名利得失，虚心好学，志在推动盆景的普及提高。缺乏吃苦耐劳精神，缺乏毅力，贪图短期利益，则成就不了盆景志气和技艺。

盆景爱好者的广义学习，还可促进艺德人品的提高，产生谦虚好学、宽容大度、全面分析、历史看待问题以及正确对待盆事中的各种行为，坚持正义，敢于与不良行为斗争。甘为人梯，有才有德，更能培养起较好的素质，才是盆景人中的佼佼者。盆艺素质的提高可增强人的信心，敢于大胆求精深，讲个性，创风格，敢当盆景艺术家不当"花儿匠"。

～◈ 树桩盆景的个性表现 ◈～

树桩盆景作为艺术品，有较强的个性表现。有的树相雄伟壮观，有的清瘦古雅，有的粗犷，有的雄壮挺拔，有的低矮绵延，有的功力深厚，有的不施蟠扎，有的蟠根错节，有的弯曲柔韧，有的挺直阳刚，有的树石水齐全，呈现各种各样的状态。

树桩盆景的个性是由不同于别人的艺术特点形成的，它反映作者的艺术认识和技术表现方式，有独特的风格形式，趋于成熟稳定。如风动式，改变了造型中枝片的不变方向，形成了固定的表现形式，反映了自然风貌的典型性，有较强的个性。砚式盆景将盆融于景中，改变盆的传统形式，有强烈的个性。

盆景的个性表现在各个方面，有的是造型上，采用有特色的方式方法，如截枝蓄干、云片、风吹枝、下垂枝、极化弯曲枝等。有的是成景效果，如砚式、树山式、景盆法。有的在应用材料上，有个性表现，例如果树盆景。有的在文化意境上强化个性特征。地域特色也可表达出较强的个性。个性不是突出一个方面，有时是多方面的结合。

个性的产生是制作者个人对自然山水树木的认识存在差异，而自然树相、山水地貌也有各种差异。因主观与客观条件的不同，个人在观察、体验、研究、分析以至典型化的整个过程中，体现个人的美的感觉和思想倾向，因而会产生表现方式上的差异，形成个性。

个性的产生方式有多种形式。有的是自然形成的，长期应用固定下来形成了风格，无需有意塑造。有的将自然中有典型特征的形象执着地应用，塑造了较强的个性或风格，得到发展和成功。还有的是自然发展而来，又人为地着意应用，塑造了较强的个性或风格。

个性发展必须是在共性中诞生发展起来的，应符合自然美观的审美要求，有人们的认同。个性表现中，要反映自然的真实性与人的创造性，也要将树木典型性与普遍性相结合。而不是生搬硬造，闭门造车，这才是个性的正确表现。

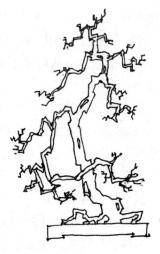

■ 枝枝弯曲取势形
成鲜明的个性

盆景的艺德

盆景从艺人员是由专业工作者和业余爱好者构成，各行各业中人都有，各种出发点都可能产生，并且随着从艺过程，出发点也会两极分化，向好的艺德和不良艺德转变。

盆景的艺德，是指从事盆景工作的人员，包括理论宣传工作者、专业制作者、业余制作者、商品盆景经营者在从事盆景艺术的制作、销售、交流、学习、品评鉴赏活动交往中，表现出来的不利于盆景事业与自身发展的不良主观行为。有的是主观上意识不到，有的是主观上的故意所致。

盆艺中的艺德，是人的自我塑造，是自身思想改造形成的良好形象的表现。人的艺德关系到提高自身素质，有德者能广泛吸收盆景技艺的一切长处，而不受门派之限，不受自我的限制，甚至学到技术上的动议动向，学到先进实用技术和方法。有德者，能服众，人们也乐意与之交流，实现博采众长。无德者，众不服，人们避而远之，甚而群起而攻之，向其交流从何谈起。须知，任何高手大师，都有提高的方向，任何普通爱好者都有技术上的所得，博采众长，取其精华，去其糟粕，永远是提高的路径。

盆景从艺人员的艺德有如下表现：

谦虚大度，能容各派名人之风格技艺，兼收并蓄于己一身。

正确看待自己的长处与别人的短处，不以己长比人之短，不攻其之短不及其余。自己之短不护短，才能克短为长。

有宽大胸怀，不限于门派之见，更不限于一己之见而总揽全局。

能从别人处吸取技艺精华，有敏锐的学习提高技艺的基础素质。

技艺光明磊落，借鉴之即为借鉴，创造之即为创造，购买之即为购买。

技艺不保守，敢于示人，从群体上促进盆景技艺的发展而得到自身发展之人，为德才兼备之人。

个别金字塔上之人，对待刚入门而不谙其道之人，应关心爱护，带动发展，才有合力，既是派别或地区的合力也是个人借以发力的力量。如果一个地区盆景兴旺发达，在全国、全世界有了地位，个人的力量不是更有用武之地吗？

德通常与人的素质和信心相联系，有才更有德者，更受人尊敬。有才无德者，脱离群众，不能集思广益，博采众长，最终影响自己的才能向更深的空间发展。

敢于向不良风气宣战。能够开展善意的批评与自我批评。

甘为人梯，用自己的技艺，做盆艺发展的奠基石。

在盆艺活动中，应该提倡艺德，做德才兼备的人，而不要被个人主义的东西蒙住双眼，影响个人的发展，捡了芝麻丢了西瓜。

❧ 盆艺中的不良风气 ❧

盆艺中的不良风气，指从艺人员思想作风上，影响自身盆艺素质提高，从而影响盆景事业发展的思想技术作风。它与个人的素质有关，与艺德有关，实质上就是与人的不良秉性有关。它表现在盆景从艺人员中，表现在盆景活动组织者中，也表现在书刊理论中。有德有才者，能容各地各人长处于一身，使技艺认识不断提高，达到较高境界。

盆艺中有不良思想方法，主要表现在：技术和思想保守，固步自封。自以为是，自以为高，自吹自擂，抬高自己，贬低别人，自搭门槛。只看自己的长处，以己之长，比人之短。严重者只知己长，不知己短，无法全面发展，更上一台阶。割裂历史，以现时作品，以现时技艺，贬评历史作品、历史人物，甚至贬评盆景历史，只有自己的作品才好。对创新视而不见，姑妄评价，只能沿袭，不能创新，这种思想作风，出不了新东西。无本事的骄傲，仅只入门，还未进厅堂，便感觉进入了盆景艺术的殿堂。受别人的影响，人云亦云，连交道也没打，课也没听，作品也没看，便思想极端偏颇地对人加以指责。以己画线，赞同自己的门派、关系亲近中人，作品就好。入围评奖都行，否则排斥。不重视学习交流，不看书、刊，只能进行图片学习、语言学习，理论文字学不进去，看不到书中的理论内涵对实践的指导作用。对技术上的东西，理论上的东西不敏感，因而悟性差，素质低，无法站在制高点上施展宏图大略，只能小打小闹，跟着前人成熟技术追。盆景理论中，批评不够，争鸣不多，还不能正确对待争鸣，不能很好促进盆艺发展。对现实视而不理，不能历史地、全面地、发展地、客观地、虚心地、技术地看盆艺中的人、物、理论、作品。存在同行生忌、同行相轻的劣根性思想倾向。

盆艺发展中，这些阻碍盆艺发展的不良思想作风，是因为从事盆艺之从业、从艺人员的自身素质不高的原因造成，或者是人的劣根性所致。必须狠狠地当头棒喝，或许能打醒，使中国盆景得到一批有德有才发展的人才，形成良好的风气，为促进中国盆景的发展贡献出他们的力量。

盆艺中思想作风上的不良习气，是客观存在的，是一种现实，它造成个人的思想障碍，不能提高对盆景的认识，达到技艺上的深化，无所创新而无所作为，从全局上影响盆景事业的发展，于中国盆景不利。

不良思想作风和习气，是个人主义、主观主义的一种表现，也是基本素质不高的表现。前一种根源不易克服，尤其是在商品经济社会条件下，人们的私欲蒙住了眼睛。后一种则通过学习深化，素质技艺提高后，能得到克服。

盆景技艺中，要提倡踏实、历史、全面、虚心、客观、发展的思想作风及盆景之德，克服一切不良作风。从艺者要德才兼备，才有利于自身的发展和盆艺事业的健康发展。

技术上的不良风气也有，如扎把成片；时间不够，树叶来凑；对某种观赏方式的片面追求，不讲度。不作长期培育，重造型，轻培育，粗树干细枝条，实际上欲速则不达。重模仿，轻创新。技术应用太少，科技含量低，应从加强技艺学习上进行克服。

盆景的原动力

盆景从诞生以后，就一直受人喜爱。近代社会中，除了爱好者，还有从事盆景职业者。众人参与盆景的原动力在哪里？也就是人们的追求和目的是什么？为什么能世代维持，长盛不衰？

历史上的盆景活动范围小，数量少，供少数文人豪士玩赏。现代盆景爱好者，自作自赏，是爱好驱使其从事盆景活动，达到一定技艺、形成能力后，产生从艺思想变化。

商品意识改变了树桩盆景的面貌，人们为了追求盆景的商业利润和潜在的各种价值，利用基础技术，对其进行了开发。采桩人进入了树桩盆景的艺术活动，扩大了采桩的地区和范围，增加了桩源的数量，提高了质量。

盆景爱好者的爱好，本能的是一种对美的事物的追求。存在之美、生命之美、形态之美、古老变化之美、自然之美、技艺力量之美，都是人们对它的追求，具有较高的欣赏价值，尤其适合有品位的人。这是一般爱好者从事树桩盆景活动的原始初衷。他们在制作过程中技术提高，艺术进步，作品成熟，认识加深。不光从人的价值的实现中找到了乐趣，丰富了生活，还可用作品增加经济收入，创造效益。

盆景艺术活动中还有一部分消费者，他们对盆景的各种美有认同，而拥有盆景是人的一种欲望的满足。对美好事物的占有，是人的一种基本的原动力，一旦条件成熟时，则可实现人的欲望，无条件则压抑自己的欲望。向往与拥有，产生在一切对树桩盆景有认识的人身上。制作者需要好品种、好桩坯或半成品，有一种欲望。爱好者用于陈设应用，也是一种欲望，是推动盆景发展普及的动力。

有的人参加盆景活动，不为名，不为利，只是为消遣娱乐，休闲度时，将其作为精神寄托，以制作盆景满足个人爱好。将过程作为目标，不失为一种动力。从事树桩盆景活动有爱好的程度，程度深的俗称"上瘾"，不进行活动就不舒服，苦、晒、脏、臭、冷、热、钱财耗费全然不顾。把过程作为生活内容，从中得到满足，其动力强大，持续力强，技艺也就在其中了。

动力即是人们的一种目的，目的有转化的趋势。计划经济时代，人们不追逐利润，将盆景视为纯艺术（相对于商品盆景而言）。目的不同，反映出来的力量就较小，参与人少，出不了大量的好作品，深度开发桩坯来源和技艺也不够，进步不大。市场经济下，人们的观念逐步改变，强大的动力，推动了盆景的发展，深度开发和技艺进步快。出现了数量增加、质量提高、风格变化大、应用方式加强的百花齐放的局面。而且涌现出一大批人才、作品、理论，为盆景的后续发展，奠定了强大的基础。

对树桩盆景美的追求和拥有，出作品、出效益、出人才，是从事该活动的主导动力，其结构中有的动力因素是个人的，有的是社会的；有的是职业的，有的是业余的；有的动力是经济物质的，有的是技艺精神的；有的动力能逐步发展，时间持久，有的是短时间的。虽有不同，都能产生力量，参与树桩盆景的实践，创造了树桩盆景历史发展的最好局面。

盆景制作中的模仿

任何艺术中都有模仿，模仿是学习前人成功的方法和经验，继承传统的一种过程。模仿的目的是学习，升华后就能创新。没有模仿，任何文化艺术就不能延续。许多人在模仿后达到了创新，推动了文化艺术的发展。后来人必须借助于模仿前人的技术作品经验和方法，来完成基础技能的学习积累。

有人认为盆景制作中的模仿之风太盛，是一种不健康的行为，甚至是一种侵权行为。盆景制作技术无专利，制作方式也不属于个人。某些风格的创始人也是在对前人之作进行学习研究后，形成的风格。而且有许多人不谋而合，走到了一条创作道路上来，只是不及当事人突出。

模仿不是抄袭，认同模仿的学习功能，承认模仿在树桩盆景学习中的客观事实，那模仿就应该肯定，甚至鼓励。在模仿中习得技艺，发展原有的制作方式，成为一种群众性的创作活动，推动它的发展。水旱式和风动式盆景就有众多的模仿者，因为它是一种制作方式，大家都可制作，制作的人多了成为一种有新意的风格。风动式盆景就走了这一条道路，在全国不断涌现出好作品，推动了其成熟。制作上的模仿可以成立，因为树桩盆景是一种制作，培育过程重要，比较难于模仿。模仿与抄袭有较大的区别，自然类树桩无一重复，发芽部位也不由人为能够控制，因此树桩盆景很少有抄袭行为。其制作时间很长，有工夫者完全可以自成一格，大可不必抄袭。

命名上的模仿则有少动脑、投机取巧的嫌疑，不可提倡。有了制作成功的作品，大可引经据典，开动脑筋，取一个名实相副，有寓意又有区别的好名称。而不必套用别人现成的名称进行命名，产生抄袭之嫌。即使命名的意味差些，也是自己的成果。引用古人有境界的诗句，大家都可借用，但后来者不可太滥。本人的"一山飞峙"源自毛泽东诗词中的佳句，别人的作品中引用过。本人出于对毛泽东的崇敬，而且景名极相符，不舍其意，步了后尘。

盆景的知识产权

树桩盆景是一种艺术品，它的创作过程中凝聚了制作者的大量心血与汗水，作者理应得到自己创造的价值，享受它带来的权益。知识产权是其中的一个主要权力，应能加以区别和规范。主要有：①作品所有权与署名权的分离。②作品的署名权。③作品权益不应受侵犯。

盆景作品的所有权可以发生变更，实物所有权归购买人所有，原创者在所有权上与其脱离占有关系。但其作品是原创者的创作权，制作人的加工创造并没改变。作品发表流传的署名权与所有权应该分离，制作人应是原作者。收藏者与养护人可以另立署名。现已有收藏者与养护人的署名与制作人相区别的标注方式，是有效保护制作人知识产权的措施。

署名权能区分出制作者是谁，是作者的首要权力，通过作品而获得，能决定其他权利的归属。权利与义务不可分，署名的义务是制作者对作品负责任。盆景的义务不重，权力大于义务。署名权是知识产权的基础，署名权可以放弃，但不可侵犯。署名权带来的义务作者也不能放弃。

盆景图片经常有不署名或被人盗用的侵权行为。盗用者有欺世盗名之心，有时不是为牟利。故意不署名者在于利而不在于名，采用打擦边球的方式，手段较为高明，多系一些不法商人所为，见于挂历较多，没有具体的出版人，只能从道德上反对。

发表权是制作者的一般权力，发表与否必须经过制作人的同意。有的人不愿将作品示人，有的人暂时要保守技术秘密，因而不愿发表。这是个人的自由，只能尊重，不可勉强。用于交流的不经过授权采用，可以视为技术性应用。因为树桩盆景的图片桩材天人合一，只有枝片是自己的，交流者也没有谋取利益行为，情况特殊。

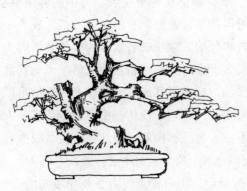

■ 树桩盆景作品带给我们美的感受和意志品质的修炼